Volker Runkel, Guido Gerding, Ulrich Marckmann

Handbuch: Praxis der akustischen Fledermauserfassung

Volker Runkel, Guido Gerding, Ulrich Marckmann

HANDBUCH: PRAXIS DER AKUSTISCHEN FLEDERMAUSERFASSUNG

HANDBUCH: PRAXIS DER AKUSTISCHEN FLEDERMAUSERFASSUNG

Volker Runkel, Guido Gerding, Ulrich Marckmann:
»Handbuch: Praxis der akustischen Fledermauserfassung«

© 2018 Volker Runkel, Guido Gerding, Ulrich Marckmann
Alle Rechte vorbehalten

Satz, Illustrationen und Lektorat: Volker Runkel, Guido Gerding
Verlag und Druck: tredition GmbH, Halenreie 40-44, 22359 Hamburg

ISBN 978-3-7469-7481-1 (Paperback)
ISBN 978-3-7469-7482-8 (Hardcover)
ISBN 978-3-7469-7483-5 (e-Book)

Bibliografische Information der Deutschen Nationalbibliothek: Die Deutsche Nationalbibliothek verzeichnet diese Publikation in der Deutschen Nationalbibliografie; detaillierte bibliografische Daten sind im Internet über http://dnb.d-nb.de abrufbar.

Echoortung ist manchmal einfach augenschonend.

Inhaltsverzeichnis

3 Planung akustischer Untersuchungen   33

4 Manuelle und automatische akustische Erfassung   47

5 Manuelle Artbestimmung   55

Vorwort

Auch die zweite Auflage, die nun unter neuem Titel veröffentlicht wurde, ist in der Freizeit der Autoren entstanden. Das Ziel war bestehende Rückmeldungen von Lesern zum Inhalt aufzunehmen. Außerdem wurden Inhalte, die es nicht in die erste Auflage geschafft haben, ergänzt. Da dies alles eben in der Freizeit entstand, hat es etwas länger gedauert, als geplant. Jedoch denken wir, dass sich das Warten gelohnt hat.

Keine andere Methode der Fledermauserfassung erfreut sich heute einer so großen Beliebtheit und Verbreitung im Rahmen von Umweltgutachten und ehrenamtlichen Tätigkeiten wie die akustische Erfassung. Der Wunsch nach Evidenzien bei der Bewertung von Eingriffen - und hier vor allem der Windenergie - sowie die Vielzahl an hochentwickelten Geräten auf dem Markt sind sicherlich ein Grund hierfür. Ein anderer Grund ist, dass sich diese Methode langsam aber sicher etabliert und eine Vielzahl von Untersuchungen ermöglicht. Noch vor einigen Jahren konnten beinahe nur anekdotische Daten mit Detektoren erhoben werden, die Vielzahl an modernen Geräten haben diese Methode weitergebracht. So befindet sie sich heute auf einem deutlich höherem Niveau.

Wer sich mit der akustischen Erfassung beschäftigt wird jedoch schnell erkennen, dass es bei aller Euphorie doch auch recht viele offene Fragen zu den Möglichkeiten und Grenzen gibt. Klare Definitionen zum Umgang mit den Daten fehlen meist. So gibt es zum Beispiel keine eindeutig beschriebenen Aktivitätsindizes.

Dieses Buch hat als Ziel einen Überblick der möglichen Anwendungen der akustischen Fledermauserfassung zu liefern. Ausführliche technische Vergleiche werden jedoch, abgesehen von wenigen Ausnahmen, nicht vorgenommen. Vielmehr werden die zahlreichen typischen Fragen zur Anwendung aufgegriffen. Wichtige technische Begriffe und physikalische Grundlagen zur Arbeit mit Ultraschall werden im letzten Kapitel kurz erläutert.

Die Autoren haben langjährige Erfahrungen mit der akustischen Erfassung und Entwicklung von Hard- und Software für die Rufaufzeichnung und Analyse. Ein Dank gilt auch den vielen Kollegen, die in zahlreichen Diskussionen direkt oder indirekt an der Entstehung dieses Werks beteiligt waren. Nicht alle können hier genannt werden. Besonders sollen in alphabetischer Reihenfolge A. Benk, L. Grosche, J. Koblitz und U. Rahmel genannt sein. Ganz besonderer Dank gilt Otto von Helversen, der mir (Volker Runkel) überhaupt erst die Möglichkeit gegeben hat, mich mit der Welt der Fledertiere ausführlich zu beschäftigen.

Finden Sie Errata, Extras und mehr auf der Homepage zum Buch unter `http://www.volkerrunkel.de/Handbuch-Akustik`

1 Akustische Erfassung von Fledermäusen

Die Anwesenheit von Fledermäusen im Freiland lässt sich sehr gut durch akustische Methoden feststellen. Die Tiere senden im Flug regelmäßig (2 bis 20 Mal je Sekunde) einen Ortungslaut aus. Anhand dieser Laute und deren Echos orientieren sich Fledermäuse und finden ihre Beute (Griffin et al. (1960); Griffin (1995)). Diese Ultraschall-Signale sind in der Regel nicht für Menschen hörbar. Daher muss ein technisches Hilfsmittel eingesetzt werden, das den Nachweis von Ortungsrufen und damit der Anwesenheit von Fledermäusen erlaubt. Heute gibt es viele verschiedene solche Fledermaus-Detektoren, die Schall hörbar machen oder für spätere Analysen speichern. Die technischen Unterschiede der Geräte wirken sich auf die Anwendung und vor allem die Nachweis-Sicherheit und Bestimmung von Fledermausarten aus. Nicht alle Geräte sind für alle Aufgaben gleich gut geeignet.

Es existieren eine Vielzahl von Mischer-, Teiler- und Zeitdehner-Detektoren (manueller Betrieb) sowie Echtzeit-Systemen (automatischer Betrieb). Letztere zeichnen sich dadurch aus, dass der Ton direkt digitalisiert und ohne Veränderung aufgezeichnet wird. Beschreibungen der technischen Umsetzungen finden sich ab Kapitel **Mischer-/Heterodyndetektor** (S. 220). Nur manche der verfügbaren Lösungen eignen sich uneingeschränkt für den autonomen Betrieb (passives Monitoring). Nicht immer ist der Einsatz trivial oder die Aufnahme-Qualität gut genug für die sichere Identifikation von Arten oder gar automatische Auswertungen.

Im Folgenden werden die Einsatzmöglichkeiten akustischer Erfassung vorgestellt und Vergleiche mit anderen Erfassungsmethoden kurz skizziert. Damit können die Möglichkeiten der Erfassung im Hinblick auf verfügbare akustische Erfassungssysteme sowie die akustische Erfassung generell abgeleitet werden.

1.1 Technologie-Überblick

Für die akustische Erfassung von Fledermäusen gibt es zahlreiche technische Hilfsmittel. Diese, als Fledermaus-Detektoren bezeichneten Geräte, sind in vielerlei Ausführungen erhältlich. Um diese Bandbreite an Lösungen zu skizzieren, werden die gängigen Gerätetypen kurz vorgestellt.

1.1.1 Hand-Detektoren für aktive Erfassung

Für den Handbetrieb gibt es verschiedene Detektoren, die Ultraschall für den Menschen in hörbare Töne umwandeln. Zumeist handelt es sich um Mischer- oder Teilerdetektoren (S. 220, S. 223) mit Lautsprecher oder Kopfhörer. Diese wandeln den nicht hörbaren Ultraschall in für uns hörbare Signale. Die Fledermausarten unterscheiden sich dann im Klangbild und Rhythmus. Heute gibt es darüber hinaus auch auf Smartphones basierende Geräte oder Zubehör für Tablets für die Ultraschallerfassung. Solche Lösungen bieten neben der akustischen Wiedergabe auch zusätzlich eine optische Anzeige der Rufe als Echtzeit-Sonagramm.

1.1.2 Detektoren für passive Erfassung

Im Gegensatz zu diesen aktiv zu betreibenden Geräten, müssen automatisch arbeitende Geräte Schall nicht hörbar machen: sie erzeugen Tonaufnahmen. Daher haben sie auch andere technische Ansprüche. Sie werden häufig stark vereinfacht als „Horchbox" bezeichnet. Generell kann unter den Begriff „Horchbox" jedes Gerät fallen, dass autonom im Feld akustische Daten erhebt. Der Begriff umfasst technisch sehr unterschiedlichen Lösungen, die sich insbesondere in der Möglichkeit der Artansprache deutlich unterscheiden. Eine genauere

Definition von Geräten ist daher nötig. Bei Untersuchungen sollte die verwendete Technik und deren Einstellungen exakt angegeben werden und eben nicht nur der ungenaue Überbegriff „Horchbox".

Im folgenden wird zwischen einer klassischen Detektor-Horchbox, einem Zeitdehner-Rekorder und einem Echtzeit-Rekorder unterschieden. Daneben existiert noch das Anabat-System, das sich neben die Echtzeit-Rekorder einordnen lässt.

Einfache Aufnahmesysteme bestehend aus Mischer- (S. 220) oder Teilerdetektor (S. 223) und einem daran angeschlossenen Tonaufnahmesystem werden seit mehr als 20 Jahren in Fledermausuntersuchungen eingesetzt (Meschede & Heller (2000); O'Donnell & Sedgeley (1994)). Diese Lösungen werden üblicherweise als Horchbox bezeichnet[1]. In den ersten Jahren wurde durch eine Uhr mit Tonsignal die Uhrzeit regelmässig auf Band gespeichert. Die gesamte Technik war recht einfach gehalten. Es konnte nur eine einzelne Frequenz am Mischerdetektor eingestellt werden und somit auch nur der Bereich um diese Frequenz (maximal ± 10 kHz) überwacht werden. Arten mit Ortungsrufen in anderen Frequenzbereichen wurden überhört. Durch den parallelen Einsatz zweier Geräte lässt sich dieses Problem lösen. Seit einigen Jahren gibt es auch Zweikanalgeräte, die zwei unabhängige Frequenzbänder überwachen. Moderne digitale Speicher zeichnen Laute mit Zeitstempel als WAVE oder MP3-Datei auf.

Diese einfachen Horchboxen erlauben in der Regel keine genaue Artansprache. Eine Unterteilung der Aktivität in Arten-Gruppen ist jedoch in der Regel gut möglich. Mit etwas Erfahrung lassen sich manche Arten wie zum Beispiel die Breitflügelfledermaus und Abendsegler, ebenso wie Zwerg- und Rauhhautfledermaus dennoch einigermassen sicher unterscheiden. Die Daten werden durch abhören der aufgezeichneten Signale ausgewertet. Dies ist vergleichbar mit der Artansprache im Feld, wobei aber die Frequenz des Mischer-Detektors fix eingestellt ist. Somit kann im Gegensatz zur normalen Bestimmung keine genaue Einordnung der Ruffrequenzen erfolgen (siehe auch S. 56). Die Auswertung ist relativ aufwendig und limitiert den Einsatz der Geräte. Für eine schnelle Erfassung der Aktivität an einem Standort in einer

---

[1]Ein einfaches kommerzielles Echtzeitsystem des selben Namens darf nicht mit der Bezeichnung der Geräteklasse der Horchbox verwechselt werden.

Nacht eignen sich solche Horchboxen nach wie vor, wenn keine andere Technik zur Verfügung steht.

Eine Horchbox-Variante stellt die Koppelung eines Zeitdehner-Detektors mit digitalem Speicher dar (S. 224). Solche „Dehner-Rekorder" sind in vielen Aspekten analog zur klassischen Horchbox, aber erlauben eine bessere Artansprache. Die Rufe werden in einer mit dem Computer analysierbaren Form aufgezeichnet. Ein Nachteil ist die Totzeit des Systems beim 10-fach verlangsamten Abspielen der internen Aufnahme. Nach Beendigung einer Aufnahme gibt der Detektor diese 10-fach verlangsamt wieder, damit der WAVE-Rekorder die Aufnahme speichern kann. Weitere Aufnahmen können erst im Anschluss erstellt werden. Dehner-Rekorder sind heute durch die Echtzeit-Rekorder obsolet geworden und nur noch sehr selten in Verwendung als passive Aufnahmesysteme.

Die modernste Variante für die automatische, akustische Erfassung von Fledermäusen sind Echtzeit-Rekorder. Diese Speichern die Rufe mit hoher Samplerate (300 kHz oder höher) digital und erlauben im Idealfall die direkte, automatische Weiterverarbeitung am Rechner. Mit entsprechender Stromversorgung und Wetterfestigkeit laufen diese Geräte auch im akustischen Dauermonitoring über mehrere Monate kontinuierlich.

Eine ähnliche Lösung stellt das Anabat-System dar. Dieses speichert die Daten jedoch nicht als Echtzeit-Tondaten ab, sondern reduziert diese mittels einer Nulldurchgangsanalyse nach erfolgter Teilung des Signals. Dies kann sich negativ auf die Artansprache auswirken.

1.2 Gute fachliche Praxis

Durch die Verfügbarkeit zahlreicher Erfassungssysteme und durch die automatische Rufanalyse sind akustische Methoden mittlerweile sehr beliebt (Brinkmann et al. (2011); Newson et al. (2014)). Für manche Fragestellungen stellen sie ein mächtiges Werkzeug dar. Belastbare Untersuchungen zeichnen sich jedoch meist dadurch aus, dass ein Mix unterschiedlicher Methoden angewendet wird (Hurst et al. (2015)). Neben mobiler und stationärer akustischer Erfassung sollten daher auch

4

etablierte Methoden wie Netzfang, Telemetrie oder Quartierkontrollen nicht ausser Acht gelassen werden. Häufig ist der parallele Einsatz akustischer sowie nicht-akustischer Methoden hilfreich, um detaillierte Informationen zur vorgefunden Aktivität und der Populationsstruktur zu erhalten. Nur so kann der Einfluss von Landschaftsveränderungen auf die vorhandenen Fledermauspopulationen sinnvoll ermittelt werden.

Allen verfügbaren Methoden - akustisch und nicht akustisch - ist gemein, dass sie selektiv für Arten sind und sich meist nur für eingeschränkte Fragestellungen eignen. Dennoch sind die gängigen Methoden nicht ohne Grund in der Fledermausforschung etabliert. Auch entwickeln sich immer wieder neue Methoden, teils aus Kombination bestehender Lösungen, aber auch gänzlich neue Werkzeuge erscheinen auf dem Markt. Bei der Planung von Untersuchungen sollten daher alle Optionen berücksichtigt werden. Durch eine möglichst genau Definition der gewünschten und benötigten Ergebnisse können dann die geeigneten Methoden herausgefiltert werden.

1.3 Methodenübersicht Akustik

Die akustische Erfassung von Fledermäusen ist eine von mehreren Methoden zur Ermittlung von Fledermausaktivität. Im Rahmen der akustischen Erfassung muss zwischen der aktiven Erfassung (menschlicher Bearbeiter mit Fledermausdetektor) und der passiven Erfassung (automatisches Monitoring) unterschieden werden.

1.3.1 Automatische Erfassung - Passives Monitoring

Hierunter versteht man Lösungen, die im Feld aufgebaut werden und dann für eine gewisse Zeit autonom (passiv) die Rufe jedes Fledermauskontakts aufzeichnen. Dabei werden die Töne so gespeichert, dass eine Auswertung am Rechner durchgeführt werden kann. Einfache Detektortypen (Mischer, Teiler) werden hierfür - mit Ausnahme einfacher Horchboxen - nicht verwendet.

An automatische Erfassungs-Systeme gibt es zahlreiche Ansprüche (Hayes (2000, 1997)). Generell sollte eine solche Lösung für längere Zeit (wenigstens mehrere Nächte) ohne Wartung laufen. Es sollte jede vorbeifliegende Fledermaus reproduzierbar aufgezeichnet werden, die Lage der Fledermaus zum Detektor darf dabei keinen großen Einfluss auf die Aufzeichnung haben (Omnidirektionalität). Die Aufnahmen sollten in solcher Qualität vorliegen, dass eine automatische, objektive Vermessung und Bestimmung durchgeführt werden kann.

Einige Systeme sind hoch-optimiert für diese automatische, passive Erfassung von Fledermausaktivität über lange Zeiträume (Dauer einer Nacht oder mehrere Nächte). Als eigenständige Lösung arbeiten sie dann autonom und erlauben den gleichzeitigen Einsatz anderer Methoden durch den Bearbeiter vor Ort. Verschiedene automatische Lösungen stehen zur Verfügung, jede hat eigene Vor- und Nachteile. Solche Lösungen sind zum Beispiel Elekon Batlogger, Wildlife Acoustics SM4BAT, ecoObs batcorder, das Avisoft-System oder Anabat. Wir verzichten an dieser Stelle auf eine detaillierte Vorstellung der einzelne Geräte. Jedoch finden Sie im Kapitel 9 **Kriterien für Detektorsysteme** eine Übersicht der Ansprüche an Geräte und einige Anmerkungen zur verfügbaren Technik.

1.3.2 Horchboxen

Einfache Horchboxen, bestehend aus einem Mischer- oder Teilerdetektor gekoppelt mit einem Diktiergerät (oder anderem Tonaufzeichnungsgerät), eignen sich zur stichprobenartigen Messung von Aktivität an einem Standort für die Dauer einer Nacht. Sie sind günstig, erlauben aber nur begrenzte Aussagen bezüglich des genauen Artenspektrums. Kommen diese einfachen Horchboxen zum Einsatz, müssen für eine repräsentative Erfassung je Standort immer mindestens zwei Geräte parallel mit Frequenzwahl bei ca. 25 und bei 40/45 kHz eingesetzt werden. Nur so werden alle wichtigen Artengruppen erfasst (Nyctaloidrufende bei 20 bis 30 kHz und Pipistrelloide sowie *Myotis*-Arten bei 40 bis 50 kHz). Alternativ können Zweikanal-Geräte mit zwei unabhängigen Frequenzwählern verwendet werden. In manchen Regionen kann so die Mückenfledermaus jedoch nicht sicher erfasst werden, die bei 55 bis 60 kHz ruft. Der zeitliche Aufwand der Auswertung von Horchbox-Aufnahmen ist sehr groß. Dafür ist die Anschaffung sehr günstig.

1.3.3 Mobile akustische Erfassung

Mit einem Handdetektor kann mobil Fledermaus-Aktivität erfasst werden (Transekte; aktive Erfassung). Damit können sehr leicht Daten aus der Fläche des Untersuchungsgebietes gewonnen werden. Bei der mobilen Erfassung bewegt sich der Bearbeiter zu Fuß, mit dem Fahrrad oder mit dem Auto durch das Untersuchungsgebiet. Für die Erfassung gibt es unterschiedliche Protokolle. So kann dauerhaft oder an regelmässigen Stopps Aktivität erfasst werden. Das genaue Vorgehen muss an die Gegebenheiten vor Ort und die gewünschten Ergebnisse angepasst werden. So sind große Flächen zu Fuß unter Umständen nicht sinnvoll begehbar und der Einsatz eines Fahrrads ist sinnvoller. Muss man sich durch vegetationsreiche Flächen bewegen, in denen beim Gehen Ultraschall-Lärm erzeugt wird, dann sind Punkt-Stopp-Transekte sinnvoll. So überhört man Fledermäuse nicht, da keine lauten Geräusche durchs Gehen vorhandene Rufe überlagern. Das genaue Vorgehen sollte zu Beginn der Untersuchung festgelegt werden. Das erarbeitete Protokoll darf dann nicht mehr verändert werden, um die Erhebungen auch vergleichen zu können. Auch sollte es genau dokumentiert werden, damit zum Beispiel verschiedene Bearbeiter bei der Erfassung gleich vorgehen können. Unter Umständen gibt es Vorgaben durch eine Behörde in Form von Erfassungsstandards.

Die mobile Erfassung ist optimal, um Funktionen von Strukturen oder Flächen für Fledermäuse zu ermitteln. Dadurch, dass man sich im Habitat aufhält, kann man durch Beobachtungen des Verhaltens der Tiere häufig fundierte Daten sammeln. So können Flugwege ebenso wie potenzielle Quartierbereiche mit etwas Erfahrung schnell erkannt werden. Auch eignet sie sich zur Erkennung von Hotspots, die dann über mehrere Nächte oder Wochen mittels passiver Erfassung überwacht werden können.

1.4 Exkurs: Nicht-akustische Methoden

Die folgenden Beschreibungen anderer gängiger Methoden der Fledermauserfassung und Forschung sollen als kurzer Überblick dienen. Im Hinblick auf eine fachlich umfassende Untersuchung von Fledermäusen ist ein Mix der verfügbaren akustischen und nicht-akustischen Methoden empfehlenswert oder sogar nötig. Nicht alle Fragestellungen können alleinig durch eine akustische Erfassung bearbeitet werden.

1.4.1 Netzfang

Für die spätere Beurteilung einer Fläche in Bezug auf Fledermäuse sind Parameter wichtig, die akustisch nur bedingt oder überhaupt nicht erfassbar sind. Insbesondere die Populationsstruktur, Alters- und Geschlechterverhältnis lassen sich nur durch den Fang von Individuen ermitteln. Dafür werden spezielle Japan- oder Puppenhaarnetze eingesetzt. Der Netzfang ist eine selektive Methode, da manche Arten das Netz orten und ihm ausweichen können. Aber die Methode ist für viele Arten und Fragestellungen ausreichend sensitiv. Da die meisten Arten in der Hand recht sicher bestimmt werden können, liegt meist eine hohe Qualität des ermittelten Artenspektrums vor. Auch kann das Geschlecht und mit etwas Übung und Erfahrung Alter und Reproduktionszustand bestimmt werden.

Problematisch wird der Netzfang, wenn zum Beispiel hochfliegende Arten gefangen werden sollen. Ebenso schwierig sind Arten zu fangen, die durch ihre Ortung in der Lage sind, dass Netz gut zu erkennen und dieses dann ausmanövrieren. Für manche Arten ist daher die akustische Erfassung überlegen. Eine Kombination von automatischem Detektor und Netzfang bietet sich daher für viele Fragestellungen an (Murray et al. (1999); O'Farrell & Gannon (1999)). Durch den automatischen Betrieb können moderne Detektoren parallel zum Netzfang betrieben werden. Das durch Fang nachgewiesene Artenspektrum kann gut mit den Aufnahmen verglichen werden und ermöglicht unter Umständen sogar eine deutliche Verbesserung der akustischen Identifikation schwierig zu bestimmender Arten.

1.4.2 Telemetrie

Eine weitere Methode zur Untersuchung von Fledermäusen in ihrem Jagdlebensraum ist die Telemetrie (Wilkinson & Bradbury (1988)). Dazu wird gefangenen Tieren ein kleiner Sender aufgeklebt. Mit einem Empfänger kann dieser Sender eingepeilt werden. Wird dies regelmässig wiederholt, können so sukzessive Aufenthaltsorte des besenderten Tiers ermittelt werden. Um ein Tier so zu behandeln, muss es jedoch zuerst gefangen werden. Die Methode ist zeitlich sehr aufwendig und wird daher in der Regel nur für wenige Nächte je Tier und auch nur für wenige Tiere angewandt. Manche Fragestellungen lassen sich hiermit besonders gut beantworten, da man Bewegungsmuster von Individuen erhält. Auch die Suche nach Quartieren mit Hilfe von besenderten Tieren ist eine sinnvolle wie auch übliche Anwendung der Methode. Andere Fragestellungen, wie z. B. die Gefährdung durch eine Landschaftsveränderung kann nur dann ermittelt werden, wenn das besenderte Tier sich auch zur Jagd im Gebiet aufhält. Noch viel mehr als beim Netzfang benötigt man eine gewisse Erfahrung für die Telemetrie. Vor allem die Präparation des Tieres muss so erfolgen, dass keine Gefahr durch den Sender für das Tier ausgeht. Außerdem können nicht alle Tiere besendert werden.

1.4.3 Quartierkontrollen

Eine Untersuchung von Populationsveränderungen lässt sich bei manchen Arten durch die Zählung und Überwachung der Tiere im Quartier vornehmen. Bei regelmässigen Kontrollen des Quartiers (zum Beispiel Ausflugszählungen) oder der Überwachung von Quartieren können Daten zur Veränderung einer Population gesammelt werden. In wissenschaftlichen Untersuchungen konnten durch Einsatz von Transponder- und Fototechnik Datensätze erhalten werden, die sich über Jahre erstrecken und tägliche Messungen beinhalten. Gerade solche Daten erlauben die Betrachtung von Populationsveränderungen. Anekdotische, selten durchgeführte oder unregelmässige Kontrollen, wie sie vor allem bei Baumhöhlen und Kästen stattfinden, liefern solche Daten nicht.

Für das Monitoring mancher Arten ist dies eine sehr gute Methodik. So zum Beispiel wird das Große Mausohr in Deutschland mittels regelmässiger Quartierkontrollen inklusive Ausflugsbeobachtungen im Rahmen der FFH-Richtlinie überwacht und gezählt. Bei Arten, die regelmässig ihre Quartiere wechseln und einen Verbund an Quartieren nutzt, ist die Methode der Quartierkontrolle zwar möglich, gibt jedoch nur bedingt Auskunft über die Populationsentwicklung (z.B. Zwergfledermaus). Arten, die kryptische Quartiere beziehen und daher nur schwer aufzuspüren oder zu beobachten sind, können nur schwerlich auf diese Art und Weise untersucht werden.

Generell sind viele der Gebäude-bewohnenden Arten besser zu untersuchen als Waldarten, die ihre Quartiere in Baumhöhlen oder hinter Rinde beziehen und schwer zu beobachten sind.

Neben der Kontrolle von im Sommer bewohnten Quartieren werden auch Winterquartiere kontrolliert. Es besteht dabei immer das Problem der Sichtbarkeit bzw. Zählbarkeit von Individuen. Zahlreiche Tiere hängen unzugänglich und sind damit quasi unsichtbar. Jedoch können auch aus solchen, sehr unzureichenden Daten, Entwicklungen der Populationen abgeleitet werden, wenn diese über eine lange Zeit (>10 Jahre) systematisch in zahlreichen Quartieren beobachtet werden oder technische Hilfsmittel wie Lichtschranken zum Einsatz kommen.

2 Beispiele akustischer Untersuchungenen

Es gibt zahlreiche Anwendungsbereiche für die akustische Erfassung von Fledermäusen. Im Folgenden werden einige typische Anwendungen vorgestellt. Dabei wird ein Schwerpunkt auf die automatische Erfassung gelegt. Da die Dauerüberwachung im Rahmen der Windkraftplanung in den letzten Jahren an Bedeutung gewonnen hat, wird diese in den Abschnitten 2.4 **Dauermonitoring** und 2.5 **Gondelmonitoring** ausführlicher dargestellt.

2.1 Technische Rahmenbedingungen

Es stehen eine Vielzahl technischer Lösungen zur Verfügung, die sich teils deutlich unterscheiden. So muss bei der Planung einer akustischen Untersuchung frühzeitig definiert werden, welche Aussagen die erhobenen Daten erlauben sollen und welches Gerät sich daher am besten eignet (Waters & Walsh (1994); Adams et al. (2012)). Entsprechend der gewünschten Aussagen, der Laufzeitanforderung, des Standorts, möglicher Vorgaben sowie anderer bestimmender Faktoren ist nicht zwingend jede Technik gleich gut geeignet.

2.1.1 Vergleich der Techniken

Es wird im Folgenden primär auf die automatische Erfassung eingegangen, da diese für viele Fragestellungen mittlerweile bevorzugt zum Einsatz kommt. Ein ausführlicher Vergleich der diversen Detektor-Systeme sprengt den Rahmen dieses Buchs, da unzählige Geräte-

Kombinationen und Einstellungen im Detail gegenübergestellt werden müssten. Jedoch werden einige wichtige Aspekte im Hinblick auf den praktischen Einsatz und die Aussagekraft verglichen, bevor dann ausführlich die Einsatzmöglichkeiten der akustischen Erfassung erläutert werden. Darüberhinaus findet sich im Kapitel 9 **Kriterien für Detektorsysteme** eine weitere Diskussion technischer Aspekte.

Die manuelle Erfassung ist für manche Fragestellungen eine sinnvolle Alternative oder Ergänzung. Die Vor- und Nachteile manueller und automatischer Erfassung werden in späteren Kapiteln ausführlich dargestellt.

Für eine einfache, unspezifische Untersuchung von Aktivität an einem Standort in einer einzelnen Nacht, ohne besondere Betrachtung des Artenspektrums, ist eine klassische Horchbox ebenso wie die aktive Erfassung mittels Handgerät häufig ausreichend. Soll jedoch auch das Artenspektrum dediziert ermittelt oder Vergleiche der Aktivität von Arten an unterschiedlichen Standorten getroffen werden, muss auf bessere Erfassungssysteme zurückgegriffen werden. Je exakter Arten bestimmt werden sollen, desto höher muss die Qualität der Aufnahmen sein. Auch für eine automatische Rufanalyse und Artbestimmung, die bei größeren Mengen an Aufnahmen nötig ist, sollte eine hochwertige Erfassungstechnik genutzt werden. Nur so erhält man Aufnahmen, die sich auf Grund ihrer guten Qualität automatisch weiterverarbeiten lassen (automatische Rufanalyse und gegebenenfalls Artbestimmung).

In vergleichenden Untersuchungen muss sichergestellt sein, dass die Geräte möglichst identische Empfindlichkeit besitzen. Ansonsten können keine vergleichbaren Daten erhoben werden. Die Aufnahme-Empfindlichkeit des Systems sollte somit immer bekannt und reproduzierbar wählbar sein.

2.2 Einfluss der gewünschten Datenqualität

Für jede Fragestellung sollte das Einsatzkonzept der akustischen Erfassung gut überlegt werden. Entsprechend der gewünschten oder benötigten Ergebnisse müssen Standorte, Dauer und Einstellungen des verwendeten Geräts geplant werden. Bevor nun einige typische Erfassungsprozeduren beschrieben werden, soll eine kurze Übersicht von „Standards" für unterschiedliche Fragestellungen gezeigt werden. Meist ist die tatsächliche Anwendung dann ein Mix der hier beschriebenen, vereinfachten Beispiele. Es wird immer auch Situationen geben, in denen anders als in den folgenden Empfehlungen vorgegangen werden muss. Wie jede andere Technik sollte die akustische Erfassung flexibel eingesetzt werden, um die benötigten Ergebnisse auch zu erhalten.

	Quantitativ	Qualitativ	Quantitativ+ Qualitativ
Empfindlichkeit	Hoch	Mittel	Hoch (Mittel)
Dauer	mehrere Tage / Wochen	2-3 Nächte	2-3 Nächte / opt. Dauererfassung
Wiederholungen	Dauererfassung / regelmässig	Ergebnisorientiert / je Jahreszeit	regelmässig
Fix. Einstellungen	Ja	—	Ja

Tabelle 2.1: Übersicht der Anwendung automatischer, akustischer Erfassung bei verschiedenen Fragestellungen. Die Tabelle gibt Richtwerte, im Einzelfall müssen diese entsprechend des Untersuchungsziels angepasst werden.

2.2.1 Quantitative Datensammlung

Die quantitative Datensammlung hat zum Ziel Aufnahmen zu sammeln, die nicht zwingend alle mit hoher Sicherheit auf Artniveau bestimmt werden müssen. Vielmehr soll eine möglichst gute Bewertung der Menge an Aktivität erfolgen. Hierfür empfiehlt es sich, das Aufnahmegerät auf hohe Empfindlichkeit zu stellen. So maximiert man die Aufnahmereichweite. Durch eine lange Erfassungsperiode wird zusätzlich kurzfristigen Schwankungen der Aktivität entgegengewirkt. Es kann in Abhängigkeit des Auslösealgorithmus und des Standorts zur Aufnahme zahlreicher Nicht-Fledermauslaute (zum Beispiel Heuschrecken) kommen, die den Datenspeicher sehr schnell füllen können (innerhalb weniger Nächte). Die klassische Horchbox ist eine typische quantitative Datensammlung.

Auch das Dauermonitoring im Vorfeld der Windkraftplanung, ebenso wie das Gondelmonitoring sind Beispiele quantitativer Erfassungen. Die Rufe werden meist nur auf Gruppenniveau bestimmt und es soll lediglich eine Einordnung der Aktivität erfolgen. Generell lässt sich jede Erfassung, die die Ermittlung von Aktivität zum Ziel hat, und dabei nicht alle Arten dediziert betrachtet, als quantitative Erfassung gestalten. Dabei wird das Artenspektrum bestimmt, aber viele Aufnahmen nur einer Arten-Gruppen zugeordnet.

2.2.2 Qualitative Datensammlung

Die qualitative Datensammlung hat das Ziel der Erfassung des Artenspektrums eines Standorts. Hierzu müssen die Aufnahmen mit möglichst hoher Qualität aufgezeichnet werden, um auch schwer zu bestimmende Arten determinieren zu können. Werden viele Rufe schlechter Qualität aufgezeichnet, erhöht sich der Bestimmungsaufwand teils stark. Da die Quantität keine Rolle spielt, ist die Anzahl der Aufnahmen nicht so entscheidend. Daher kann es hilfreich sein, nur eine mittlere Empfindlichkeit bei der Erfassung zu wählen. Für schwer zu erfassende Arten mit leisen Rufen sollte dennoch eine hohe Sensitivität gewählt werden. Die sichere akustische Erfassung ist auf Grund leiser Ortungsrufe schwierig bei Bechsteinfledermaus, Großem Mausohr, allen Hufeisennasen und allen Langohrfledermäusen.

Um alle Fledermaus-Arten eines Lebensraums erfassen zu können, müssen geeignete Standorte gewählt werden. Wird zum Beispiel nur im Offenland erfasst, werden Waldarten nur selten oder gar nicht aufgezeichnet. In Abhängigkeit der zu erwartenden Arten und deren Dichte am Standort sind gegebenenfalls auch mehrere Aufnahmenächte nötig. Durch sukzessive Auswertung einzelner Nächte kann zum Beispiel eine Sättigungskurven der Arten ermittelt und ein vorzeitiger Abbruch der Untersuchung gesteuert werden. Beispiele werden bei der Beschreibung des Einsatzes zur **Ermittlung der Biodiversität** (S. 27) gezeigt.

2.2.3 Quantitative und qualitative Datensammlung

Sollen qualitative sowie quantitative Daten - zum Beispiel zur Habitatnutzung - gesammelt werden, dann sollte eine mittlere Empfindlichkeit eingestellt werden (im Offenland gegebenenfalls hohe Empfindlichkeit). Dies reduziert die Erfassung auf solche Tiere, die sich auch an der untersuchten Stelle aufhalten. Tiere aus größerer Entfernung werden so nicht aufgezeichnet. Es empfiehlt sich die Erfassung mehrere Nächte in Folge durchzuführen und regelmässig zu wiederholen. Eine dauerhafte Erfassung muss nicht zwingend durchgeführt werden. Das erlaubt zum Beispiel die sukzessive Untersuchung mehrerer Standorte mit nur einem oder wenigen Aufzeichnungsgeräten. Jedoch erhöht eine Erfassung über längere Zeiträume immer auch die Aussagekraft und sichert das Ergebnis ab (siehe auch **Kein Negativnachweis**, S. 134 und **Der beste Aktivitäts-Index**, S. 164).

2.3 Erfassung in einzelnen Nächten

Bei zahlreichen Fragestellungen ist ein Dauermonitoring an einem Standort nicht zwingend nötig. Häufig sollen größere Flächen auf vergleichbare Art und Weise akustisch untersucht werden. Es sollen primär qualitative Daten erhalten werden. Durch regelmässige Wiederholungen der Erfassungen können dabei semi-quantitative Ergebnisse ermittelt werden.

Solche Erfassungen können meist sowohl aktiv als auch passiv erfolgen. Durch Transekte mit Handgeräten kann ein versierter Bearbeiter einigermassen effektiv Aktivität und Artenspektrum ermitteln. Bei der passiven Erfassung wird ein automatisches Erfassungsgerät für den Zeitraum einer bis weniger Nächte an einem Standort aufgebaut, um zum Beispiel nächtliche Aktivitätsmuster und Artenzusammensetzung zu ermitteln. Werden verschiedene Standorte mit der selben Technik (immer identische Einstellungen) untersucht, können Vergleiche zwischen diesen getroffen werden. Der optimale Einsatzmodus hängt stark von der tatsächlichen Fragestellung ab. Solche zeitlich eng begrenzten Erfassungen werden häufig begleitend zur Anwendung anderer Methoden eingesetzt. Sie eignen sich immer dann, wenn von einer stetigen Standortnutzung durch Fledermäuse ausgegangen werden kann. Kurzfristige und kurzzeitige Ereignisse wie zum Beispiel Wanderung, Nutzung sporadischer auftretender Nahrungsressourcen oder Quartierexploration kann jedoch nur mit regelmässiger oder dauerhafter Erfassung untersucht werden. Eine grobe Untergliederung nach unterschiedlichen Fragestellung wird im Folgenden abgehandelt.

2.3.1 Generelle Aktivitätserfassung

Eine typische Anwendung automatischer Detektoren ist die Aktivitätserfassung an einem einzelnen Standort als qualitative Erfassung. In Abhängigkeit der Fragestellung wird diese im Jahresverlauf mehrfach wiederholt. So können das Artenspektrum und bedingt auch die Nutzungshäufigkeit des Standorts durch Fledermäuse ermittelt werden (semi-quantitativ). Eine möglichst freie Aufstellung des Aufnahmesystems verbessert die Rund-Um Überwachung und ergibt in der Regel Aufnahmen höherer Qualität (keine Echos). Verbleibt das Aufzeichnungsgerät nicht nur für eine Nacht an dem Standort, sondern für mehrere Nächte, wird die Datengrundlage verbessert, da kurzfristige oder kleinräumige Aktivitätsmuster eliminiert werden können. Die Empfindlichkeit des Aufnahmegeräts sollte etwa auf ein mittleres Niveau gesetzt werden.

Sollen primär Arten des offenen Luftraums (zum Beispiel Abendsegler) untersucht werden, kann eine hohe Empfindlichkeit gewählt werden, um die freifliegenden Tiere besser zu erfassen. Bei Geräten mit fester Aufnahmelänge sollte die Aufnahme-Zeit auf eine geringe Dauer (eine bis fünf Sekunden) gesetzt werden. So können Aktivitätsindizes für den Vergleich von Daten besser berechnet werden (siehe **Quantifizierung der Aktivität - gleiches Aufnahme-System**, S. 142).

Die Erfassung an wenigen, einzelnen Nächten im Jahr hat den Nachteil, dass sie kein kontinuierliches Bild der Aktivität geben kann. Fledermäuse sind sehr mobil und weisen ein teils sehr opportunistisches Verhalten auf. Manche Arten wechseln im Jahresverlauf die genutzten Jagdhabitate und treten so nicht immer mit der selben Intensität an einem Standort auf. So kann mit mehreren, einzelnen Erfassungsterminen übers Jahr verteilt keine umfassende Aussage zur Aktivität

einer Art getroffen werden. Wurden Arten häufig nachgewiesen, dann ist dies ein Hinweis auf eine hohe Bedeutung des Standorts. Es darf jedoch das Fehlen von Arten nicht überbewertet werden, da diese vielleicht nur „verpasst" wurden (siehe auch **Kein Negativnachweis**, S. 134 und **Der beste Aktivitäts-Index**, S.164). Daher sollten die Ergebnisse immer nur in Bezug auf die nachgewiesenen Arten interpretiert werden, wenn nicht über eine lange Periode Daten kontinuierlich erhoben wurden (siehe auch **Ermittlung der Biodiversität**, S. 27)
.

2.3.2 Flugrouten

Eine spezielle Form der oben genannten Aktivitätserfassung in einzelnen Nächten ist die Untersuchung von Flugrouten. Automatische Aufnahmesysteme können hierbei zur Unterstützung eingesetzt werden. In der Regel sind Flugrouten jedoch am besten mit einem manuellen Detektor (Mischer- oder Teilerdetektor) zu suchen, da sofort ein akustisches Feedback vorliegt, während man die Tiere beobachtet. Der Bearbeiter bewegt sich dabei im Untersuchungsgebiet entlang von potenziellen Leitstrukturen. Insbesondere direkt nach der Ausflugszeit lassen sich Flugrouten akustisch und optisch erkennen. In kurzen, meist regelmässigen Abständen fliegen Tiere entlang der Leitstruktur in die selbe Richtung. Nur durch solch eine Beobachtung des Flugverhaltens kann eine Flugstrasse sicher erkannt werden. Der menschliche Bearbeiter kann das Verhalten direkt erkennen.

Jedoch kann eine automatische Erfassung Daten für einen Vergleich der Aktivität zwischen Flugrouten oder verschiedenen Erfassungsterminen liefern. Werden mehrere Erfassungsgeräte entlang der bereits identifizierten Flugroute aufgestellt, kann mittels eines Zeitabgleichs der Aufnahmen die manuelle Beobachtung ergänzt werden. Das Aufnahmegerät sollte auf mittlere Empfindlichkeit gesetzt werden, wenn der Aufnahmestandort direkt an der Flugrouten liegt. Ansonsten ist auch eine höhere Empfindlichkeit sinnvoll. Die Einstellung sollte auch an den Ortungsmodus und Flugstil der Arten angepasst werden. Hier kann mit Hilfe von gleichzeitigen Sichtbeobachtungen der Standorte die automatische Erfassung optimiert werden.

2.3.3 Querungshilfen

Wie Flugrouten können auch Querungshilfen an Strassen mit automatischen Erfassungsgeräten überwacht werden (Berthinussen & Altringham (2012); Abbott et al. (2012)). Um die erhaltenen Daten sinnvoll zu werten, müssen wenigstens zwei Szenarien unterschieden werden. Etablierte Querungshilfen sind in der Regel einfacher zu untersuchen. Im Idealfall wird jeweils an einem Ende der Querung ein Erfassungsgerät installiert. Der direkte Vergleich der Aufnahmezeiten erlaubt festzustellen, ob und in welche Richtung eine Querung stattgefunden hat. Steht nur ein Gerät zur Verfügung, dann kann dieses zentral, also mitten in oder auf der Querungshilfe eingesetzt werden. Bei Unterführungen und Kleintierdurchlässen ist dann bedingt durch Echos mit einer schlechteren Aufnahmequalität zu rechnen. Hier ist eine mittlere bis niedrige Empfindlichkeit des Aufnahmegeräts ausreichend.

Im Gegensatz dazu sollte bei neu installierten Querungshilfen geprüft werden, ob Tiere überhaupt an die Querungshilfe anfliegen. Daher müssen die Anflugwege, die in der Regel nur auf einer Seite liegen, auf jeden Fall überwacht werden. Denn das Fehlen von querenden Tieren kann nicht nur an einer ungeeigneten Querungshilfe liegen, sondern auch daran, dass Tiere diese gar nicht mehr aufsuchen. Dies kann dann der Fall sein, wenn geeignete Leitstrukturen an der Anflugseite fehlen. Daher sollte in solchen Situationen immer die Anflugseite überwacht sein, um die Anwesenheit der Zielarten festzustellen.

Insbesondere direkt nach dem Landschaftseingriff und der Installation der Querungshilfen sollten solche Überwachungen möglichst dauerhaft durchgeführt werden. Anfangs wird die Nutzungshäufigkeit nur gering sein (Eingewöhnung). Dann sind einzelne Erfassungsnächte nicht ausreichend. Liegen dedizierte Kenntnisse zur Nutzung der Querungshilfen vor, dann lassen sich die Erfassungshäufigkeiten auch reduzieren.

2.4 Dauermonitoring

Das Dauermonitoring von Fledermäusen ist mit einer automatischen, akustischen Erfassung am einfachsten zu lösen und manchmal die einzige anwendbare Methode (zum Beispiel Gondelmonitoring, folgendes Kapitel). Hierzu wird ein Detektor - im Idealfall - dauerhaft für die gesamte Aktivitätsperiode installiert und betrieben. Das bedeutet eine ununterbrochene akustische Erfassung von ca. März/April bis Oktober/November (6 bis 9 Monate). Solche Untersuchungen werden häufig im Vorfeld der Planung von Windenergieanlagen (WEA) durchgeführt. Der Detektor wird dafür manchmal auch auf einem Mast oder in einer Baumkrone installiert. Ebenso wird eine abgewandelte Form dieser Technik auf Gondeln von Windenergieanlagen eingesetzt. Diese Methode erlaubt die Erfassung des Artenspektrums und der Aktivitätsmuster im Jahresverlauf (zum Beispiel auch Zugereignisse). Sie liefert quantitative und wenn benötigt auch qualitative Daten. Nur so sind dedizierte Aussagen im Hinblick auf Gefährdung von Fledermäusen durch den Betrieb einer WEA möglich.

Es ist dabei sicherzustellen, dass die Stromversorgung ausreichend dimensioniert ist, um einen dauerhaften Betrieb zu ermöglichen. Außerdem muss eine regelmässige (täglich, wöchentlich) Funktionskontrolle des Mikrofons vorgesehen werden, um Mikrofondefekte rechtzeitig zu erkennen.

2.4.1 Standort

Da das Gerät für einen Zeitraum von mehreren Monaten an einem festen Ort installiert ist und repräsentative Daten für das Untersuchungsgebiet liefern soll, muss der Standort gut ausgewählt werden. Sowohl die Untersuchungsfläche als auch die Fragestellung muss durch den Standort sinnvoll vertreten werden. Ein Aufbau zu nahe an Strukturen mit unter- oder überdurchschnittlicher Aktivität sollte vermieden werden, um die Daten nicht zu verfälschen. Strukturen mit zum Beispiel Leitlinien-Charakter können in der Regel durch ergänzende mobile Erfassungen besser untersucht werden.

Auch ein Offenland-Standort mit einem Abstand von ca. 10 bis 15 m zu Strukturen kann sinnvoll sein. So werden Luftraumjäger ebenso wie Patrouillierer gut ermittelt. Arten mit hohen Nutzungsanteilen von Wald werden dann jedoch weitestgehend fehlen. Auch empfiehlt sich die Installation auf einem Mast in einer Höhe von 4 m bis 8 m (Diebstahlschutz).

Bei Voruntersuchungen zu WEAs in Wäldern muss sowohl unter als auch über den Kronen erfasst werden. Bei einem späteren Eingriff sind nicht nur die Arten im freien Luftraum betroffen, sondern auch Arten, die den Wald direkt nutzen. Daher sollte auf jeden Fall eine regelmässige oder dauerhafte Erfassung im Bestand oder an Waldwegen stattfinden. Für die Messung der Aktivität über den Kronen ist ein Messmast mit ausreichender Höhe beinahe unumgänglich, da der Detektor wenigstens fünf bis zehn Meter über den Kronen installiert sein sollte. Ballon- oder Lastdrachenuntersuchungen liefern in der Regel nur anekdotische Daten und eignen sich nicht als adäquater Ersatz für ein Dauermonitoring. Ist ein Messmast nicht vorhanden, ist es möglich einen Standort auf einer größeren Lichtung (30m bis 60m Durchmesser) zu nutzen, um dennoch Arten des offenen Luftraums über dem Wald zu erfassen. Das Erfassungsgerät sollte dann so hoch wie möglich angebracht werden. Dafür kann auf der Lichtung eine Vorrichtung installiert werden oder ein passend stehender Baum am Rand der Lichtung genutzt werden. Dieser sollte jedoch nicht durch seine Krone das Mikrofon abschirmen (Abb. 2.1).

Bei einem Dauermonitoring sollte der Standort an die jeweilige Fragestellung angepasst werden. Dabei muss immer geplant werden, welche Datenmenge und Datengrundlage nötig ist, die gewünschte Aussage zu treffen. Manche Fragestellungen können jedoch nur bedingt mit einem akustischen Dauermonitoring sinnvoll untersucht werden. Für leise rufende Arten, wie zum Beispiel Langohren im Wald, werden zwar auch Aufnahmen aufgezeichnet, aber es werden dies nur seltene Ereignisse sein. In solchen und ähnlichen Situationen ergibt ein akustisches Dauermonitoring häufig keine ausreichenden Daten zur Beurteilung von Habitatnutzungsmustern.

Neben dem genauen Standort der Erfassungseinheit muss auch die Anzahl der Standorte ebenso an die Untersuchung angepasst werden.

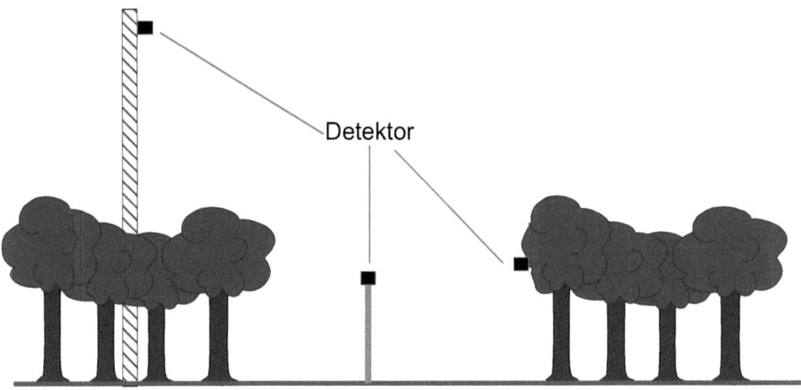

Abbildung 2.1: Möglichkeiten der Dauererfassung von Arten des offenen Luftraums an Waldstandorten.

Häufig ist eine einzelne Erfassungseinheit ausreichend, vor allem dann, wenn ausführliche begleitende Untersuchungen stattfinden. Für den Vergleich von Habitaten ebenso wie in reich strukturierten Untersuchungsgebieten sind mehrere Standorte unumgänglich.

2.4.2 Einstellungen beim Dauermonitoring

Für Dauererfassungen ist eine ausreichend hohe Empfindlichkeit und damit Reichweite zu wählen. Dabei muss abgewogen werden, wie gut die Aufnahmesteuerung des Geräts Fledermausrufe selektiert. Denn an vielen Standorten werden bei ungünstigen Einstellungen besonders im Sommer große Datenmengen durch Heuschrecken oder Vögel generiert. Dies bedeutet dann einen sehr hohen Zeitaufwand bei der Auswertung. Auch sollten nur solche Rufe aufgezeichnet werden, die sich noch auswerten lassen. Wählt man ein Gerät mit sehr hoher Empfindlichkeit, produziert dies unter Umständen aber auch viele Aufnahmen leiser, nicht verwertbarer Rufe. Auch das führt dann zu deutlich erhöhtem Auswertungsaufwand. Der Zeitraum der Erfassung sollte immer wenigstens Sonnenuntergang bis Sonnenaufgang mit einschliessen.

2.4.3 Erfassungsdauer

Das Gerät muss über die gesamte Aktivitätsperiode lückenlos Daten erfassen. Wie im Kapitel **Ermittlung der Biodiversität** (S. 27) gezeigt wird, sind manchmal auch lange Erfassungsreihen von mehr als 100 Tagen nötig, um das gesamte Artenspektrum zu erhalten. Um auch kurze Ereignisse, wie zum Beispiel Wanderungen im Herbst, nicht zu verpassen, müssen möglichst alle für Fledermäuse relevanten Jahreszeiten abgedeckt werden. Sollen einzig spezielle Ereignisse, wie die eben erwähnte Wanderung, erfasst werden, kann der Betriebszeitraum entsprechend auf den relevanten Zeitraum verkürzt werden.

Die Stromversorgung und Datenspeicherung muss so ausgelegt sein, dass möglichst lange Laufzeiten ohne Wartung möglich sind. Unsere Erfahrungen zeigen, dass im Schnitt mit bis zu 300 Aufnahmen je Nacht gerechnet werden muss, so dass auch eine 16 GB Karte wenigstens einen Monat und bis zu drei Monate Laufzeit ermöglicht.

Während der Erfassungsdauer empfiehlt sich eine regelmässige Funktionskontrolle des Geräts. Wird diese nur selten durchgeführt und kommt es zum Beispiel zu einem Ausfall des Mikrofons, sind die seit dem letzten Test erhobenen Daten eigentlich unbrauchbar und eine Wiederholung unumgänglich. Dies ist meist mit Kosten für den Auftraggeber verbunden. Daher sollte beim Einsatz auf ein System Wert gelegt werden, dass täglich den Gerätezustand und die Mikrofonfunktion überprüft und an den Anwender zum Beispiel per SMS übermittelt.

2.4.4 Ergänzende Untersuchungen

Das Dauermonitoring sollte durch begleitende Transektbegehungen unterstützt werden. Mit 8 bis 14 ganznächtlichen Begehungen können so Aktivitätshotspots, Flugstrassen und Quartiere identifiziert werden, die mit dem Dauermonitoring nicht erfassbar sind. Für manche Fragestellungen sind auch Netzfänge sinnvoll, wenn zum Beispiel Geschlechter oder akustisch schwer zu erfassende Arten geprüft werden müssen. Der genaue Umfang solcher begleitender Untersuchungen hängt dabei stark vom Untersuchungsgebiet und der genauen Fragestellung ab.

2.5 Gondelmonitoring

Das Gondelmonitoring ist eine besondere Form der Dauererfassung an der Gondel einer Windenergieanlage (WEA). Gondelmonitoring wird seit den frühen 2000er Jahren durchgeführt. Anfangs wurde es nur vereinzelt eingesetzt, zählt aber heute zu den Standardmethoden im Rahmen des Genehmigungsverfahrens von WEA. Im Rahmen der RENEBAT-Projekte wurde Gondelmonitoring ab 2007 systematisch an 72 Windenergieanlagen eingesetzt (Brinkmann et al. (2011)). Gleichzeitig durchgeführte Schlagopfersuchen erlaubten die Korrelation von Schlagopfern mit den akustisch erhobenen Daten. Dieses Forschungsprojekt führte dazu, dass das Gondelmonitoring als Standardmethode für die Ermittelung angepasster Abschaltszenarien (Minderungsmassnahme) zur Schlagopfer-Reduzierung in den Artenschutzleitfäden vieler Bundesländer aufgenommen wurde.

Für das Gondelmonitoring wird ein automatischer Detektor - in der Regel ein Echtzeitgerät - im Gondelbereich installiert. Gängig ist es, das Mikrofon in die Gondelhülle nach schräg-unten ausgerichtet einzusetzen. Der Detektor selber verbleibt in der Gondel. Ziel ist es Daten so zu erheben, dass sie mit denen des RENEBAT-Projekts direkt vergleichbar sind. Daher beziehen sich Leitfäden der Länder auch immer auf das Projekt und setzen einen identischen technischen Einsatz voraus. Nur so ist eine rechtlich abgesicherte Anwendung der der Bewertungs-Software ProBat auch möglich.

Ein großes Problem, das sich in zahlreichen Leitfäden wieder findet, ist, dass die zu wählenden Einstellungen der Geräte lange Zeit nicht explizit aufgenommen wurden. Einzig der Verweis auf das RENEBAT Projekt ist aufgeführt, weitere Informationen fehlten gänzlich[1]. Jedoch sind korrekte Einstellungen entscheidend für die Vergleichbarkeit der Daten. Abweichende Einstellungen führen beinahe immer

---

[1] Einzig der Leitfaden des Landesamt für Umwelt in Bayern wurde diesbezüglich durch FAQs ergänzt

zu einer Unterschätzung der Fledermausaktivität. Damit ist eine Rechtsunsicherheit durch nicht ausreichenden Schutz der Fledertiere gegeben. Dies liegt daran, dass im Rahmen des Projektes Aktivität als *Anzahl an Aufnahmen* gemessen wurde. Die Aufnahmeanzahl hängt sehr stark davon ab, wie die Aufnahmen erhalten werden (Pausen, feste/variable Aufnahmelänge, ...) und ist sehr stark abhängig von der Technik. Im Falle des Projektes wurden sehr kurze Aufnahmen erzeugt (batcorder mit Posttrigger 200 ms). Dies ist eine extreme Einstellung, die zu kurzen Aufnahmen führt. Es lassen sich mit anderen Posttrigger-Einstellungen, als auch mit anderen Techniken, nur längere Aufnahmen erzeugen. Somit führt eine andere Technik oder Einstellung zu einer teils deutlich niedrigeren Bewertung von Aktivität (siehe auch das Beispiel zum Kleinabendsegler auf Seite 144).

Streng genommen sind nur Aufnahmegeräte zugelassen, die identisch zu denen des Projektes betrieben werden können. Damit kommen Anabat SD2, Avisoft USG (damit auch das BATmode-System) und batcorder in Frage. Weder Batlogger, SM2Bat, SM3Bat, SM4Bat, Batomania Horchbox oder D500X wurden im Rahmen des Projektes positiv als geeignet ermittelt. Keines der Geräte ist in Bezug auf seine Empfindlichkeit kalibriert, eine Grundvoraussetzung für die Schlagopferabschätzung. Wegen unzuverlässiger Ruferkennung wurde zum Beispiel das SM2Bat im Rahmen von Tests als völlig ungeeignet abgewiesen (unveröffentlicht). In den Länder-Leitfäden wird auf die Problematik der technischen Eignung nicht weiter eingegangen und teils generell von „Echtzeitsystemen" gesprochen. Im Zweifelsfall ist dann jedoch eine rechtssichere Erfassung nur noch bedingt möglich. Eine ausführlichere Diskussion der Aspekte der Aufnahmesteuerung der unterschiedlichen Detektoren wird ab Seite 120 geführt.

Bei der Auswertung der Daten wird in der Regel auf das Software-Tool ProBat[2] zurückgegriffen. Dieses wurde von der Universität Erlangen-Nürnberg aus den Ergebnissen der RENEBAT-Studien entwickelt. Es bietet als einziges die Möglichkeit, die akustischen Daten basierend auf einem statistischen Modell in Schlagopfer umzurechnen. So lassen sich im Gegensatz zu anderen Verfahren konkrete Zahlen an Schlagopfern berechnen. Der Betrieb kann so geregelt werden, dass nur eine nach

---

[2]`http://windbat.techfak.fau.de/index.shtml`

Bundesnaturschutzgesetz §44 und nach aktueller Rechtssprechung nicht signifikante Anzahl Exemplare getötet wird. Kommt dieses Werkzeug zur Anwendung, dann sind über die eingesetzte Hardware hinaus zahlreiche Voraussetzungen zu beachten.

Eine Diskussion der Grenzen der Methode und möglichen Verbesserungsvorschlägen finden sich im Kapitel **Möglichkeiten und Grenzen des Gondelmonitoring** ab Seite 185.

2.6 Quartier-Monitoring

Für den Schutz von Quartieren, zum Beispiel bei Baumaßnahmen ebenso wie für die Suche eines Quartiers, kann es hilfreich sein, eine akustische Dauererfassung einzusetzen. Es lassen sich zeitliche Aktivitätsmuster ermitteln, die Aufschluss über Nutzungsart und -dauer geben. So können auch potentielle Quartiere, zum Beispiel an oder in Gebäuden, auf tatsächliche Nutzung überprüft werden. Bei der Planung einer solchen Untersuchung ist immer zu berücksichtigen, dass die Rufanalyse stark erschwert sein kann. Nahe an Quartiereinflügen werden häufig wenig dokumentierte Sozialrufe sowie kurze modulierte Rufe genutzt. Zwar wird eine automatische Bestimmung immer auch einzelne Sequenzen korrekt bestimmen, jedoch kann die Rate an falsch oder nicht bestimmten Aufnahmen sehr hoch liegen. Eine manuelle Analyse der Aufnahmen ist dann bei manchen Fragestellungen unumgänglich. Auch werden in Abhängigkeit der Kopfstärke des Quartiers unter Umständen sehr große Aufnahmemengen von mehreren Tausend je Nacht aufgezeichnet.

Zur Überwachung von Aktivität an Gebäudequartieren eignen sich akustische Erfassungsmethoden dann, wenn man bereits Hinweise auf die Art und den Quartierstandort hat. Je genauer dieser bekannt ist, desto besser können Aktivitätsmuster im Dauermonitoring erfasst werden. Es ist zu beachten, dass keinerlei Aussagen über die Anzahl der Tiere getroffen werden können. Für Untersuchungen an Schwarmquartieren sind akustische Methoden in der Regel nur bedingt geeignet. Vor allem die wichtigen Informationen zu Geschlecht und Paarungszustand, aber auch zur Häufigkeit und Individuenzahl kön-

nen nicht ermittelt werden. Sie erlauben einzig eine gewisse Aussage
zur Aktivitätsmenge.

2.6.1 Standort

Der optimale Standort ist ähnlich zum Beispiel einer Lichtschran-
ke oder Fotofalle nahe am Ausflug, so dass möglichst nur ein- und
ausfliegende Tiere aufgezeichnet werden. Jedoch sollte im Gegensatz
zu optischen Methoden ein größerer Abstand gewählt werden, da
alle Laute aus dem Inneren des Quartiers sonst ebenso aufgezeichnet
werden. Auch die Rufe direkt beim Ein-/Ausfliegen sind beinahe niemals sicher bestimmbar. Besser ist es somit, das Mikrofon mit etwas
Abstand zu platzieren. Bei Quartieren mit geringer Kopfstärke muss
dabei die Distanz in der Regel nicht so groß gewählt werden, da auch
von geringer Schwärmaktivität und damit auch weniger Sozialrufen
ausgegangen werden kann. Bei kopfstarken Quartieren, und vor allem
bei rege genutzten Schwarmquartieren sollte der Abstand dagegen
eher größer gewählt werden.

Natürlich kann immer auch die Erfassung nahe am Quartier oder
sogar im Quartier durchgeführt werden. Dann muss unter Umständen
ein sehr großer Anteil der Aufnahmen von Hand ausgewertet werden.
In Abhängigkeit der Fragestellung kann dies ein sinnvolles Vorgehen
sein. So kann zum Beispiel Winteraktivität im Quartier gemessen
oder aber die Nutzung oder Nichtnutzung eines potenziellen Quartiers
ermittelt werden.

2.6.2 Einstellungen

Für solche Untersuchungen empfiehlt sich ich eine mittlere bis geringe
Empfindlichkeit und damit eher eine geringe Aufnahme-Reichweite.
Dadurch werden bevorzugt Rufe aufgezeichnet, die sich noch gut
automatisch vermessen lassen und die gesamte Aufnahmemenge bleibt
überschaubar. Bei einer zu großen Aufnahme-Reichweite werden auch
leise Rufe aufgezeichnet und bei größeren Quartieren kann dies dazu
führen, dass beinahe durchgehend Aufnahmen entstehen. So werden

auch schnell große Datenmengen von 8-16 GB oder mehr in einer einzelnen Nacht erzeugt (mehrere Tausend Aufnahmen).

Die Erfassung sollte immer wenigstens den Zeitraum von Sonnenuntergang bis Sonnenaufgang einschliessen. Eine längere Laufzeit ist ratsam, um nicht frühzeitige Ausflüge oder späte Einflüge zu verpassen.

2.6.3 Ergänzende Untersuchungen

Ein sinnvolles Quartiermonitoring ist eigentlich nur möglich, wenn begleitend auch eine genaue Artansprache durch Fang oder Quartierkontrolle stattfindet. Dies ist unumgänglich, wenn es sich um eine Art handelt, die akustisch nicht eindeutig bestimmbar ist (zum Beispiel die Bartfledermausarten, Langohren ...). Ebenso kann nur so festgestellt werden, ob es sich um eine Wochenstube oder ein anders genutztes Quartier handelt.

2.7 Ermittlung der Biodiversität

Im Zuge der schnellen Erfassung der Biodiversität werden gerne solche Nachweismethoden verwendet, die einfach, schnell und reproduzierbar das Artenspektrum eines Lebensraums ermitteln lassen. Bei artenreichen Gruppen spielen kleine Fehler keine große Rolle. Vielmehr geht es um den Vergleich der Biodiversität verschiedener Standorte. Die akustische Erfassung eignet sich gut zur Bestimmung der Artenvielfalt der Fledermäuse. Jedoch muss man sich immer bewusst sein, dass durch die opportune Verhaltensweise von Fledermäusen Erfassungen in einzelnen Nächten meist nicht ausreichen, um eine vollständige Übersicht des Artenspektrums zu erhalten. Manche Arten sind akustisch nur schwer nachweisbar, sei es auf Grund sehr leiser Rufe (unter anderem Langohren, Bechsteinfledermaus, Hufeisennasen) oder wegen der unsicheren Bestimmung der Rufe (vor allem wenn nur wenige Sequenzen vorliegen). Daher sind Ergebnisse akustischer Erfassungen am besten durch andere Methoden zu verifizieren. Dies gilt insbesondere dann, wenn es sich um seltene oder besonders gefährdete Arten handelt, die nicht sicher akustisch nachweisbar sind.

Bei Diversitäts-Untersuchungen muss man sich unabhängig von der verwendeten Methode immer die Frage stellen, wie viele Beprobungen nötig sind, um das gesamte Artenspektrum zu erfassen. Es existieren diverse Verfahren zur Hochrechnung der gesamten Artenzahl an Hand einer Stichprobenuntersuchung. Diese sind in Mitteleuropa auf die doch recht kleine Gruppe der Fledermäuse nicht sinnvoll anwendbar. Auch ist es in der Regel wichtig, nicht nur die Artenzahl, sondern eben auch die genauen Arten zu kennen, da nur so Eingriffe oder Massnahmen sinnvoll koordiniert und gestaltet werden können, oder um rechtliche Vorgaben erfüllen zu können (Art für Art Bewertung).

2.7.1 Untersuchungsumfang

Wie viele Erfassungen an einem Standort nötig sind, um das Artenspektrum abzubilden, hängt von diversen Faktoren ab. Der Standort an sich entscheidet, ob manche Arten dort immer oder nur zu bestimmten Jahreszeiten anzutreffen sind. Insofern muss also gegebenenfalls mehrfach im Jahr untersucht werden. In Gebieten ohne Sommerpopulation des Großen Abendseglers sind Erfassungen auch im Spätsommer während der Zugzeit nötig. Standorte mit zeitlich beschränktem Nahrungsspektrum müssen dann untersucht werden, wenn ein großes Nahrungsangebot vorhanden ist.

In der Regel werden niemals alle Arten bereits in einer Nacht nachgewiesen. Nur wenn es an einem Standort nur sehr wenige, dafür aber häufige Arten gibt, kann dies gelingen. Tägliche, kleine Änderungen der Aktivitätsschwerpunkte der im Lebensraum anwesenden Arten führen dazu, dass eine Wiederholung der Erfassung mindestens an zwei oder drei aufeinanderfolgenden Nächten nötig sein wird. Auch dann werden nur selten alle Arten vor Ort bereits aufgezeichnet.

Die folgenden Abbildungen zeigen an ausgewählten Beispielen, wie sich das Artenspektrum im Lauf des Jahres entwickelt und wie sich die Erfassungsdauer und Wiederholung auswirken kann. Die ersten drei Abbildungen stammen von einer Dauererfassung in 10 m Höhe und ca. 25 m Abstand zu einer Baumreihe / Waldrand.

Im Jahresverlauf steigt die Anzahl der in einer Nacht erfassten Arten an, um dann zum Ende der Aktivitätsperiode wieder abzunehmen (Abb. 2.2). In einer einzelnen Nacht konnten an diesem Standort maximal acht Arten erfasst werden. Solche Nächte kamen genau zweimal vor. Häufiger waren Nächte mit sieben Arten. In der Regel wurden jedoch nur drei Arten je Nacht erfasst, wie aus der zweiten Abbildung deutlich hervorgeht (Abb. 2.3). Auch zahlreiche Nächte mit nur einer oder keiner Art waren vertreten. Dies ist vor allem bedingt durch stärkeren Regen immer zu erwarten.

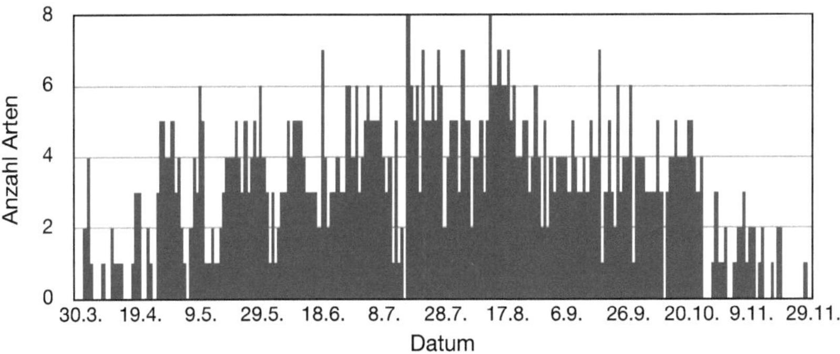

Abbildung 2.2: Anzahl Arten im Rahmen einer durchgehend Erfassung (Offenland; 10 m Höhe und ca. 25 m Abstand zu einer Baumreihe / Waldrand)

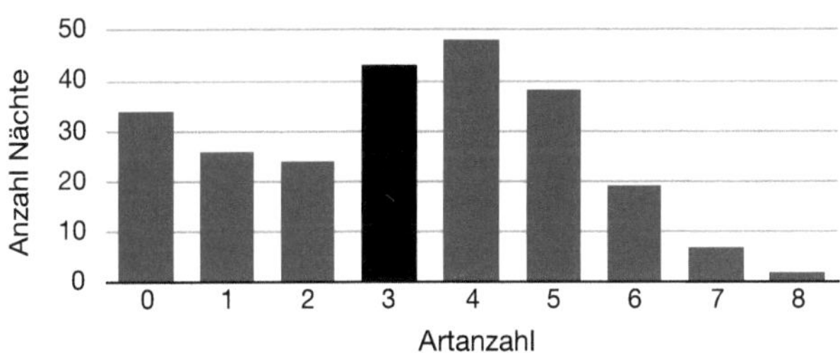

Abbildung 2.3: Verteilung der nächtlichen Artzahlen der oben abgebildeten Rohdaten. Der Medianwert ist schwarz hervorgehoben. Der Mittelwert liegt bei 3,1 Arten je Nacht.

Die maximale Anzahl von 12 Arten dieses Standorts wurde erst nach einem langen Untersuchungszeitraum erreicht wurde (>170 Tage). In der Abbildung 2.4 ist dies die Kurve, die die 90 %-Schwelle am Tag 137 erreicht. Bei der 12. Art handelt es sich um die Bechsteinfledermaus, die akustisch meist nur schwer nachzuweisen ist. Am untersuchten Standort war sie überhaupt nicht zu erwarten. Es zeigte sich auch, dass die Erfassungsnächte früh im Jahr mit wenig Arten je Tag noch kein repräsentatives Bild ergeben. Hätte die Erfassung zum Beispiel vier Wochen später im Mai gestartet, wäre die Akkumulation von Arten deutlich schneller vonstatten gegangen. Die Arten neun bis 12 wurden nur wenig häufig erfasst, ohne Dauererfassung wären diese hier vermutlich übersehen worden. In diesem Beispiel hat aber der Standort keine besondere Bedeutung für diese Arten, was ihr seltenes Auftreten erklären könnte.

Solch eine Entwicklung der Artzahlen kann insbesondere durch das seltene Auftreten einzelner Arten entstehen. Auch können jahreszeitliche Aktivitätsmuster wie Wochenstubenauflösung oder Wanderung einen starken Einfluss auf das Artenspektrum an einem Standort haben. Die Tiere werden dann mobiler und sind durch Dispersion auch flächiger anzutreffen. Um dies an andere Daten zu illustrieren, wurden zusätzlich fünf weitere Erfassungen mit 10 bis 13 Arten (Offenland bis Siedlungsstandort) auf die selbe Weise ausgewertet (siehe Abb. 2.4).

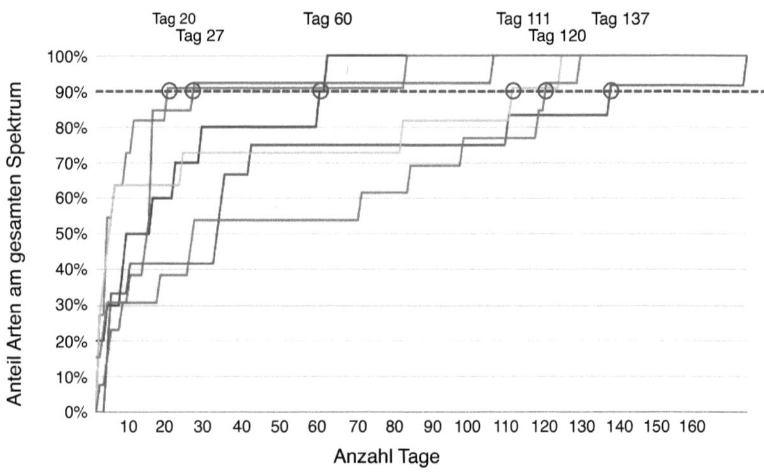

Abbildung 2.4: Arten-Akkumulation an sechs verschiedenen Standorten mit 10 bis 13 Arten. Hervorgehoben ist die 90 % Marke, die nach 20 bis 137 Tagen (Mittel 80 Tage) erreicht wird.

Untersuchungen in einem Naturwaldreservat in Nordbayern ergaben
ebenso die Notwendigkeit der Wiederholung von Erfassungen, um
die Diversität zu ermitteln (Abb. 2.5). In diesem zweiten Beispiel
wurden im Sommer je Monat zweimal an drei verschiedenen Standorten Daten parallel erhoben (jeweils eine ganze Nacht). Im Laufe
der Erfassung kamen je Monat neue Arten hinzu. In einem potenziellen Quartiergebiet (S2) waren dies 13 Arten. Dies stellt auch das
tatsächliche Maximum im Gebiet dar. An anderen Standorten fehlten
Arten, so dass Maxima von 3 bis 10 Arten erreicht wurden (S1 und
S3). Auch zeigte sich, dass die Erfassung im Folgejahr deutlich bessere
Ergebnisse liefern können. Im Beispiel trifft dies auf den Standort S1
zu. So haben diverse Faktoren (Jahreszeit, Jahr, Wetter, ...) einen
Einfluss auf das Artenspektrum.

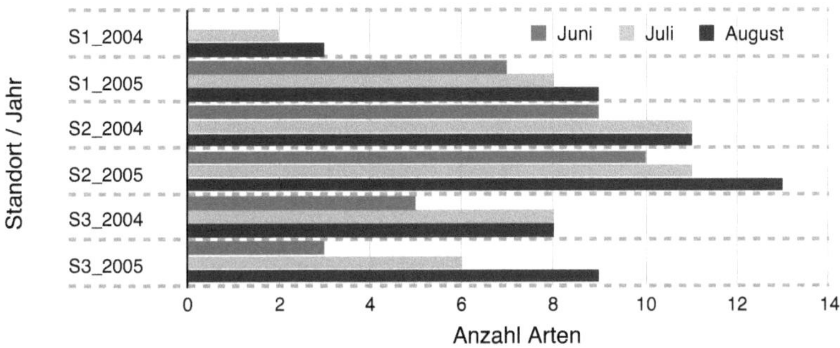

Abbildung 2.5: Anzahl Arten im Laufe der Untersuchung an 3 verschiedenen
Standorten (je Monat und Jahr am selben Standort Erfassungen bei vergleichbaren
Bedingungen)

3 Planung akustischer Untersuchungen

Das Ziel der akustischen Erfassung ist die Ermittlung der Aktivität von Fledermäusen in einem begrenzten Gebiet. Das Gebiet ist in der Regel definiert durch den geplanten und zu bewertenden Eingriff oder eine wissenschaftliche Untersuchung. Die zu Grunde liegende Fragestellung entscheidet über die nötige Aussagetiefe und den Untersuchungsansatz. Im praktischen Einsatz der akustischen Erfassung stellt sich dann die Frage, wie genau die Technik einzusetzen ist, um die gewünschten Daten auch ermitteln zu können.

In den vorhergehenden Kapiteln wurden dazu Grundlagen geschaffen, ebenso wurde bereits ein Überblick über die typischen Einsatzzwecke gegeben. Im Folgenden sollen an Hand vereinfachter Beispiele mögliche Einsatz-Szenarien gezeigt werden. Es werden dabei sowohl aktive, mobile Erfassungen ebenso wie passive, stationäre Ansätze vorgestellt. Wichtige Ziele bei diesen Erfassungen sind eine gute Flächenabdeckung und im Idealfall die Identifizierung und Beschreibung von wichtigen Lebens- und Teillebensräumen.

Häufig müssen bei der Planung von Untersuchungen bestehende Leitfäden beachtet werden. So existieren landesweite Vorgaben für die Behörden und somit Empfehlungen für Gutachter für Untersuchungen im Vorfeld und während des Betriebs von WEA. Auch beim Strassenbau, insbesondere Bundesstrassen und Autobahnen, gibt es Vorgaben, die Bundesweit abgestimmt sind. Daneben existieren in vielen Bundesländern Kartierungsanleitungen oder Empfehlungen für einzelne Artengruppen und die Bewertung zum Beispiel im Rahmen einer speziellen Artenschutzprüfung. Leitfäden sind prinzipiell bindend, jedoch sind Abweichungen durch den Gutachter mit fachlich fundierter Begründung auch immer möglich. Dies ist wichtig, um gezielt Anforderungen, die sich durch das Artenspektrum, den Naturraum oder Besonderheiten des Eingriffs ergeben, auch adäquat berücksichtigen zu können. Ebenso müssen unter Umständen Schwächen eines Leitfadens im Einzelfall kompensiert werden. Hierfür ist jedoch neben genauen Kenntnissen der Fledermaus-Ökologie auch ein gutes Verständnis akustischer Methoden nötig. Der unsachgemäße Einsatz der Methoden kann eine Erfassung soweit verschlechtern, dass die nötigen Aussagen nicht mehr getroffen werden können.

Eine hohe Aussagesicherheit wird immer mit großen Datenmengen erhalten (quantitative Erfassung). Insbesondere für die Funktionsbeschreibung von Teillebensräumen sind jedoch auch qualitative Erfassungen und die Aufzeichnung des Verhaltens (z.B. Balz, Flugrouten) nötig. Hilfreich für die Beschreibung der gemessenen Aktivität ist eine möglichst vollständige Flächenabdeckung mit hoher räumlicher Auflösung. Dabei muss die Erfassung möglichst objektiv sein und darf gewisse ökonomische Grenzen nicht überschreiten.

3.1 Aktivitätsbeschreibung

Die akustisch ermittelte Aktivität muss für eine Bewertung interpretiert werden. Im Folgenden werden einige mögliche Kennzahlen zur relativen Beschreibung der Aktivität im Hinblick auf eine den Raum abdeckende Erfassung dargestellt. Weitere beschreibende Kennzahlen (u.a. Kontakte, Aufnahmen, Sekunden, Zeitklassen mit Aktivität) werden in einem späteren Kapitel ausführlich vorgestellt (siehe ab S. 142). Sie werden im Folgenden nur kurz im Hinblick auf die Erfassungsmethoden beschrieben. Die reine Anzahl Kontakte als Aktivitätsmaß ist ungenügend, da sie wie später ausgeführt, nur sehr schwer zu definieren ist. Eine relative Abundanz lässt sich durch die Anzahl der Aufnahmen pro Zeiteinheit ermitteln, sie ist jedoch fehleranfällig, da sie vom Verhalten der Tiere stark beeinflusst wird. Auch die Zeitintervalle mit Aktivität sind ein relatives Abundanzmaß. Beide sind nur sinnvoll erfassbar mit automatischen System.

Werden Punkte mit erfasster Aktivität Standortgenau auf einer Karte eingetragen, lässt sich eine **Kontaktpunktdichte** ermitteln. Dieses

Maß einer relativen Abundanz kann nur bei mobiler Erfassung erhalten werden. Wurde das Transekt mit gleichmässiger Geschwindigkeit begangen, ist der räumliche Abstand der Kontakte ein Maß für die Abundanz. Hierfür dürfen keine Kontakte verpasst werden, somit ist die parallele Verwendung eines automatischen Aufnahmeystems während der Begehung zwingend nötig.

Werden die ermittelten relativen Abundanzen räumlich oder zeitlich gemittelt, erhält man eine **mittlere relative Abundanz fürs Gesamtgebiet**. Hierzu können räumliche Zufallsstichproben durch Transekte oder feste Standorte herangezogen werden. Ebenso können Mittelwerte für alle Teillebensräume unter Berücksichtigung der Flächengrößen ermittelt werden. Ein Maß für die **relative Populationsgröße** in einem Habitat oder dem Gesamtgebiet kann ermittelt werden, indem die relative Abundanz mit den Flächengrößen der Habitate multipliziert wird. Für die Berechnung dieser **relativen Tragfähigkeit** sind jedoch sehr viele Stichproben nötig.

Daneben kann Aktivität auch qualitativ beschrieben werden. Hierzu kann die Art der Aktivität (z.B. Jagd oder Sozialrufe), die Stetigkeit (dauerhaft, kurzzeitig) aber auch die Anzahl Tiere genutzt werden.

3.2 Definition von Teillebensräumen

Für einige der im Folgenden vorgestellten Untersuchungsansätze müssen im Vorfeld Teillebensräume ermittelt werden. Das bedeutet, die im Gebiet vorhandenen Habitate müssen im Hinblick auf eine Nutzung durch Fledermäuse ermittelt werden. Dies erscheint vielleicht einfach, kann sich jedoch äußerst schwierig gestalten. Zum einen ist diese Einteilung abhängig von der genauen Fragestellung, zum anderen von der tatsächlichen Naturraumausstattung und gegebenenfalls vom vorhandenen Artenspektrum. Für eine Untersuchung, die primär Offenlandstandorte beinhaltet, muss anders vorgegangen werden als bei der Untersuchung eines Waldgebiets.

Es gibt diverse Schemata zur Beschreibung und Einteilung von Habitaten. Diese basieren häufig auf der natürlichen Vegetation oder Biotoptypen. Zumeist handelt es sich um sehr fein unterteilte Systeme.

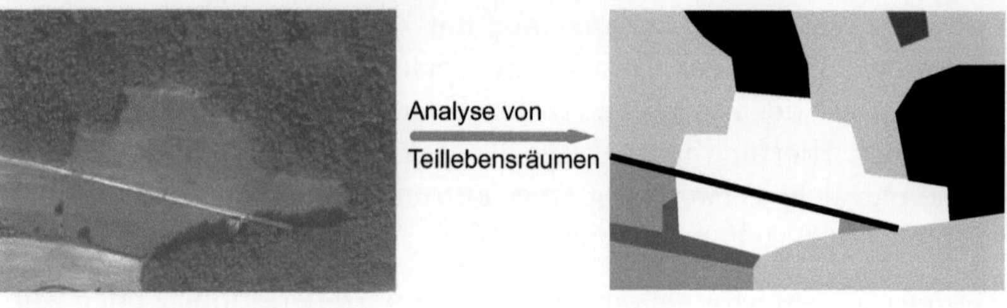

Abbildung 3.1: Im Vorfeld von akustischen Untersuchungen ist häufig eine Analyse des Untersuchungsgebiet im Hinblick auf die vorhandenen Teillebensräume nötig. Darauf basierend werden dann Untersuchungen, wie in diesem Kapitel beschrieben, geplant.

Deren Anwendung auf Fledermäuse ist fraglich. In der Regel sind besonders feine Unterteilungen bei mobilen Tieren nicht nötig. Dies gilt insofern, als dass die mobilen Tiere zumeist wegen der Suche nach Nahrung im Gebiet opportun umherstreifen. Auch wenn einzelne Individuen Jagdschwerpunkte haben, lassen sich diese in der Regel weder durch die Vegetationsausstattung noch durch besondere Insektenarten definieren. Sicherlich aber haben Insektendichte und die vorhandenen Strukturen größere Bedeutung. Somit sollten bei der Definition von Teillebensräumen solche Aspekte mit berücksichtigt werden.

Beispielsweise dient eine Hecke in einer ansonsten offenen Agrar-Landschaft nicht nur als potenzielles Jagdgebiet, sie verbindet auch mögliche Teillebensräume und hat als tradierte Flugroute eine hohe Bedeutung. Im selben Agrar-geprägten Offenland können auch Blühstreifen eine wichtige Rolle für Fledermäuse spielen. Es wird jedoch schwierig sein, diese im Vorfeld sinnvoll und umfassend zu ermitteln. Im Wald hingegen finden sich zahlreiche Strukturen, die durch den verfügbaren Flugraum für Fledermäuse eine entscheidende Rolle spielen können. Dann ist unter Umständen die genau Baumarten-Zusammensetzung weniger wichtig. Liegen diese Strukturen durch eine gleichmässige Bewirtschaftung flächig vor, können sie aus Forstunterlagen und teilweise sogar aus Luftbildern leicht ermittelt werden. Jedoch können entscheidende Strukturen auch *versteckt* innerhalb von Beständen liegen. Ein mögliches Schema für Strukturen im Lebensraum Wald zeigt die Abbildung 3.2.

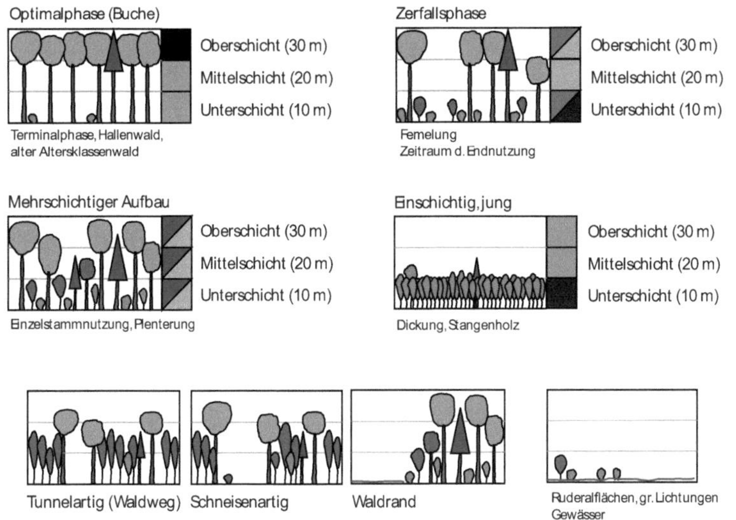

Abbildung 3.2: Beispiele für Fledermausrelevante Strukturen in Wäldern (verändert nach Runkel (2008)). Die Unterscheidung basiert auf der Vegetationsdichte in unterschiedlichen Schichten. Daraus ergeben sich Flugräume, die von Fledermäusen genutzt werden können. Beispielhaft ist ein alter Buchen-Hallenwald (links Oben), ein mehrschichtiger Wald (links Mitte), ein im Zerfall befindlicher Wald (rechts Oben) und ein junger Bestand gezeigt (rechts Mitte). Darunter sind mögliche lineare Waldstrukturen sowie Offenland dargestellt.

3.3 Gezielte Stichproben

Nach einer vorhergehenden, umfangreichen Habitatanalyse können sowohl mobil als auch stationär Daten so erhoben werden, dass alle bedeutsamen Lebensraumtypen abgedeckt werden. Dabei berücksichtigt man als Bearbeiter potentielle Quartiergebiete, Flugrouten und hochwertige Jagdhabitate, um alle wichtige funktionalen Komponenten und somit auch das Artenspektrum des Gebiets abzudecken.

3.3.1 Gezielte stationäre Erfassung

Für eine stationäre, passive Erfassung werden gezielt einzelne Standorte gewählt (Abb. 3.3). Dies sollten potenziell bedeutsame Standorte sein, deren Anzahl muss dabei nicht zwingend hoch sein. Bei guter representativer Auswahl sind auch wenige gute Standorte ausreichend. Solch eine Erfassung erlaubt dann Aussagen zur Phänologie. Mittels geeigneter Bewertung, wie zum Beispiel Zeitklassen, liefert sie auch relative Abundanzen. Werden die Größen der Teillebensräume im Hinblick auf das gesamte Gebiet berücksichtigt, lassen sich auch mittlere relative Abundanzen erhalten.

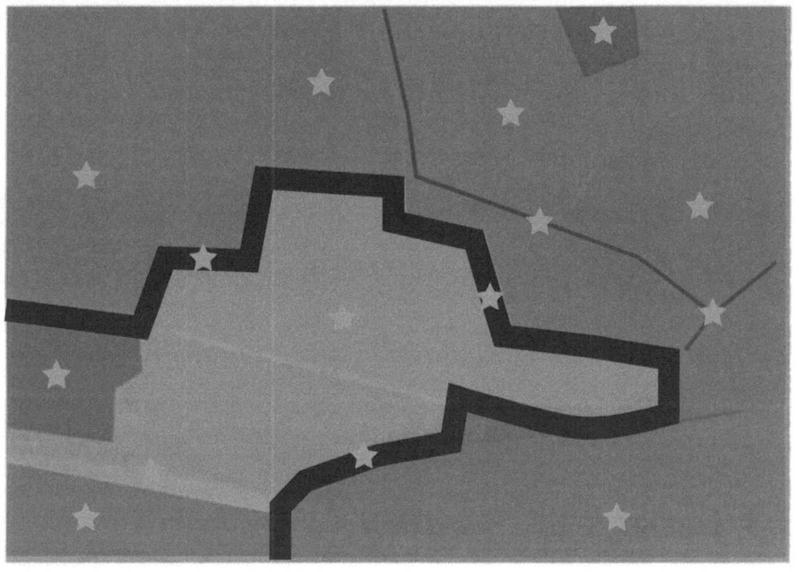

Abbildung 3.3: Nach einer Teillebensraumanalyse werden Standorte für passive Erfassung gezielt ausgesucht.

Vorteilhaft an diesem Vorgehen ist, dass man große Datenmengen erhält und dadurch sowohl sehr gut das Artenspektrum als auch eine Abundanzschätzung vornehmen kann. Durch phänologische Daten können Funktionen von Teillebensräumen besser beurteilt werden. Als Nachteil insbesondere bei großen Untersuchungsgebieten müssen hier die Kosten genannt werden. Insofern ist dieses Untersuchungskonzept meist auf kleine Gebiete beschränkt, die Anzahl an Standorte wird dabei eher am minimalen Aufwand als am sinnvollen, nötigem Aufwand ausgerichtet. Als besonders problematisch kann sich die subjektive Auswahl der Standorte erweisen. Ein unerfahrener Bearbeiter wählt unter Umständen ungeeignete respektive wenig representative Standorte aus.

3.3.2 Gezielte mobile Erfassung an Stopppunkten

Entlang fest geplanter Transekte werden regelmässig verteile Erfassungsstopps definiert. Diese liegen in den potenziellen Teillebensräumen (Abb. 3.4). Dabei wird sich schwerpunktmässig auf den Kernplanungsraum konzentriert. Mittels dieser Methode können relative Abundanzen sowie deskriptive Beurteilungen der Aktivität an den Erfassungsstopps vorgenommen werden.

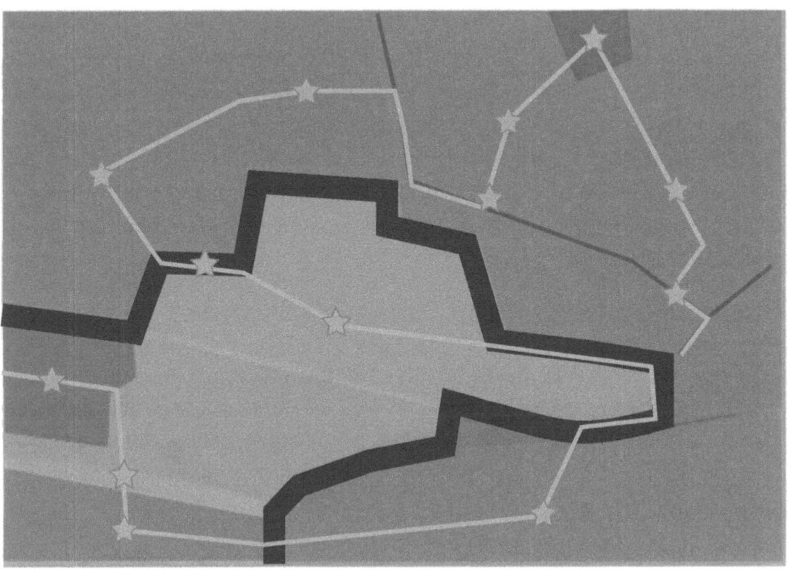

Abbildung 3.4: Nach einer Teillebensraumanalyse werden Transekte mit festen Stopppunkten für die aktive Erfassung gezielt ausgesucht.

Im Vergleich zu einer Begehungen mit gleichmässiger Geschwindigkeit werden an den Stoppunkten genauere Aktivitätsdaten erhalten. Durch eine längere Beobachtung an den festgelegten Punkten erfasst man die Funktion von Teillebensräumen besser. Nachteilig ist, dass die Aktivitätszahlen nur für die Stoppunkte ermittelbar sind. Je weniger solcher Stoppunkte realisiert sind, desto schlechter ist die Abdeckung der Fläche und desto weniger repräsentativ sind die Daten. Während man sich von Stoppunkt zu Stoppunkt bewegt, wird außerdem keine Erfassung durchgeführt, so ergeben sich große Totzeiten. Zu guter Letzt gilt ebenso wie bei der gezielten stationären Erfassung, dass durch die subjektive Auswahl der Stoppunkte das Ergebnis stark beeinflusst werden kann.

3.3.3 Gezielte mobile, gleichmässige Erfassung

Im Vorfeld der Untersuchung werden feste Transektstrecken definiert. Diese begeht man wiederholt mit einer konstanten, gleichmässigen Geschwindigkeit, zeitlich verteilt über den Jahresverlauf. Für eine repräsentative Datenerhebung werden die Transekte durch alle wichtigen Teillebensräume gelegt (Abb. 3.5). Es ist sinnvoll, einen Schwerpunkt auf den Kernplanungsraum zu legen. Als Ergebnis erhält man dadurch mittlere relative Abundanzen für das Gesamtgebiet und relative Abundanzen für einzelne Transektabschnitte. In einer Kartendarstellung können Kontaktpunktdichten und somit Schwerpunkte von Aktivität ermittelt werden.

Das Verfahren zeichnet sich durch eine gute Reproduzierbarkeit sowie hohe Objektivität aus, im Gegensatz zu einer Erfassung an vorher durch den Bearbeiter ausgewählten Stoppunkten. Auch unerfahrene Anwender können entlang der festgelegten Strecken, wenn ein automatischer Detektor mitgeführt wird, Fledermäuse gut erfassen. Man benötigt keine besonderen Fähigkeiten oder Informationen für eine Vorauswahl von Stoppunkten. Durch das andauernde Hören auf Fledermäuse während der Transekte, werden deutlich größere Datenmengen erhalten, auch wenn diese teilweise einer Pseudoreplikation unterliegen können. Werden die Transekte entsprechend der durchlaufenen Teillebensräume abgegrenzt, können auch Aktivitätszahlen für

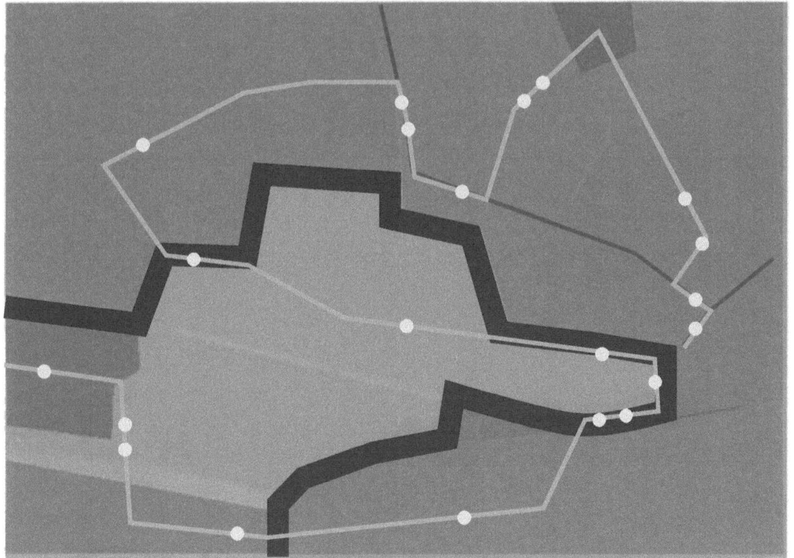

Abbildung 3.5: Nach einer Teillebensraumanalyse werden Transekte für die aktive Erfassung gezielt ausgesucht und mit gleichmässiger Geschwindigkeit abgeschritten.

diese Teillebensräume ermittelt werden.

Negativ kann sich die feste Wegstreckenplanung auf die Flächenabdeckung auswirken. So können nicht zwingend Wege durch alle Teillebensräume passend geplant werden. Insbesondere kann in unwegsamen Gelände die gleichmässige Geschwindigkeit nicht eingehalten werden, so dass bei der Planung solche Gebiete vermutlich weniger oder nicht berücksichtigt werden. Auch nimmt die räumliche Auflösung durch die ständige Bewegung ab, man kann nicht mehr an vielsprechenden Standorten für kurze Zeit verweilen. Die Fledermäuse müssen an der jeweiligen Stelle zum richtigen Zeitpunkt erscheinen. Auch fallen dadurch Beobachtungen auf qualitativem Niveau (Jagd, Quartier, Balz, ...) weitestgehend weg, da keine Zeit für ausführliche Beobachtung an einzelnen Standorten besteht.

3.3.4 Gezielte mobile, *freestyle* Erfassung

Auch hier werden im Vorfeld der Untersuchung wichtige Teillebensräume identifiziert und bei der Planung von Transekten berücksichtigt. Die Transekte werden dann ohne Vorgaben zur Geschwindigkeit abgelaufen, dabei sind auch ungeplante Abstecher sowie Änderungen der Strecken möglich - daher *freestlye* (Abb. 3.6). Die Strecken werden schwerpunktmässig in den Kernplanungsraum gelegt, durch Variationen sollte jedoch die gesamte Fläche abgedeckt werden. Auch sollten an Aktivitätsschwerpunkten längere Beobachtungen eingeplant werden, um qualitative Aspekte besser zu dokumentieren. Basierend auf den Daten lässt sich die Aktivität deskriptiv beurteilen im Hinblick auf Arten, aber auch Individuen und Verhalten. Sehr bedingt lassen sich relative Abundanzenen als Kontaktpunktdichte auf der Karte darstellen.

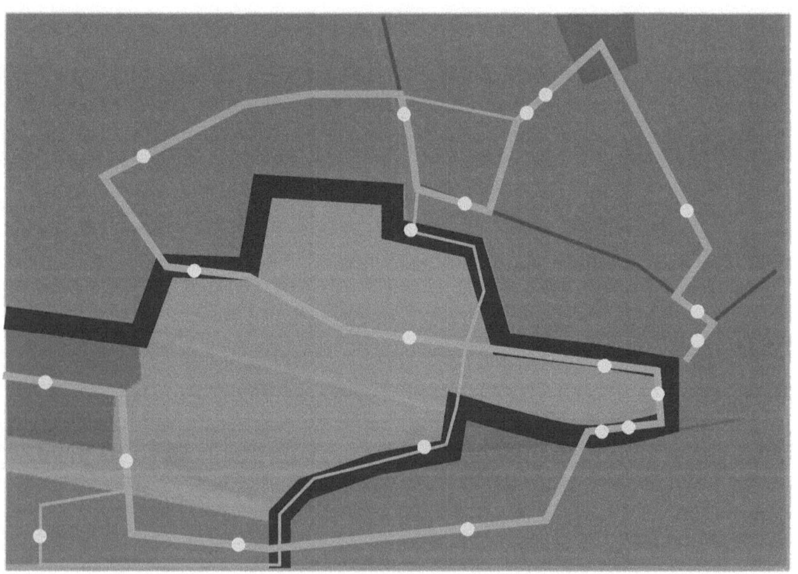

Abbildung 3.6: Nach einer Teillebensraumanalyse werden Transekte für die aktive Erfassung gezielt ausgesucht Diese können bei der Begehung frei angepasst werden.

Durch die Möglichkeit auch im Feld die Strecke anzupassen oder

Abstecher zu machen, lassen sich alle wichtigen Teillebensräume auffinden. Diese können auch qualitativ genau beurteilt werden, da sich die Aufenthaltszeit bei Bedarf anpassen lässt. Auch können interessante Bereiche zur optimalen Zeit begangen werden, da es keine festen Vorgaben zur Begehungsgeschwindigkeit oder zu Stopps gibt. Dies ist hilfreich, um Quartiere oder Flugrouten zu ermitteln. Insbesondere ist die Methode auch in unwegsamen Gelände anwendbar.

Die Vorteile werden jedoch auch durch Nachteile erkauft. Durch die wechselnden, variablen Aufenthaltsdauern je Teillebensraum werden so jeweils weniger Daten im Jahresverlauf gesammelt. Die Kontaktpunktdichte auf der Karte ist durch die variablen Aufenthaltsdauern und möglichen Stopps nur bedingt Aussagekräftig. Auch liegen somit keine quantitativen Aktivitätszahlen für die Teillebensräume vor. Auch eignet sich die Methode auf Grund der subjektiv zu treffenden Entscheidungen im Feld und bei der Bewertung der Aktivität primär für erfahrene Anwender.

3.4 Zufällige Stichproben

Bei Methoden, die auf zufälligen Stichproben basieren, entfällt die ausführliche Habitatanalyse im Vorfeld einer Untersuchung. Die Erfassungen werden an zufällig gewählten Standorten oder entlang zufälliger gewählter Transekte durchgeführt.

3.4.1 Zufällige stationäre Erfassung

Die Erfassung findet an zufällig gewählten Standorten statt. Eine vorhergehende Habitatanalyse entfällt somit (Abb. 3.7). Anhand der ermittelten Daten lassen sich Aussagen zur Phänologie im Nachtverlauf bei einzelnen wenigen Erfassungsnächten treffen. Wird über längere Zeit am Standort untersucht, so lässt sich auch darüberhinaus die Phänologie beschreiben. Für die Standorte erhält man darüberhinaus die relativen Abundanzen sowie die mittlere relative Abundanz für das gesamte Untersuchungsgebiet. Da es keine subjektive Vorauswahl von Standorten gibt, ist das Verfahren absolut objektiv.

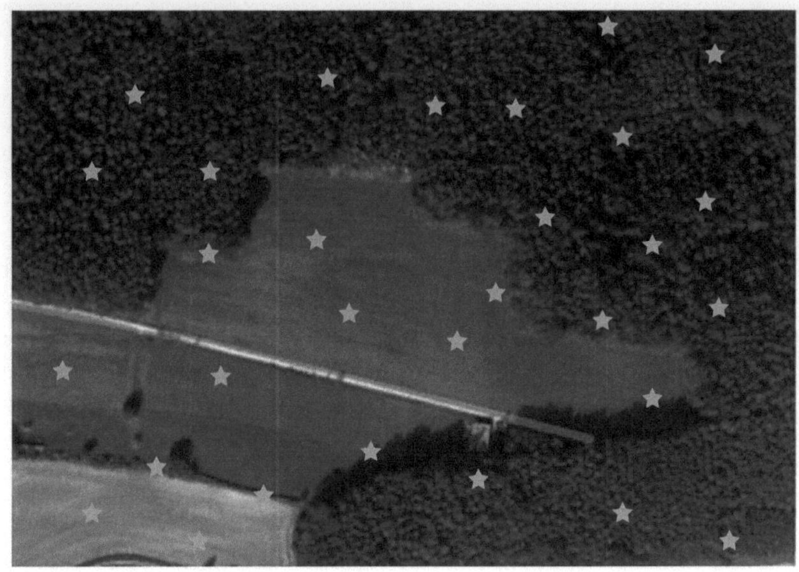

Abbildung 3.7: Standorte für passive Erfassung werden zufällig ausgewählt. Eine große Stichprobe an Standorten ist nötig.

Da in der Regel eine hohe Anzahl an Standorten untersucht werden muss, um representative Daten zu erhalten und keine wichtigen Teillebensräume zu verpassen, ist die anfallende Datenmenge und der Aufwand enorm hoch. Auch lässt sich aus den Zeitmustern nur bedingt auf die Funktion von Teillebensräumen schliessen.

3.4.2 Zufällige mobile Erfassung

Transekte werden so zufällig durch das Untersuchungsgebiet gelegt, dass sie das gesamte Gebiet einigermassen gut abdecken (Abb. 3.8). Eine vorhergehende Analyse der Teillebensräume entfällt. Die Durchführung der Transekte ist frei ohne feste Methode, somit sind Punkt-Stopptransekte ebenso möglich wie solche mit konstanter Geschwindigkeit. Bei einer durchgehenden Erfassung wird das Gebiet sehr gut abgedeckt. Als größter Vorteil ist die Objektivität der Erfassung

zu nennen, denn es kommt nicht zu einer subjektiven Auswahl von
Teillebensräumen im Gebiet.

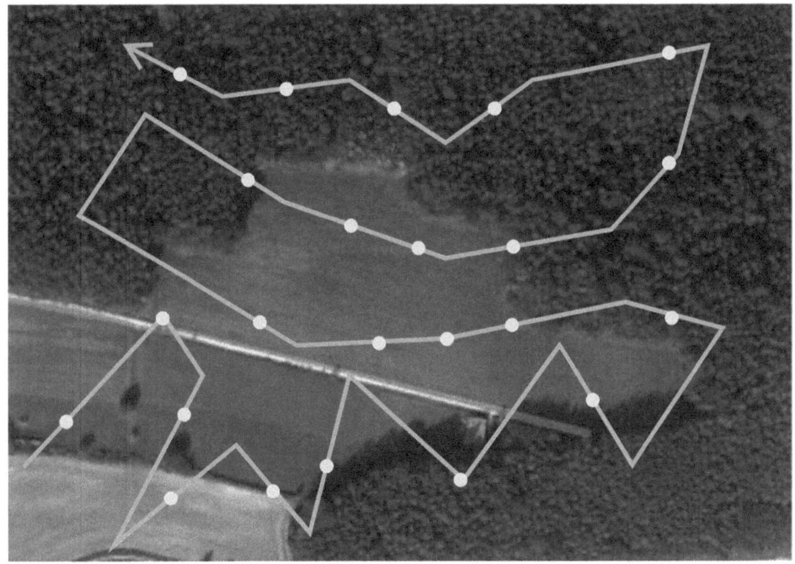

Abbildung 3.8: Zufällige Transekte durchs Gebiet mit freier Methodenwahl.

Aussagen zur Phänologie sind nur bedingt möglich. Auch wirkt sich
dies potenziell negativ auf das erhaltene Artenspektrum aus. Nur mit
großem Aufwand lassen sich belastbare Daten erhalten. Die ermittelten
Abundanzen sind nur bedingt nutzbar.

4 Manuelle und automatische akustische Erfassung

Es wurde bereits in vorhergehenden Kapiteln mehrfach sowohl die manuelle, aktive Datenerhebung sowie die automatische, passive Erfassung von Aktivität erwähnt. Zwischen automatischer und manueller akustischer Detektion von Fledermäusen bestehen grundlegende Unterschiede, die sich in Aspekten wie Subjektivität, Reproduzierbarkeit oder Datenmenge äußern. Diese Unterschiede wirken sich auf den möglichen Einsatz, auf die Ergebnisse einer Erfassung und die mögliche Interpretation der Daten aus. Auch eine Vergleichbarkeit der Daten ist nicht immer zwingend gegeben. Dennoch sind Vergleiche von Ergebnisse der beiden Methoden möglich, da beide Methoden die akustische Aktivität als Grundlage der Erfassung haben. Hierzu müssen die Besonderheiten der Methoden berücksichtigt werden. Häufig werden akustische Daten bei Auswertungen jedoch leider unkritisch von verschiedenen Quellen zusammengefasst und direkt verglichen.

Generell sind die Ergebnisse akustischer Erfassungen mit unterschiedlichen Geräten nicht einfach direkt in Relation zu setzen. Die Erfassungsmodalitäten beeinflussen die erhaltenen Daten stark. Unterschiede zwischen Datensätzen sind stark von der Anwendung bestimmt. Meist ist jedoch das Artenspektrum und gegebenenfalls ein abgeleiteter Aktivitätsindex der Arten vergleichbar. In wie weit dies wirklich Sinn macht, hängt jedoch wesentlich vom genauen Untersuchungsprotokoll ab.

4.1 Grundlage der manuellen Erfassung

Mittels sogenannter Fledermausdetektoren können Ultraschallsignale hörbar gemacht werden. Dazu werden Mischerdetektoren oder Teilerdetektoren verwendet (siehe Seiten 220 und 223). Ein menschlicher Bearbeiter erkennt anhand des Höreindrucks mit dem Detektor, ob gerade eine Fledermaus ruft. Dazu kann er den Frequenzbereich (beim Mischerdetektor) und die Lautstärke respektive Empfindlichkeit des Geräts laufend anpassen. Er nutzt sein Gehör, um Signale zu erkennen. Durch die Funktionsweise des Ohrs und der Reizweiterverarbeitung im Gehirn, ist der Mensch in der Lage, sehr leise Signale auch im Rauschen noch wahrzunehmen. Damit ist der menschliche Bearbeiter bestens geeignet, Fledermäuse mit Hilfe eines Detektors zu untersuchen. Dies trifft vor allem dann zu, wenn über einen kurzen Zeitraum (wenige Stunden) Fledermausaktivität ohne eine besondere Artunterscheidung erfasst werden soll. Dies bietet sich zum Beispiel im Rahmen von Voruntersuchungen für die Auswahl von Standorten an, die später mit größerem Aufwand untersucht werden. Durch die Mobilität des Erfassers können in kurzer Zeit auch größere Gebiete untersucht werden.

Jedoch kann der menschliche Bearbeiter nicht an jedem Standort arbeiten (Windkraftgondel, Windmessmast und ähnliche Standorte). Quantitative und qualitative Erfassungen zum Vergleich von Standorten oder Nächten sind ebenso nur bedingt möglich. Auch kann ein menschlicher Bearbeiter keine Langzeiterfassung durchführen, bereits zwei oder mehr Stunden intensiver Detektorarbeit sind sehr anstrengend. Zunehmende Erfassungsdauer wirkt sich negativ auf die Qualität der Erfassung aus. Mit nachlassender Konzentration werden leise Arten ebenso wie kurze Kontakte leichter überhört.

4.2 Grundlage der automatischen Erfassung

Die automatische Erfassung basiert auf der Erkennung von akustischen Signalen in Echtzeit durch Auswertung von Signal-Eigenschaften wie Lautstärke oder Frequenzen. Dazu werden Parameter wie eine

Auslöse-Schwelle (Amplitude), im Signal anteilige Frequenzbereiche und abgeleitete Signaleigenschaften (Amplitudenflanken, Energieanteile im Spektrum) ausgewertet. In der Regel führen alle überschwelligen Signale zu einer weiterführenden Analyse, mittels der eine Auslösung entschieden wird. So lösen nur überschwellige Signale auch eine Aufnahme aus, die die vom Anwender gewählten Signal-Eigenschaften erfüllen. Auf diese Weise kann die Menge an falsch-positiven Aufnahmen, die bei der alleinigen Betrachtung von Signalamplituden anfallen, reduziert werden. In wie weit dies zuverlässig gelingt, und in wie weit auch keine Fledermäuse überhört werden, hängt von zahlreichen Details und den genauen Einstellungen ab.

Durch eine Online-Analyse der Signale und daraus resultierender Aufnahmesteuerung ergibt sich eine objektive Erfassung von Fledermausaktivität. Ein gleich gestaltetes Signal wird auch immer eine Aufnahme auslösen. Dabei sollte der Algorithmus konservativ arbeiten, so dass auch schlechte Rufe detektiert werden. Ebenso sollten Rufe, die gleichzeitig mit akustischen Störungen auftreten, noch aufgezeichnet werden. Voraussetzung hierfür ist, dass es nicht zu einer kompletten Überlagerung des Rufs kommt.

Diese Aufgabe ist nach wie vor schwer umzusetzen, es besteht immer die Gefahr Rufe zu überhören oder aber zu empfindlich zu sein und zu viele falsch-positive Aufnahmen zu erzeugen. Insbesondere Standorte mit hoher Geräuschkulisse, die auch Ultraschallanteile enthält, sind ungünstig. Dies sind zum Beispiel Schienennahe-Standorte (Eisenbahn, Strassenbahn), Strassen oder Windkraftanlagen. Aber auch Heuschrecken können im Sommer zu vielen Aufnahmen führen.

Hilfreich ist es dann, wenigstens tieffrequentere Ereignisse auszufiltern. Ein Großteil der Signale auch von Heuschrecken liegt in Mitteleuropa zum Beispiel unter 18 kHz. Mittels geeignetem Hochpassfilter lassen sich manche dieser Störsignale filtern. Je tiefer ein Hochpassfilter realisiert wird, desto mehr zusätzliche Signale liegen im potenziellen Auslösebereich. Ein höher gelegener Hochpassfilter wird dafür auch tiefe Fledermauslaute ausblenden. So liegen die Rufe von *Tadarida teniotis* oder *Nyctalus lasiopterus* regelmässig unter 14 kHz. Auch manche Sozialrufe sind in diesem Frequenzbereich angesiedelt. Jedoch liegt die Trägerfrequenz von manchen häufigen, lauten und andauernd singenden Laubheuschrecken (z.B. *Tettegonia*) im selben Bereich.

Die Unterschiede der verschiedenen Geräte haben letztendlich Einfluss auf die erhaltenen Daten. Auslösung der Aufnahmen (Triggerfunktion, Signaltypen), Totzeit und Dauer der Aufzeichnung sind für die spätere Bewertung teils entscheidende Parameter. In Abhängigkeit der technischen Voraussetzungen eignet sich daher nicht jede Lösung für den autonomen Betrieb gleich gut. Der Stromverbrauch ist im Feldeinsatz für manche Systeme ein Ausschlusskriterium beim Dauermonitoring. Auch fehlt meist eine Kalibrierung oder die Möglichkeit das System während des Einsatzes zu testen (vor allem wichtig beim Dauermonitoring). Schäden und Ausfälle des Mikrofons werden dann unter Umständen erst nach Abschluss der Erfassung festgestellt.

Im Kapitel **Kriterien für Detektorsysteme** ab Seite 107 werden solche Aspekte, die die Daten beeinflussen, ebenso wie die Frage nach dem optimalen Detektorsystem diskutiert.

4.3 Vergleich der manuellen und automatischen Erfassung

Die große Schwäche des menschlichen Bearbeiters ist, dass er nicht mit konstanter Aufmerksamkeit eine ganze Nacht oder gar mehrere Nächte eine Erfassung durchführen kann. Subjektive Fehler sind somit immer gegeben. Auch ist durch individuelle Fehler der Vergleich der Ergebnisse mehrerer menschlicher Bearbeiter nur bedingt möglich. In Abhängigkeit der verwendeten Detektortechnik können ganze Artengruppen überhört werden, wenn das Gerät falsch eingestellt ist (unter anderem falsche Frequenzwahl des Mischerdetektors). Eine Abschätzung der subjektiven Fehler ist nicht möglich, so dass eine Korrektur im Nachhinein nicht durchgeführt werden kann. Jedoch kann der menschliche Bearbeiter die Aktivität im Feld gestützt auf Sichtbeobachtungen der detektierten Tiere oft schnell und recht treffend abschätzen. Voraussetzung hierfür ist ausreichende Erfahrung.

Automatische Breitbandsysteme weisen Vorteile vor allem in Bezug auf die Vergleichbarkeit von Daten und die Langzeiterfassung auf. Es wird das gesamte Frequenzspektrum überwacht, die Empfindlichkeit des Geräts ist, solange der Benutzer die Einstellungen des Geräts nicht ändert, immer identisch. Nur so können Daten vergleichbar erhoben werden.

Der Nachteil der automatischen Erfassung ist die meist geringere Reichweite, da eine festgelegte Amplituden-Schwelle überschritten werden muss, bevor ein Signal zu einer Aufnahme führt. Die Schwelle kann dabei nicht zu tief gesetzt werden, da ansonsten sehr viele Störlaute zu Aufzeichnungen führen und der Anteil echter Nutzaufnahmen sehr gering wird. Dies ist wichtig, damit eine sinnvolle automatische Auswertung der Rufe durchgeführt werden kann und nicht unnötig Speicherplatz verschwendet wird. Zur Erinnerung: der menschliche Erfasser kann Signale auch noch im Rauschen erkennen!

Zur Verbesserung der Reichweite kann die Empfindlichkeit der Signalanalyse oder die Verstärkung des Tonsignals erhöht werden. Aber in vielen Fällen werden so kaum zusätzliche verwertbare Signale aufgezeichnet, da auch das Systemrauschen erhöht wird (Signal-Rausch-Abstand nahezu unverändert!). Viele der leisen Rufe sind so jedoch nicht mehr sinnvoll bestimmbar, da entscheidende Teile der Rufe verloren gehen. Eine automatische Vermessung wird unter Umständen stark erschwert. Aber auch mit eingeschränkter Reichweite erweisen sich die automatischen Systeme als unverzichtbare Helfer für die Aktivitätserfassung. Durch eine Begrenzung der Reichweite können zum Beispiel auch kleinräumig Daten erhoben werden.

Tabelle 4.1 gibt einen vergleichenden Überblick der Eigenschaften manueller und automatischer Detektion von Fledermausaktivität.

Die physikalischen Gesetze begrenzen die Ausbreitung von Ultraschall und damit die maximale Detektionsreichweite. So können Rufe mit 20 kHz im besten Falle - d.h. sehr selten - noch über 100 m weit gehört werden, Signale um 40 kHz im selben Falle ca. 30 m. Generell gilt, dass höhere Frequenzen stärker abgeschwächt werden als tiefe (siehe auch S. 215). Insofern ist die Reichweite der akustische Erfassung von Ultraschall beschränkt (Abschnitt **Erfassungsreichweite und -volumen**, S. 111). Je höher die Frequenz, desto schwieriger ist die Detektion. Weit entfernte Tiere, deren Rufe nur sehr leise aufgezeichnet werden, sind häufig nicht näher bestimmbar. Sie erhöhen das

	Manuelle Erfassung (Mischerdetektor)	Automatische Erfassung (Echtzeitsystem)
Reichweite/ Empfindlichkeit	hoch	mittel
Selektivität (f. Arten)	mittel	gering
Mobile Erfassung	ja	ja
Erfassungsdauer	kurz max. wenige Stunden	lang bis zu mehrere Monate
Artanalyse	Ansprache im Feld	Computer-Analyse
Reproduzierbarkeit Vergleichbarkeit	gering	hoch
Kosten	Personal, wiederkehrend	Gerät, einmalig
„Multitasking"	nein	ja

Tabelle 4.1: Vergleich der manuellen und automatischen Erfassung

Datenrauschen, aber liefern selten bessere Erkenntnisse. Außerdem nähern sich die Tiere häufig noch weiter ans Mikrofon an, und führen dann dennoch zu einer Aufzeichnung, nur mit insgesamt kürzerer Erfassungsdauer. Insofern ist ein Verzicht auf Daten entfernter Tiere für die Auswertung gegebenenfalls hilfreich. Die meist etwas geringere Reichweite automatischer Systeme wird kompensiert durch die objektive Aufnahmesteuerung und den echten Dauerbetrieb.

Alle Methoden der Fledermauserfassung haben nicht die selbe Sensitivität für alle Arten. Auch andere ökologische Datenerhebungen weisen diesen Fehler auf, dennoch können mit diesen Daten wichtige Aussagen getroffen werden. Eine gewisse Selektivität muss akzeptiert und bei der Ergebnisinterpretation berücksichtigt werden.

Die Selektivität der Mischer-Detektoren, bedingt durch das eingeschränkte Frequenzfenster, stellt ein Problem dar. Vor allem werden sehr hoch rufende Arten wie zum Beispiel *Pipistrellus pygmaeus* oder Hufeisennasen regelmässig überhört und fehlen dann im Artinventar. Das kann durch die Verwendung von Teilerdetektoren umgangen werden. Bei solchen Detektoren wird der gesamte Ultraschallbereich in den hörbaren Bereich gewandelt, die Artansprache ist jedoch deutlich schwieriger. Auch stören dann Heuschrecken noch stärker, als bei einem Mischerdetektor. Nur Breitbandgeräte erlauben eine unselektive Erfassung. Die automatischen Erfassungsgeräte sind in der Regel alle Breitband-Detektoren und haben diese Limitierung daher nicht. Jedoch erweisen sich manche Auslösefunktionen, die die Steuerung der Aufnahmen durchführen, als nicht gleich sensitiv für alle Frequenzen oder Ruftypen. Dies führt wiederum auch zu einer gewissen Selektivität.

Die Erfassungsdauer beschränkt zum Einen der Mensch, der nicht für mehr als zwei bis vier Stunden entsprechend konzentriert mit dem Detektor arbeiten kann. Auch die Stromversorgung moderner Smartphone oder Tablet-basierter Detektorsysteme kann die Dauer der Detektion bedingt durch die Akkulaufzeit des Geräts bestimmen.

Ebenso ist die Stromversorgung der automatischen Lösungen ein begrenzender Faktor. Die herkömmlichen automatischen Erfassungsgeräte arbeiten jedoch in der Regel weit mehr als vier Stunden. Gute Systeme laufen bis zu einer Woche. Für die Dauererfassung über mehrere Wochen ist es bei den automatischen System zumeist nötig, eine alternative Stromversorgung zu nutzen. Diese kann mit dem Einsatz von Solarpanelen zur Ladung der Akkus ergänzt werden und erlaubt den autarken Betrieb über lange Zeiten. Dazu muss jedoch ausreichend Sonneneinstrahlung für das Solarpanel möglich sein. Geräte, die an einen Rechner gekoppelt sind, sind nur mit Anschluss ans Stromnetz für den Dauereinsatz geeignet. Somit fallen manche Einsatzorte für diese Geräte von vornherein aus.

Die Artanalyse des menschlichen Bearbeiters im Feld beruht auf dem Höreindruck und ist dadurch sehr subjektiv. Durch Verwendung von Zeitdehnerdetektoren kann die Bestimmung auch am Rechner geprüft werden. Diese Detektoren speichern kurze Tonstücke von ein bis ca. drei Sekunden digital mit hoher Auflösung zwischen. Diese können dann 10fach verlangsamt auf ein Speichermedium übertragen werden. Dieser Vorgang dauert in der Regel zwischen 30 und 120 Sekunden. Während dieser Zeit können keine weiteren Fledermäuse detektiert werden. Neben dieser Totzeit wirken sich auf die Artanalyse und -erfassung nachteilig die häufig leisen und mit Störgeräuschen belasteten Rufe aus, die mit Zeitdehner-Detektoren gespeichert werden. Im Gegensatz dazu können Echtzeit-Aufnahmen am Rechner analysiert und häufig eine Artbestimmung auf höherem Niveau erreicht werden. Um abgesicherte Ergebnisse zu erhalten, müssen die Rufe jedoch eine ausreichende Qualität haben. Leise Rufe, Rufe nahe am Rauschen und Bruchstücke können nur selten sinnvoll verwertet werden. Insbesondere trifft dies zu, wenn eine automatische Rufanalyse durchgeführt wird. Diese wiederum ist vor allem bei größeren Mengen an Aufnahmen unumgänglich.

Die Vergleichbarkeit von Daten wird bei der manuellen Erfassung erhöht, wenn immer der selbe Bearbeiter die Erhebung durchführt. Somit können dann jedoch nur sequentiell erhobene Aktivitäten verglichen werden, gleichzeitige Untersuchungen verschiedener Standorte lassen sich nicht durchführen. Bei einfach zu bestimmenden Arten, die relativ gut erfassbar sind (z.B. Zwergfledermaus), können auch Daten verschiedener Bearbeiter verglichen werden, wenn das selbe Erfassungsprotokoll angewendet wird.

Bei den meisten Untersuchungen sind eine Vielzahl an Feldterminen nötig, um belastbare Daten zu erhalten. Die Personalkosten für manuelle Detektion werden dann entsprechend hoch ausfallen. Bei der automatischen Erfassung müssen initial höhere Kosten getragen werden. Diese rechnen sich jedoch dann auf Dauer durch die Einsparung an Personalkosten und die meist deutlich bessere Datenqualität.

Die Vorteile der automatischen Erfassung überwiegen, jedoch machen diese die manuelle Erfassung nicht obsolet. Für viele Fragestellungen ist die Arbeit vor Ort zumindest zeitweise nötig. Nur so können interaktive Aufgaben wie das Auffinden von Quartieren oder die Untersuchung einer Flugstrasse gelöst werden. Auch kann bei der manuellen Erfassung die gesamte Fläche begangen werden, bei der automatischen Erfassung werden häufig nur ein oder wenige Standorte untersucht.

5 Manuelle Artbestimmung

Eines der Ziele der akustischen Erfassung ist die Zuweisung der Aktivität zu den einzelnen Fledermausarten. Dazu werden die Rufe analysiert und eine Artbestimmung vorgenommen. Im Gegensatz zu Vögeln, die artspezifischen Gesang zur Werbung entwickelt haben, dienen die Ortungsrufe der Fledermäuse nicht für die Bewerbung der eigenen Art (Barclay (1999)). Sie werden zur Orientierung und Beutefindung genutzt, und sind somit an eine durch die Umwelt bestimmte Aufgabe angepasst (Jones (1995); Schnitzler & Kalko (2001)). Dadurch können die Rufe mancher Arten sehr ähnlich sein oder sich komplett überlappen. Eine Bestimmung ist daher mit mehr oder minder viel Aufwand verbunden und manchmal nicht bis auf die Art möglich (Obrist et al. (2004)). Für die Bestimmung werden - vereinfacht - die Frequenzen des Rufs und der Rufrhythmus verwendet. Die manuelle Bestimmung kann in Form des Höreindrucks direkt im Feld (Mischer-, Teiler- oder Dehnerdetektor) oder an Hand von Aufnahmen am Rechner erfolgen (Zingg (1990); Jones et al. (2000)). Der manuellen Bestimmung gegenübergestellt wird die automatische Bestimmung von Aufnahmen, wofür es mittlerweile mehrere Werkzeuge gibt (Fritsch & Bruckner (2014); Newson et al. (2014)) und die im folgenden Kapitel behandelt wird.

5.1 Manuelle Bestimmung im Feld

Bei der manuellen Bestimmung im Feld nutzt der Bearbeiter den Höreindruck, den er durch seinen Detektor erhält. Neben Unterschieden der verwendeten Verfahren zur Wandelung von Ultraschall (Teiler oder Mischer) hat auch das verwendete Gerät einen Einfluss auf den Höreindruck und auf die Bestimmung der einzelnen Arten.

5.1.1 Bestimmung an Hand des Höreindrucks

Diese Form der Fledermausbestimmung war für lange Zeit die einzige Möglichkeit Fledermäuse an Hand ihrer Rufe im Freiland zu detektieren und zu bestimmen. Mittels des Detektors wird Ultraschall hörbar gemacht, anhand des Höreindrucks bestimmt der Bearbeiter die Fledermausart. Beim Teilerdetektor kann anhand der Tonhöhe und des Rhythmus eine Erkennung durchgeführt werden. Beim Mischerdetektor wird durch Wahl des Frequenzbandes, den Klangeindruck (trocken/nass) und den Rhythmus eine Artbestimmung möglich. So klingen zum Beispiel Rufe der Gattung *Myotis* und *Plecotus* trocken, wohingegen die von *Pipistrellus*, *Eptesicus* oder *Nyctalus* naß klingen (siehe Kap. **Mischer-/Heterodyndetektor**, S. 220). Während die Zwergfledermaus einen recht regelmässigen Rhythmus hat, „holpert“ die Rauhhautfledermaus etwas. Die Breitflügelfledermaus hat einen regelmässigen Rhythmus mit hoher Rufrate, hat aber immer wieder Aussetzer in der Ruffolge. Der Mischerdetektor wie auch der Teilerdetektor ist ein sehr geeignetes Werkzeug für die Bestimmung zahlreicher Arten im Feld. Einige Arten bzw. Artengruppen können mit etwas Übung relativ sicher angesprochen werden. Die Bestimmung wird erleichtert, wenn das Tier über längere Zeit zu hören ist. So kann über eine größere Menge an Informationen integriert werden. Bei kurzen Kontakten fehlen hingegen häufig arttypische Erkennungsmerkmale. Daher ist es für die Bestimmung hilfreich, das Tier längere Zeit zu hören.

Es gibt objektive Beschreibungen typischer Merkmale der Arten, deren Höreindruck sich einfach beschreiben lässt. Hierzu zählt zum Beispiel das Plipp-Plopp der Abendsegler, oder die „Wachtelrufe“ der Teichfledermaus. Die Bestimmung erfolgt jedoch nicht nur nach festen Regeln, jeder Bearbeiter hat auch eigene - subjektive - „Parameter“, die er einzelnen Arten zuschreibt. Diese ergeben sich durch die Erfahrung, die man bei der Anwendung des Detektors erhält. Durch Beobachtungen zum Beispiel an Quartieren mit bekanntem Besatz übt man die akustische Bestimmung und lernt den Klangeindruck besser kennen. Dabei besteht jedoch immer die Gefahr von Zirkelschlüssen, denn man hat keine Kontrolle, welche Tiere man gerade wirklich hört. Besser ist die Aufzeichnung der Tiere, die man im Detektor hört, so dass man am Rechner die Rufe analysieren kann (Zeitdehnerdetektor oder Echtzeit-System). Dann kann man sich die Rufe der gehörten Tiere nochmals in Ruhe ansehen und anhören. Viele Programme erlauben auch die Nutzung eines virtuellen Mischerdetektors, so dass man auch den Mischer-Eindruck nochmals erleben kann.

5.1.2 Visuelle Unterstützung

Kann man während des Verhörens die Fledermaus auch direkt beobachten, lässt sich die Artbestimmung häufig verbessern. Größe und Silhouette sind dabei neben dem Flugstil wichtige Merkmale, die die Art-Identifikation unterstützen können. Jedoch gelingt die Beobachtung nur bei passenden Lichtvoraussetzungen, also besonders gut in der Abend- und Morgendämmerung. Viele Arten werden durch direktes Anleuchten gestört und fliegen weg, so dass bei absoluter Dunkelheit die Beobachtungen auch mit Licht nur noch schwer möglich sind. Vor allem bei kurzen Kontakten gelingt meist keine Sichtbeobachtung, so dass diese Unterstützung dann bei der Artbestimmung nur selten ausschlaggebend ist.

5.1.3 Vorteile der Bestimmung im Feld

Die Arbeit mit dem Detektor im Feld hat neben der Mobilität des Bearbeiters auch weitere Vorteile, die bei einem automatischen System (passive Detektion) nicht vorhanden sind. Das Verhalten der Tiere kann direkt beobachtet werden. So kann häufig eine qualifiziertere Aussagen zur Aktivität getroffen werden. Man erkennt mit etwas Übung unterschiedliches Verhalten. Transferflug lässt sich dann bei manchen Arten von Jagd unterscheiden. Insbesondere erkennt man aber Schwarmverhalten gut. Dies lässt sich für die Quartiersuche in der Abend- und vor allem Morgendämmerung gut ausnutzen. Menschen mit besonders gutem Gehör können eine direkte Bestimmung sehr schnell und sicher durchführen, wenn sie ausreichend den Höreindruck der Arten erlernen konnten.

5.1.4 Nachteile der Bestimmung im Feld

Werden Fledermäuse im Freiland mittels eines Fledermausdetektors bestimmt, besteht immer eine Unsicherheit bei der Artbestimmung (subjektive Fehler). Während manche Arten recht sicher auch durch unerfahrene Bearbeiter bestimmbar sind (Zwergfledermaus oder typische Abendsegler), sind manche Arten auch durch erfahrene Bearbeiter nur schwer bestimmbar (zum Beispiel Gattung *Myotis*). Ohne Aufnahme des Kontaktes kann keine unabhängige Überprüfung erfolgen. Auch kann der Bearbeiter selber das eigene Ergebnis nicht kontrollieren. Dies kann zu einem falschen Erlernen durch Zirkelschlüsse führen. Eine Bestimmung im Nachhinein durch die „Erinnerung" an den Kontakt ist ebenso immer fehlerbehaftet.

Die Qualität des Bearbeiters hängt zwar von dessen Erfahrung ab, aber nicht zwingend hat ein erfahrener Bearbeiter auch immer bessere oder genauere Bestimmungen. Die Erfahrung zeigt, dass es immer wieder Kontakte geben wird, die man nicht sicher bestimmen kann. Die Rufe heimischer Arten überlappen sich im Rhythmus und in Frequenz-Parametern, so dass es vor allem bei kurzen und eher untypischen Begegnungen eine höhere Fehlerrate geben wird. Zu Beginn der Saison muss man sich auch immer wieder aufs Neue einhören, während man dann im Laufe der Saison „besser" wird.

5.2 Manuelle Bestimmung von Aufnahmen

Eine weitere Form der manuellen Artbestimmung ist die Computer-gestützte Analyse von Aufnahmen, die mittels Zeitdehner-Detektor oder Echtzeitaufnahmesystem (passive Detektion) aufgezeichnet wurden. Das generelle Vorgehen bei der manuellen Rufanalyse am Computer ist die Darstellung der digitalisierten Aufnahmen zur genaueren Analyse der Rufe. Dazu wird die Amplitude über Zeit (Oszillogramm) und die Frequenzverteilung (Spektrum und Sonagramm) angezeigt. Im Oszillogramm werden Rufe, Ruflängen und Rufabstände ermittelt. Die spektrale Analyse einzelner Rufe wird zur Extraktion von Frequenz-Parametern verwendet (siehe auch S. 229ff). Es existieren eine Vielzahl an Programmen hierfür (Avisoft, BatSound, Audacity, bcAnalyze, ...). Diese arbeiten zwar alle generell nach den gleichen Prinzipien und mit den gleichen Algorithmen (primär FFT), aber dennoch ergeben sich teils stark unterschiedliche Ausgaben. Ursache hierfür sind die unterschiedlichen Einstellungen und internen Verarbeitungen der FFT-Berechnungen (u.a. Fenstertyp, Fenstergröße, Überlappung, ...). Diese Unterschiede können so groß sein, dass sich bei manchen Aufnahmen die Bestimmung ändern kann.

5.2.1 Vorgang der Artbestimmung

Das übliche Vorgehen der Artbestimmung basiert auf einer Bewertung der Ruffolge im Oszillogramm sowie genauer Betrachtungen der Frequenzverläufe mittels Sonagrammen. Im Ozillogramm erkennt man den Rhythmus und Rufintervalle. Auch sieht man dort bereits, ob eines oder mehrere Tiere aufgezeichnet wurden. Zur Bestimmung der Art werden einzelne Rufe der Aufnahme in der Sonagramm-Darstellung gezeigt. Diese visualisiert den Frequenz-Zeitverlauf eines gewählten Abschnitts der Aufnahme. Der Bearbeiter verwendet den Verlauf des Rufs und dessen Frequenzen als Bestimmungskriterien.

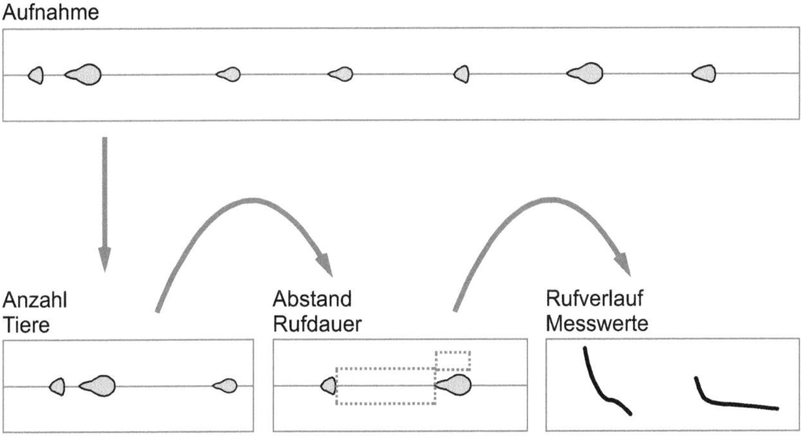

Abbildung 5.1: Bei der manuellen Bestimmung von Aufnahmen geht der Bearbeiter in mehreren Schritten wie abgebildet vor.

Man unterscheidet (quasi) konstantfrequente Rufe (cf/qcf), frequenz-modulierte Rufe (fm) und solche, die sowohl einen fm- als auch einen qcf-Anteil (fm-qcf) haben. Der Verlauf an sich stellt dabei ein sehr wichtiges Kriterium der Unterscheidung von Gattungen dar. QCF-Rufe werden meist von *Nyctalus* und *Vespertilio* sowie den Rhino-lophiden genutzt. Die Rufe der ersten beiden Gattungen gehen in fm-qcf-Rufe über, die auch von *Eptesicus*, *Pipistrellus*, *Miniopterus* und *Hypsugo* verwendet werden. *Plecotus* und *Myotis* verwenden fm-Rufe.

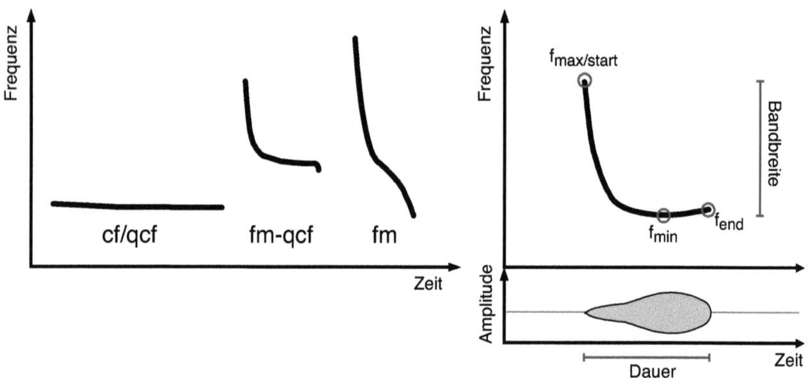

Abbildung 5.2: Links gezeigt sind Sonagramme von unterschiedlichen Ruftypen getrennt nach dem zeitlichen Frequenzverlauf. Rechts sind typische Messwerte eines Sonagramm abgebildet.

Für die Artunterscheidung werden Details des Verlaufs ebenso wie das verwendete Frequenzspektrum herangezogen. Außerdem betrachten manche Autoren auch den Amplitudenverlauf. Die Kenndaten des Rufs werden im Sonagramm vermessen. Hierzu zählen unter anderem Start- und Endfrequenz sowie diverse Knicks im Rufverlauf. Es gibt jedoch keine allgemein gültige Definition der Messwerte, so dass unter ähnlichem Namen manchmal verschiedene Werte gemessen werden (**Einflüsse durch die Auswertung**, S. 99). Die Autoren von Nach-schlagwerken geben häufig keine Informationen zu den Messwerten.

Eine ausführliche Betrachtung von Fehlermöglichkeiten bei der com-putergestützten Analyse von Rufen ist im Kapitel **Tücken der Ruf-analyse** ab Seite 91 zusammengestellt. Im Folgenden wird weniger

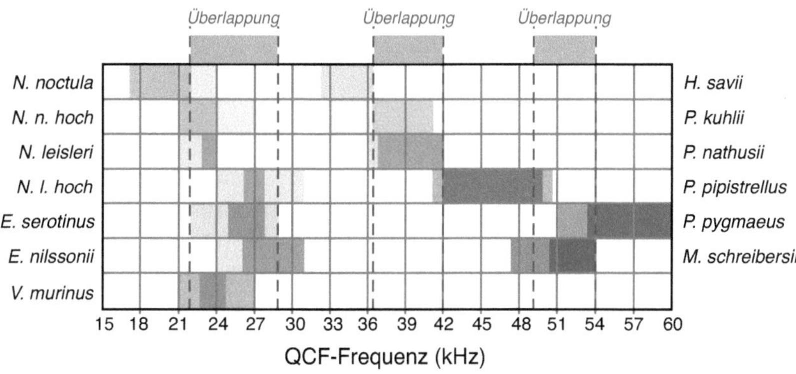

Abbildung 5.3: Als Beispiel die Hauptfrequenz-Bereiche verschiedener Arten mit qcf-Rufen. Bereiche mit starker Überlappung sind hervorgehoben.

auf technische Belange, als viel mehr auf die Auswirkung durch den Bearbeiter und generelle Einflüsse eingegangen.

5.2.2 Grenzen des Verfahrens

Sind nur einzelne Rufe in der Aufnahme vorhanden, ist eine sichere Artbestimmung nicht immer möglich. Mit zunehmender Rufanzahl wird die Bestimmung erleichtert. Jedoch benötigen die Rufe eine ausreichende Aufnahmequalität. Denn sobald Teile der Rufe fehlen oder nicht messbar sind, fällt eine Bestimmung schwer oder ist in manchen Fällen unmöglich. Gerade beim Einsatz von Zeitdehnerdetektoren erhält man in der Regel nur wenige verwertbare Rufe, und die Aufnahmen haben auf Grund mehrfacher AD-DA Wandelungen teils deutliche Qualitätseinbußen.

Aber auch dann, wenn gute Aufnahmen vorliegen, fehlen Informationen, die im Feld verwendet werden können. Es gibt keine gleichzeitige Beobachtungsmöglichkeit des rufenden Tieres, noch kann über einen längeren Zeitraum integriert werden. Es müssen also basierend auf kurzen Rufsequenzen Einzelentscheidungen getroffen werden.

5.2.3 Vorteile der manuellen Bestimmung von Aufnahmen

Werden Aufnahmen gespeichert, um sie am Rechner zu bestimmen, dann können die Bestimmungen überprüft werden. Die selben Daten können an verschiedene Bearbeiter verteilt und so eine Kontrolle durchgeführt werden. Dies ist bei der aktiven Detektion und Bestimmung im Feld nicht möglich. Liegen Aufnahmen vor, können diese zu einem späteren Zeitpunkt erneut analysiert werden, um neugewonnene Erfahrungen des Bearbeiters mit einzubeziehen.

5.2.4 Nachteile der manuellen Bestimmung

Wie auch bei der Bestimmung im Feld kommt es bei der manuellen Bestimmung am Rechner zu subjektiven Fehlern. Wissenschaftliche Ergebnisse zeigen, dass die Erfahrung des Bearbeiters einen großen Einfluss auf die Bestimmungsqualität hat. Nachdem es keine eindeutigen Rufbibliotheken gibt und manche Arten stark variable Rufe aufweisen, ist das Sammeln von Erfahrungen ein aufwendiger Prozess. Das Erlernen der Erkennung typischer Rufe einer Art ist immer gefährdet durch Zirkelschlüsse. Es fehlt häufig die Möglichkeit, sichere Aufnahmen einer Art im Feld zu erhalten.

Ein weiterer Nachteil ist der große Zeitaufwand, der bei der manuellen Bestimmung investiert werden muss. So kann eine Analyse einer Aufnahme zwischen 30 Sekunden bei einfachen Arten und mehreren Minuten bei schwierigen Arten dauern.

Zahlreiche Bearbeiter haben den Ehrgeiz jede Aufnahme bis auf eine Art zu bestimmen, obwohl dies die Aufnahme eigentlich nicht erlaubt. Dies bedeutet einen großen Zeitaufwand für den Bearbeiter und subjektive Fehler. Die Subjektivität führt dazu, dass die Bestimmungen zwischen Bearbeitern in manchen Fällen auch stark abweichen können. Jedoch sind die Bestimmungen theoretisch kontrollierbar, da ja die Aufnahmen von unabhängiger Stelle ebenso analysiert werden können. Im Rahmen der Eingriffsregelung werden daher manchmal die Aufnahmen seltener Arten an Experten zur Nachkontrolle gesendet.

Die für die automatische Bestimmung beschriebenen Probleme der Überlappung von Rufen, ebenso wie der Referenzrufe von Arten treffen ebenso zu (siehe Kap. 6.1.3).

6 Automatische Artbestimmung

Die automatische Bestimmung von Arten anhand von Fledermausrufen hat seit dem Einsatz automatischer Aufnahmesysteme enorm an Bedeutung gewonnen. Insbesondere bei sehr großen Mengen an Aufnahmen ist sie ein nicht zu unterschätzendes Werkzeug. Auf Grund der Plastizität der Ortungsrufe sind die Ergebnisse jedoch stark beeinflusst durch zahlreiche Faktoren. Häufig werden daher keine verlässlichen Ergebnisse auf Artniveau gewonnen. Dies macht die automatische Bestimmung insbesondere in der wissenschaftlichen Fachwelt umstritten (Russo & Voigt (2016)).

Im Folgenden wird das Vorgehen der automatischen Artbestimmung im Überblick beschrieben, ohne auf die diversen Systeme im Detail einzugehen. Im Anschluss werden Grenzen und Möglichkeiten diskutiert.

6.1 Automatische Bestimmung von Aufnahmen

Seit Mitte der 2000er Jahre besteht die Möglichkeit, Aufnahmen automatisch bestimmen zu lassen. Erste einfache Systeme wurden in England und der Schweiz für Forschungsprojekte entwickelt (S. Parsons, M. Obrist). Das erste kommerzielle System, das eine umfassende Artenliste beinhaltet und wegweisend war, stammt aus dem Jahr 2007 (bcDiscriminator, ecoObs GmbH). Mittlerweile gibt es neben dessen Nachfolger batIdent noch andere Systeme für europäische Arten aus England (iBatsID), der Schweiz (Bosch & Obrist (2013)), Frankreich

(Sonochiro®, Biotope) und den USA (Kaleidoscope, Wildlife Acoustics). Auch für die Fauna anderer biogeographischer Regionen werden mittlerweile solche Systeme entwickelt.

Durch den gesteigerten Einsatz passiver Monitoringsysteme, die teils im Dauerbetrieb laufen, ist es nötig immer größere Mengen an Aufnahmen zu verarbeiten. Somit erfreuen sich automatische Bestimmungs-Systeme einer immer größeren Beliebtheit. Die Gemeinsamkeit aller solcher Systeme ist, dass Rufe in den Aufnahmen automatisch gefunden und vermessen werden. Anhand der dabei extrahierten Parameter werden mit Hilfe statistischer Verfahren Bestimmungen je Ruf vorgenommen. Die tatsächliche Implementierung der verschiedenen Systeme unterscheidet sich im Hinblick auf die extrahierten Messwerte, das statistische Verfahren zur Artbestimmung und in der allgemeinen Umsetzung (Bedienungsfreundlichkeit, Geschwindigkeit). Diese Unterschiede werden im Folgenden nicht im Detail betrachtet, da sie für die generelle Beschreibung der automatischen Bestimmung nur eine untergeordnete Rolle spielen.

6.1.1 Vorgehen der automatischen Bestimmung

Die automatischen Bestimmung startet mit der Suche nach Rufen in Aufnahmen. Hierbei gibt es verschiedene Kriterien zur Auswahl von Rufen. Dazu werden Parameter der Wellenform sowie Frequenzparameter genutzt. Letztere werden mittels diverser Verfahren wie Nulldurchgangsanalyse oder FFT ermittelt. Dabei werden Frequenzverläufe ebenso wie Flanken ausgewertet. So sollen möglichst alle „guten", echten Rufe in die Vermessung aufgenommen werden. Andere Signale, Störungen und Rufe mit schlechter Aufnahmequalität sollen ignoriert werden. So wird später die Quote an Fehlbestimmungen reduziert. Die Qualität des Ruffinders entscheidet bereits stark darüber, ob Rufe übersehen werden und ob große Mengen an Störungen mit in eine Artbestimmung des nächsten Schritts aufgenommen werden. Somit beeinflusst er die weiteren Schritte stark.

Nach Auffinden der Rufe werden diese automatisch Vermessen und Messwerte extrahiert, die den Ruf charakterisieren und beschreiben. Dabei werden - abhängig vom System - ähnliche Werte wie bei einer manuellen Auswertung extrahiert. Zur Verbesserung der Bestimmung ermitteln manche Programme aber auch Werte, die zum Beispiel den Rufverlauf oder den Ruftyp numerisch charakterisieren. So werden zwischen einigen wenigen bis hin zu mehr als 100 Parametern zur Artbestimmung herangezogen. Wenigstens ein Programm nutzt außerdem Verfahren aus der Bildbearbeitung und verwendet dazu standardisierte Sonagramme der Rufe.

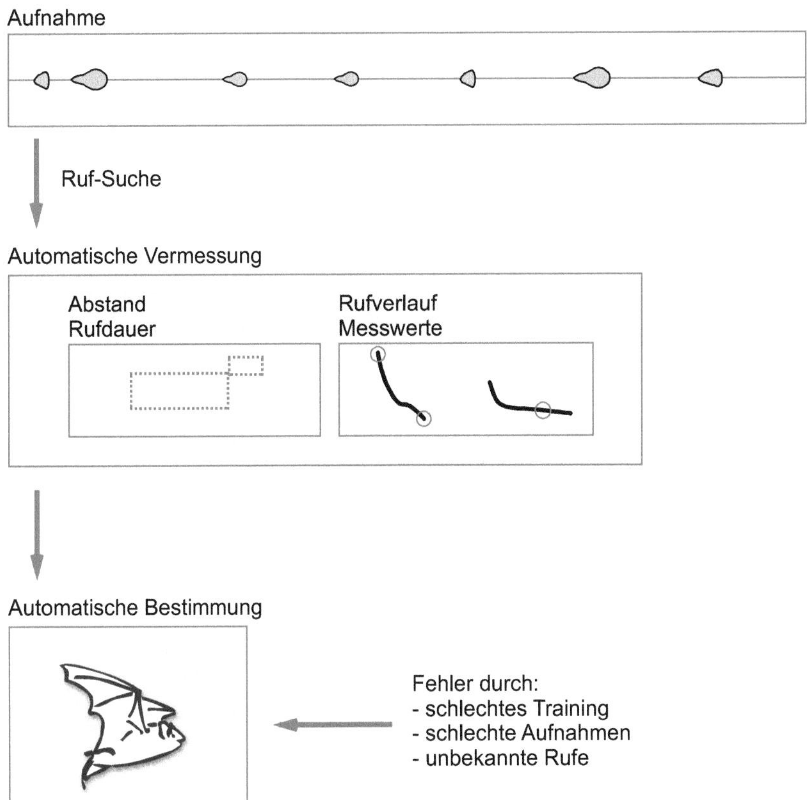

Abbildung 6.1: Bei der automatischen Bestimmung von Aufnahmen werden automatisch Messwerte aus Rufen extrahiert. Diese Messwerte unterscheiden sich gegebenenfalls deutlich zwischen den verfügbaren Programmen. Die Messwerte werden anschliessend mittels statistischer Verfahren für die Artbestimmung verwendet.

Die erhaltenen Messwerte werden im Anschluss in ein statistisches, identifizierendes Verfahren gegeben, um eine Artbestimmung zu erhalten. Vorteilhaft hat sich dabei ein hierarchischer Aufbau für die Bestimmung erwiesen. Rufe werden dabei nicht in einem einzigen Schritt auf Artniveau bestimmt, sondern durchlaufen mehrere Prüfungen beginnend bei einer groben Bestimmung auf Gruppen oder Gattungsniveau. Bei unzureichender Bestimmungssicherheit stoppt der Algorithmus auf der noch akzeptierten Stufe innerhalb der Hierarchie. So werden Ergebnisse nicht immer zwingend auf Artniveau ermittelt, sondern können auch auf einem Gruppen- oder Gattungsniveau vorzeitig enden.

Die Ergebnisse werden in der Regel je einzelnem Ruf ermittelt und dann zu einem Endergebnis für die Aufnahme zusammengefasst. Eine Bestimmung auf Basis mehrerer aufeinanderfolgender Rufe bietet die Möglichkeit Rufabstände und Rhythmus bei der Bestimmung mit einfliessen zu lassen. Jedoch kann nicht sichergestellt werden, dass zum einen jeder Ruf auch vermessen wurde und dass zum anderen nur ein einzelnes Tier aufgezeichnet wurde. Dies lässt sich nur bei der manuellen Rufanalyse mit ausreichender Sicherheit erkennen.

Nach der Bestimmung liegt - im Idealfall - für jeden Ruf eine durch den Anwender einsehbare Bestimmung und Bestimmungssicherheit vor. Die Bestimmungssicherheit ist immer mit Vorsicht zu betrachten, da die statistische Grundlage nicht auf dem tatsächlichen und kompletten Rufspektrum der Arten beruht, sondern einzig auf einem Trainingssatz der Software. So wird damit nur die Wahrscheinlichkeit der Zugehörigkeit zu diesen Trainingsrufen angegeben (siehe auch Abb. 6.2 und Abb. 6.3).

6.1.2 Unterschiede der Systeme

Es können generelle Unterschiede zwischen den diversen Systemen gefunden werden. Diese beziehen sich auf die Anwendung ebenso wie auf die zugrundeliegenden statistischen Auswertungen. Hier hat der Programmierer des Systems starken Einfluss, und als Anwender muss man verstehen, wie die Ergebnisse gewonnen werden.

Für den Anwender sollte klar hervorgehen, ob ein hierarchischer Aufbau oder ein heterarchischer Aufbau vorliegt. Durch hierarchische Systeme wird die Komplexität der Analyse und auch der Ergebnisse erhöht. Dafür sind die Bestimmungsergebnisse besser, vor allem wenn auch das Training an die Baumhierarchie angepasst wurde.

Ein weiterer wichtiger Aspekt ist, ob es Unterschiede in der Gewichtung einzelner Arten gibt, oder ob nur ein einfaches Abstandsmass die Zugehörigkeit zu einer Art definiert. Seltene, schwer zu bestimmende Arten, die eine große Bedeutung im Naturschutz haben (zum Beispiel Bechsteinfledermaus) könnten zum Beispiel *bestraft* werden. So wird verhindert, dass bei Rufen im Überlappungsbereich mit anderen Arten der Gattung *Myotis* eine Art als Ergebnis ausgegeben wird, die aber dann recht unsicher ist.

So wird zum Beispiel im Falle der Bechsteinfledermaus bei batIdent nur dann die Art ausgegeben, wenn die Sicherheit recht hoch ist. Ansonsten wird die übergeordnete Gruppe *Myotis klein/mittel* als Ergebnis notiert. Diese Gruppe beinhaltet neben der Bechsteinfledermaus die ähnlich rufenden Wasser- und Bartfledermäuse. Dies wird dabei nicht über die Identifizierungsfunktion gemacht, sondern bereits beim Training durch die Rufauswahl und durch Anpassungen der Outlier-Analyse. So ergeben sich hierdurch bei einem Vergleich der Systeme mit den selben Aufnahmen teils große Unterschiede in der Fehlerrate und im Hinblick auf die Fehlertypen (Rydell et al. (2017)).

Ein weiterer Unterschied der Systeme ist die Geschwindigkeit. Vor allem bei großen Datenmengen sollte die Auswertung nicht mehrere Stunden oder Tage dauern, um Ergebnisse zu produzieren. Derzeit ist beim schnellsten System batIdent der Zeitaufwand bei etwa einer Sekunde je Aufnahme. Andere Systeme benötigen deutlich mehr Zeit bei der Analyse der Aufnahmen. iBatsID wertet die Aufnahme je Ruf aus und gibt auch je Ruf ein Ergebnis aus (iBatsID). Das Ergebnis für die gesamte Aufnahme muss der Benutzer dann manuell ermitteln, was zeitaufwendig ist. Sonochiro gibt Excellisten der Ergebnisse für die Weiterverarbeitung aus. Batscope/BatExplorer und bcAdmin/batIdent dagegen erlauben eine komfortable Übersicht der Ergebnisse und eine schnelle manuelle Nachkontrolle.

6.1.3 Grenzen des Verfahrens

Die Bestimmungssicherheit ist positiv mit der Anzahl qualitativ-hochwertiger Rufe korreliert (Parsons et al. (2000); Pye (1993)). Rufe niedriger Qualität ebenso wie Nicht-Fledermaussignale führen häufiger zu Bestimmungsfehlern. Insofern ist es von Vorteil, wenn möglichst schlechte Rufe bereits im Vorfeld der Bestimmung erkannt und aussortiert werden. So werden dann jedoch auch Aufnahmen gegebenenfalls gar nicht bestimmt, wenn diese nur schlechte Rufe beinhalten. Auch können Arten übersehen werden. In der Praxis erweist sich das Erkennen schlechter Rufe als aufwendig, da zum Beispiel Bruchstücke längerer Rufe ohne Weiteres mit Rufen kurzer Dauer verwechselt werden können. Auch stellen Echos im Anschluss an Rufe solch eine Erkennung teils vor große Herausforderungen. Dies lässt sich verbessern, indem nach einem gefundenen Ruf in Abhängigkeit der Ruflänge die Rufsuche ausgesetzt wird. So werden Vermessungen von Echos im Anschluss an Rufe weitestgehend eliminiert.

Weiterhin begrenzt die Qualität des Trainings des Prediktors die Einsatzmöglichkeiten des Systems. Analog zur Erfahrung des manuellen Bearbeiters ist das Training des statistischen Verfahrens entscheidend (Biscardi et al. (2004)). Im Idealfall sind von jeder Art alle Ruftypen, die im Freiland vorkommen, mit der selben Gewichtung wie im Habitat im Training verwendet worden. Da dies jedoch faktisch unmöglich ist und eigentlich kleinräumig regionale Rufbibliotheken voraussetzt, begrenzt vor allem die Qualität und der Umfang des Trainings die Möglichkeiten des Systems. Bei Aufnahmen im Freiland werden immer wieder auch solche Rufe aufgezeichnet, die im Training gefehlt haben. Reduziert auf zwei Messparameter, also grob vereinfacht im Hinblick auf die komplexen modernen Statistiken, zeigt dies die Abb. 6.2. Insbesondere durch die automatische Langzeiterfassung werden mittlerweile Standorte untersucht, die früher nicht oder nur selten untersucht werden konnten. Die großen Mengen an Aufnahmen beinhalten somit immer wieder auch neue oder unbekannte Ruftypen. Dies führt automatisch zu Bestimmungsfehlern.

Wird dem Erkennungsalgorithmus solch ein unbekannter, also nicht im Training präsentierter Ruf eingegeben, muss es diesen entweder als

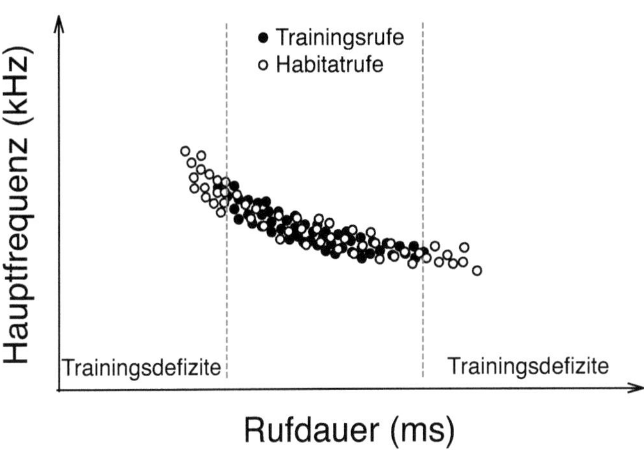

Abbildung 6.2: Werden im Habitat Rufe aufgezeichnet, die im Training nicht oder nur sehr wenig beinhaltet waren, ergeben sich für das System unbekannte Rufe. Somit steigt die Fehlerrate der automatischen Artbestimmung. Auch eine manuelle Bestimmung ist dann nicht immer möglich.

unbekannt erkennen oder aber versuchen, einen möglichst ähnlichen Ruf aus dem Training zu ermitteln. Der erste Ansatz reduziert die Rate an Fehlbestimmungen drastisch, jedoch sind dann auch zahlreiche Aufnahmen aus dem Freiland nicht mehr bestimmbar. Daher wird in der Regel der zweite Weg gewählt, da dieser statistisch auch einfacher umzusetzen ist. Dennoch macht es Sinn, zusätzlich durch eine Ausreisser-Analyse Rufe mit großen Abweichungen zum Trainingssatz zu erkennen und in geeigneter Weise zu markieren. Alternativ könnte der Prediktor solche noch unbekannten Rufe nachträglich erlernen. Jedoch besteht dann die Gefahr von Zirkelschlüssen.

Neben Unsicherheiten durch unbekannte Rufe ergeben sich Bestimmungsfehler auch durch die Überlappung der Rufe einzelner Arten, wie vereinfacht für zwei Rufparameter in Abb. 6.3 gezeigt. Sind die Rufe von anwesenden Arten generell sehr ähnlich, wird das System häufig Verwechslungsfehler machen. Diese sind in Abhängigkeit der Überlappung des Rufspektrums nur für manche Ruftypen, oder aber für beinahe alle Rufe zu erwarten. Entsprechend der Verteilung der Rufe sind Fehlerraten von 20 bis 50% möglich (Abb. 6.4).

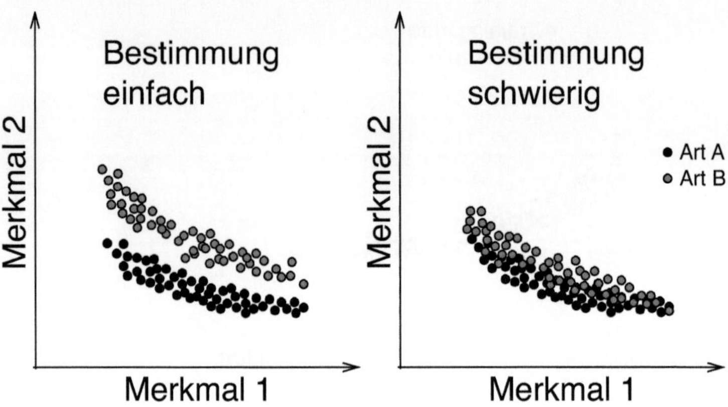

Abbildung 6.3: Links sind zwei Arten gezeigt, deren Rufe bereits bei Betrachtung zweier Merkmale nicht überlappen. Im rechten Bild hingegen weisen die Rufe ähnliche Werte auf und überlappen. Daraus ergeben sich falsche Bestimmungs-Ergebnisse.

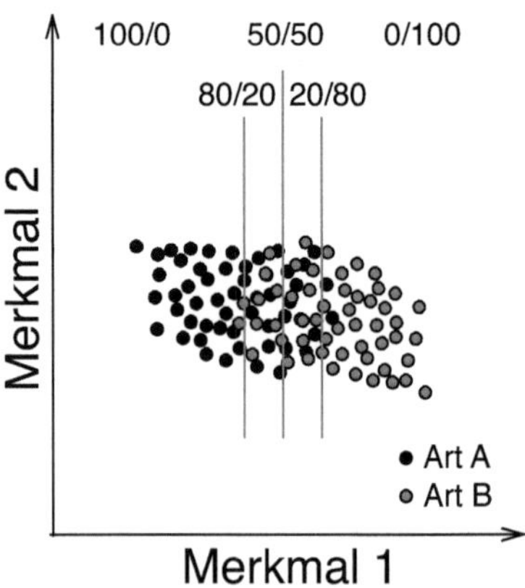

Abbildung 6.4: Trennt man die Rufe zweier Arten mittels eines Parameter-Paars, ergeben sich solche Bereiche ohne und solche mit zunehmender Überlappung. Daraus ergeben sich Fehlerraten von 20 bis 50%.

Bei ungünstiger Wahl der Trainingsrufe, ebenso wie an Standorten mit untypischen Rufen, können große Unsicherheiten und damit Fehlbe-stimmungen entstehen (Abb. 6.5). Neben fehlerhaften Bestimmungen erschwert es auch die Beurteilung der Qualität eines automatischen

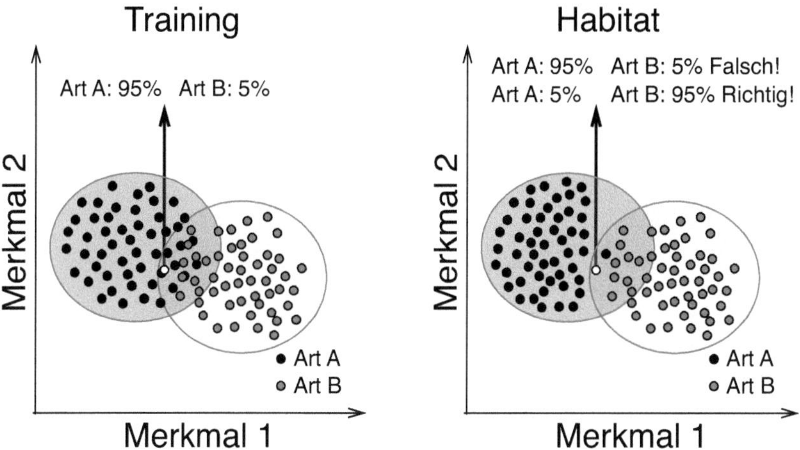

Abbildung 6.5: Bei ungünstiger Wahl der Referenzrufe, ebenso wie an Standorten mit deutlich veränderten Rufen, kann die Bestimmungsqualität stark abfallen.

Bestimmungssystems. Die Angabe von Fehlerraten, die man als Anwender als Kriterium bei der Entscheidung für ein System verwendet, ist damit nur bedingt repräsentativ möglich. Weichen die eigenen Rufe von denen eines Tests ab, dann werden unter Umständen andere Ergebnisse im Hinblick auf die Qualität der Bestimmung auftreten. Generell ist somit die pauschale Wirksamkeit eines Bestimmungswerkzeugs nur schwer zu charakterisieren. Für Aussagekräftige Vergleiche muss ein weites Spektrum an Rufen für Tests verwendet werden.

Bei der Bewertung müssen zwei weitere Fehler berücksichtigt werden. Dies sind falsch-positive ebenso wie falsch-negative Bestimmungs-Ergebnisse. Diese Fehler sind unabhängig von einander und gehen am besten aus sogenannten Verwechslungstabellen hervor. Damit können auch die Wirksamkeit sowie die Sensitivität eines Verfahrens ermittelt werden. Die Wirksamkeit entspricht dem Anteil der richtig einer Art zugeordneten Rufe an den insgesamt der Art zugeordneten Rufen. Die Sensitivität zeigt den Anteil der richtig zugeordneten Rufe einer Art an der Gesamtheit ihrer Rufe. Beide Kennzahlen können zur Beurteilung herangezogen werden, die Ergebnisse jedoch nicht direkt auf Habitataufnahmen übertragen werden. Sie sind einzig für die Testrufe gültig, anhand derer sie ermittelt wurden. Insbesondere die Wirksamkeit kann besonders stark schwanken. Fehlen Arten im Testdatensatz, können diese dennoch als Ergebnis der Bestimmung erscheinen und so zu 100% falsch sein.

Vorhersage Wahr	Art A	Art B	falsch-negativ Sensitivität	n
Art A	450	50	**10%**	500
Art B	50	450	**10%**	500
falsch-positiv Wirksamkeit	**10%**	**10%**		

Tabelle 6.1: Verteilung von Rufen zweier Arten in einem hypothetischen Merkmalsraum, sowie die resultierenden Verwechselungsraten. Von beiden Arten gehen gleich viele Rufe ein, die gleichmäßig die Rufvariabilität abdecken.

Vorhersage Wahr	Art A	Art B	falsch-negativ Sensitivität	n
Art A	450	50	**10%**	500
Art B	20	180	**10%**	200
falsch-positiv Wirksamkeit	**4,26%**	**21,74%**		

Tabelle 6.2: Wie Tabelle 6.1, von Art B gehen jedoch deutlich weniger Rufe ein. Die Wirksamkeit verändert sich.

Vorhersage Wahr	Art A	Art B	falsch-negativ Sensitivität	n
Art A	450	50	**10%**	500
Art B	150	350	**30%**	500
falsch-positiv Wirksamkeit	**25%**	**12,50%**		

Tabelle 6.3: Wie Tabelle 6.1, die Art B hat jedoch viele Rufen im Überlappungsbereich. Wirksamkeit und Sensitivtät ändern sich deutlich.

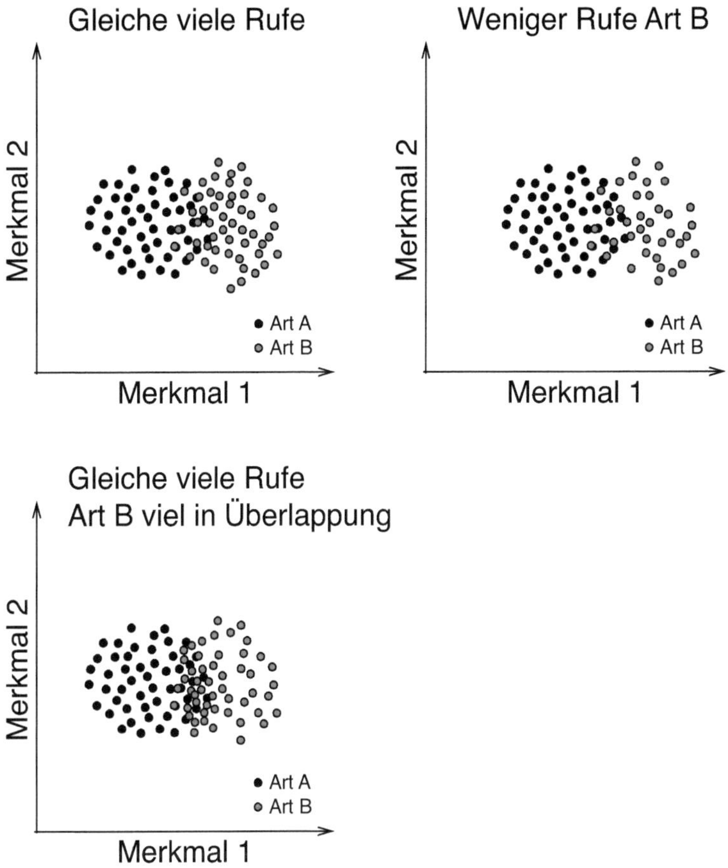

Abbildung 6.6: Lage der Rufe in einem einfachen Merkmalsraum mit zwei Parametern. Die Abbildung verdeutlicht die Datengrundlage der abgebildeten Verwechslungstabellen.

Die Tabellen 6.1 bis 6.3 zeigen vereinfacht die Auswirkungen auf die Sensitivität und Wirksamkeit bei verschobenen Art-Anteilen respektive bei höherer Überlappung von Rufen. Die Tabelle 6.1 zeigt die Ergebnisse bei einer gleichen Anzahl von Rufen je Art und normaler Überlappung mit einem Bestimmungsfehler von 10%. Die Tabelle 6.2 zeigt das Ergebnis bei einer deutlich geringeren Anzahl von Rufen der Art B ohne weitere Änderung. In der letzten Tabelle 6.3 sind wiederum gleich viele Rufe gezeigt, jedoch eine hohe Überlappung von Rufen der Art B mit der Art A angenommen. Die Abbildung 6.6 zeigt die Lage der Rufe der drei hypothetischen Fälle der Tabellen bei Beschreibung in einem einfachen Merkmalsraum mit zwei Parametern.

6.1.4 Vorteile der automatischen Rufanalyse

Die automatische Rufanalyse erweist sich als unverzichtbare Lösung bei zahlreichen aktuellen Fragestellungen. Nur durch dieses Hilfsmittel ist es möglich, die große Menge an Aufnahmen aus dem passiven Monitoring zu bewältigen. Bereits innerhalb von wenigen Wochen können mehrere Tausend bis Zehntausend Aufnahmen aufgezeichnet werden. Die aufwendige und teure manuelle Bearbeitung aller Aufnahmen entfällt bei der automatischen Bestimmung und die gewonnenen Ergebnisse sind nicht durch subjektive Fehler belastet. Die Aufnahmen können dennoch auch manuell kontrolliert werden, um zum Beispiel offensichtliche Fehler zu eliminieren.

Wie in der Abbildung 6.3 gezeigt, können sich einzelne Arten so stark in ihren Rufen überlappen, dass automatisch Fehler entstehen müssen. Hier ermöglicht die statistische Identifikation von Arten eine bessere Trennung, da mehr als nur zwei - bis zu 100 Parameter - eingehen können. So verringert sich die Überlappung. Menschliche Bearbeiter können nicht mehr als einige wenige Parameter je Ruf verarbeiten. Jedoch sind viele der messbaren Parameter nicht unabhängig voneinander, so dass auch dies nicht zwingend alle Bestimmungsfehler lösen kann. So ist zum Beispiel die Bandbreite eines Rufs abhängig von der Start- und Endfrequenz.

Da das statistische Verfahren immer die selben Fehler macht (objektive Fehler), können diese im Nachhinein oder auch durch Dritte leicht nachvollzogen werden. Somit kann man nach der Analyse recht gut bewerten, wie hoch der Anteil der Fehlbestimmungen ist und welche Aufnahmen falsche Bestimmungen enthalten werden. Durch die objektive Arbeitsweise der automatischen Prediktoren ist überhaupt erst eine echte Vergleichbarkeit von Daten verschiedener Erfassungen gegeben.

Bei Aufnahme-Mengen von mehreren 1 000 bis 10 000 Aufnahmen, wie sie im Dauermonitoring anfallen, erweist sich eine hohe Geschwindigkeit der Software - im Idealfall eine bis wenige Sekunde je Aufnahme - als großer Vorteil. So liegen sehr schnell erste Ergebnisse vor und Daten können bereits kurz nach der Erfassung nach interessanten Ergebnissen durchgesehen werden.

6.1.5 Nachteile der automatischen Rufanalyse

Wie oben aufgeführt, beeinflusst das Training stark die Ergebnisse, und in manchen Situationen kann das automatische System komplett versagen. Werden zum Beispiel bedingt durch den Standort viele Rufe aufgezeichnet, die im Training nicht oder nur kaum vorhanden waren, ergeben sich teils massive Fehlerraten. Generell erzeugt die statistische Artbestimmung immer ein Ergebnis-Rauschen. Man muss von einer Unschärfe durch falsch-positiv sowie falsch-negativ Bestimmungen ausgehen. Auch sind Fehlerraten immer Art- und Situationsspezifisch, so dass eine pauschale Interpretation der Fehler nicht immer möglich ist. Durch die Betrachtung von Einzelrufen fehlt die zeitliche Abfolge von Rufen innerhalb einer Aufnahme. Daher entfällt diese in manchen Situationen aussagekräftige Komponente für die Bestimmung. Auch die Integration über mehrere Aufnahmen entfällt. Diese kann jedoch sehr hilfreich sein, um ein Bestimmungsergebnis zu verbessern. Durch eine nachgeschaltete manuelle Kontrolle kann jedoch der zeitliche Kontext genutzt werden und so recht zügig Fehler korrigiert werden.

6.2 Kritik an den automatischen Systemen

Diverse Autoren sehen eine große Gefahr, dass durch Fehlbestimmung der Systeme falsche Entscheidungen beim Artenmanagement oder in der Eingriffsplanung getroffen werden. So fordern sie eine deutlich umfangreichere unabhängige Validierung der Systeme, bevor diese flächendeckend eingesetzt werden. Jedoch werden bereits seit vielen Jahren automatische Aufnahmesysteme verwendet, so dass große Datenmengen anfallen. Durch diese Systeme können überhaupt erst die für das Artenmanagement notwendigen Daten erhalten werden. Ohne eine automatische Analyse würden diese Daten nicht sinnvoll verwendet werden können. Dadurch würden aber wiederum ebenso nachteilige Folgen für den Artenschutz entstehen. Da die Anwender bereits jetzt schon die Möglichkeit zur Nachkontrolle der Ergebnisse haben, liegt es auch in deren Verantwortung, dies bei seltenen oder schwer zu bestimmenden Arten durchzuführen. Dabei gilt zu beachten, dass auch bei der manuellen Bestimmung manche Arten nicht sicher ansprechbar sind und der Anwender einen großen Einfluss auf das Ergebnis hat.

Es müssen daher endlich feste Vorgaben für akustische Erfassungen durch unabhängige Experten etabliert werden, auf deren Basis dann zum Beispiel ähnlich einer Zertifizierung Anwender akustischer Methoden ausgebildet werden können. So lässt sich auch ein Schema zum Einsatz automatischer Bestimmungssoftware etablieren und eine Evaluierung dieses durchführen. Im Rahmen solcher Vorgaben könnten dann auch Einschränkungen akustischer Untersuchungen zum Beispiel für leise rufende oder schwer zu bestimmende Arten erstellt werden. Diese können dann immer unabhängig der Arbeitsweise (manuell vs. automatisch) herangezogen werden. So wäre eine einheitliche Bewertung möglich.

6.2.1 Verbesserung der Ergebnisse automatischer Bestimmung

Weiterhin sollte im Hinblick auf die kritischen Stimmen gegenüber der automatischen Artanalyse die Anwender reagieren. So zum Beispiel durch die systematische Kontrolle und Korrektur falscher Bestimmungen. Dies ist bei vertretbarem Aufwand möglich und verbessert das endgültige Ergebnis deutlich. Hierzu empfiehlt sich ein systematisches Vorgehen basierend auf systematischen Verwechslungen von Arten bedingt durch die Programmierung der Bestimmungssoftware. Werden Ergebnisse ohne Kontrolle direkt aus der automatischen Bestimmung übernommen, dann muss dem Anwender Fahrlässigkeit unterstellt werden.

Eine automatische Bestimmung, die auf einem statistischen Verfahren beruht, macht immer die selben, objektiven Fehler. Das wiederum ermöglicht die effektive Kontrolle der Ergebnisse und die manuelle Korrektur, wenn diese Fehler bekannt sind. Solche Fehler sind abhängig vom Artenspektrum und dem genauen Standort. Arbeitet man immer mit der selben Software, dann erlernt man als Bearbeiter diese Fehler zu erkennen. Somit kann man sehr einfach typische Fehler korrigieren und die Qualität der Ergebnisse anheben. Orientiert an batIdent in Kombination mit bcAdmin, ein System mit dem wir regelmässig arbeiten, erklären wir kurz mögliche Vorgehensweisen bei der effektiven Verbesserung der Ergebnisse großer Datenmengen (mehrere Tausend bis Zehntausend Aufnahmen). Dabei zeigen wir auch den zeitlichen Aufwand und die Veränderung der Ergebnisse.

6.2.2 Effektive Verbesserung der Ergebnisse großer Datenmengen

Für die folgenden Schritte ist es empfehlenswert, die Aufnahmen in einer Datenbank oder ähnlichen Oberfläche zu verwalten. Dort sollten dann auch die Arteinträge vorhanden sein. So lassen sich die folgenden Schritte am effektivsten durchführen. Im Idealfall können die Aufnahmen dazu nach Kriterien wie Erfassungstag, Arten und Aufnahmelänge sortiert oder gefiltert werden. Auch eine einfache Darstellung der Rufe im Programm ist hilfreich und beschleunigt die manuelle Nachkontrolle. Muss für diese zwischen Ordnern mit Aufnahmen, Analyseprogrammen und Tabellen mit Arteinträgen hin und her gewechselt werden, geht ein Großteil der Effektivität verloren. Ergänzend zur Beschreibung im Text zeigt die Abbildung 6.7 das Vorgehen schematisch.

Nachdem die automatische Bestimmung für die Aufnahmen durchgeführt wurde, erhält man einen ersten Überblick des Artenspektrums. Man sollte nun einzelne Tage auswählen und bei einer manuellen Kontrolle diese Ergebnisse exemplarisch prüfen. Daraus ergibt sich ein erster Eindruck von tatsächlich vorkommenden Arten und Verwechselungen. Diese können Standortspezifisch oder regional-spezifisch sein und lassen sich auf andere Standorte im selben Gebiet übertragen.

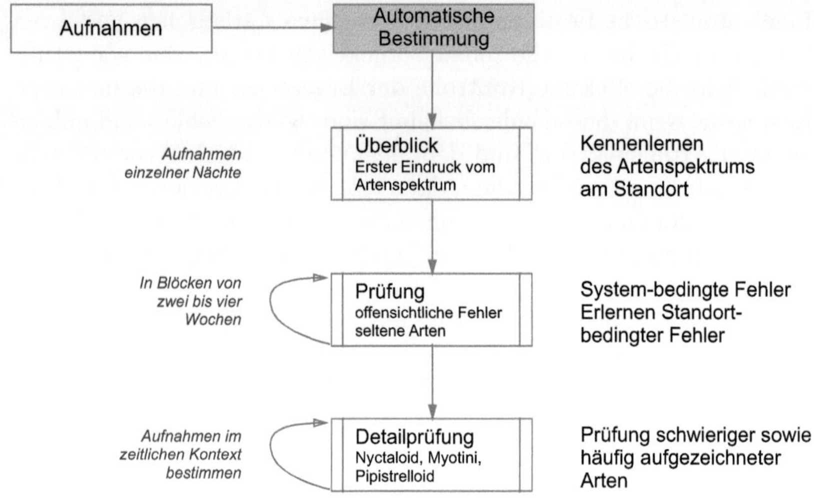

Abbildung 6.7: Schematischer Überblick zum Vorgehen der Verbesserung der Ergebnisse automatischer Bestimmung. Diese ist ausgelegt auf die Verarbeitung großer Datenmengen, bei denen eine manuelle Prüfung der einzelnen Aufnahmen zu aufwendig ist.

Basierend auf diesen ersten Impressionen werden im nächsten Schritt die offensichtlichen Fehlbestimmungen in zeitlichen Blöcken von zwei bis vier Wochen korrigiert. Dabei verfeinert sich zunehmend auch das für den Standort typische Fehler- und Verwechslungsmuster. Diese erste manuelle Korrektur hat zum Ziel solche Arten zu eliminieren, die im Gebiet gar nicht vorkommen. Ebenso werden dabei seltene Arten und nur selten nachgewiesene Arten mit geprüft. In der Regel sind nach dieser Prüfung bereits zahlreiche Fehlbestimmungen eliminiert.

Im nächsten Schritt werden schwer zu bestimmende Arten, die häufig auftreten kontrolliert. Dies sind vor allem Arten der Gruppe Nyctaloid und der Gattung *Myotis*, wenn letztere häufig vorkommen und nicht bereits im ersten Schritt kontrolliert wurden. Die zu prüfenden Arten richten sich dabei nicht nur nach dem Vorkommen am Standort, sondern sind auch Folge der typischen Verwechslungen der verwendeten Software. Zur effektiven Prüfung ist es unabdingbar, dass man Aufnahmen im Rahmen ihres zeitlichen Kontexts betrachtet. Dazu werden Aufnahmen, die innerhalb einer kurzen Zeitspanne aufgezeichnet wurden, gemeinsam betrachtet. Es gilt dann die Annahme, dass diese auch nur von einem Individuum stammen. Hat man eine Aufnahme des selben zeitlichen Kontexts sicher bestimmen können, wird die Artbestimmung für die anderen Aufnahmen verwendet. So lassen sich große Mengen an Aufnahmen sehr schnell abarbeiten, auch wenn bei einzelnen Aufnahmen auf diese Weise eine Fehlbestimmung entstehen kann. Für die zeitliche Abfolge der Aufnahmen und die Zusammenfassung eignet sich ein Wert zwischen 10 und 30 Sekunden. Bei häufigem Vorkommen hochfliegender Arten ist ein längeres Zeitfenster zu wählen, bei anderen Arten ein kürzeres.

Durch dieses Vorgehen erhält man ein recht stabiles Ergebnis. Sicherlich sind dann Fehler enthalten, denn nicht alle Aufnahmen wurden kontrolliert. Andererseits lassen sich auch manuell nicht alle Aufnahmen sicher einer Art zu weisen, so dass auch bei der aufwendigen Prüfung aller Aufnahmen nicht zwingend ein besseres Ergebnis zu erwarten ist.

Am Beispiel eines Standorts im Stadtgebiet Münster, an dem Aktivität für den Zeitraum Mai bis Oktober durchgehend erfasst wurde, zeigen wir ein typisches Vorgehen. Das Artenspektrum vor Ort war grob bekannt. Durch eine nahegelegene Wochenstube des Kleinabendseglers war mit Aktivität dieser Art zu rechnen. Daneben sind im Stadtgebiet Großer Abendsegler, Breitflügelfledermaus und Zwergfledermaus regelmässig zu verzeichnen. Weitere Arten waren im Vorfeld nicht bekannt. Das ist ein für Offenland.Standorte mehr oder minder typisches Arten-Spektrum, an Waldstandorten kommen in der Regel dann noch *Myotis*-Arten verstärkt hinzu.

Es empfiehlt sich generell zeitliche Blöcke eines Umfangs von zwei bis vier Wochen Dauer am Stück zu korrigieren. Innerhalb solcher Zeiträume ist das Artenspektrum wenig Veränderungen unterworfen. Werden zu lange Datenreihen am Stück kontrolliert, dann sind unter Umständen Wechsel der Jahresphänologie möglich und die Kontrolle wird anfälliger für Fehler. Solche zeitlich zusammengehörigen kurzen Datenreihen werden dann jeweils nach einem einfachen Schema kontrolliert. Für das folgende Beispiel wurden zwei Aufnahmeblöcke vom 01.08. bis 15.08. (3246 Aufnahmen; Block 1) und 15.09. bis 30.09. (3023 Aufnahmen, Block 2) herangezogen.

Zuerst werden die Aufnahmen der Arten, die nur sehr selten bestimmt wurden, kontrolliert. Für die Blöcke 1 und 2 waren das Mopsfledermaus (Bbar), Nordfledermaus (Enil), alle Aufnahmen aus der Gattung *Myotis*, Weißrandfledermaus (Pkuh), tief- und mittelrufende Pipistrellen (Ptief, Pmid), ein Teil Pipistrelloid-Aufnahmen, Langflügelfledermaus (Misch), Alpenfledermaus (Hsav) und Zweifarbfledermaus (Vmur). Für die schnelle Bearbeitung wurde dafür die Liste aller Aufnahmen des zeitlichen Blocks gefiltert, so dass nur die gewünschten Aufnahmen angezeigt waren. Dann wurden diese in einer Übersichtsdarstellung durchgeblättert. In den Fällen, die eine genaue Analyse erforderten, wurden die Aufnahmen in einem Analyseprogramm geladen. Auf diese Art und Weise konnten bereits erste Fehlbestimmungen erkannt und korrigiert werden. Für die beiden Blöcke dauerte diese Bearbeitung jeweils gerade einmal etwa 15 Minuten und es wurden bereits etwa 15% der Aufnahmen korrigiert. Die Anzahl an Arten wurde so von etwas über 20 auf 12 bis 14 Arten reduziert.

In einem zweiten Schritt wurden dann vor allem die zur Gruppe Nyctaloid gehörende Aufnahmen (Nyctaloid, Nlei, Nnoc, Eser) sowie die Pipistrelloiden-Arten kontrolliert. Die zweite Prüfung ist in der Regel aufwendiger, auch wenn durch Nutzung des zeitlichen Kontexts von Aufnahmen nicht alle einzeln geprüft werden müssen. Hierzu werden Aufnahmen, die innerhalb eines kurzen Zeitraums aufeinanderfolgen (zum Beispiel 10 oder 30 Sekunden), nicht alle geprüft, sondern einem Individuum zugesprochen. Dieses ergibt sich aus der Prüfung einiger weniger gut bestimmbarer Aufnahmen. Dieser zweite Schritt wurde für die beiden untersuchten Blöcke innerhalb 20 bis 30 Minuten abgeschlossen. Das Diagramm 6.8 zeigt die Veränderung der zugeteilten Aufnahmen je Art für erste und zweite, abschliessende Kontrolle.

Das optimale Vorgehen hängt etwas davon ab, wo und wie die Fehler zu Stande kommen. Es ist daher abhängig vom verwendeten System. Jedoch kann man mit etwas Übung auch für andere Software-Pakete ein analoges Verfahren zur Kontrolle finden. Im obigen Beispiel konnten so innerhalb von 40 Minuten 30% der Aufnahmen korrigiert werden. Der verbleibende Fehler durch falsche Bestimmung ist damit äußerst gering. Insbesondere seltene oder nicht heimische Arten sind mit hoher Sicherheit korrigiert. Bei einer manuellen Bestimmung aller Aufnahmen hätte der Zeitaufwand bis zu 100 Stunden betragen.

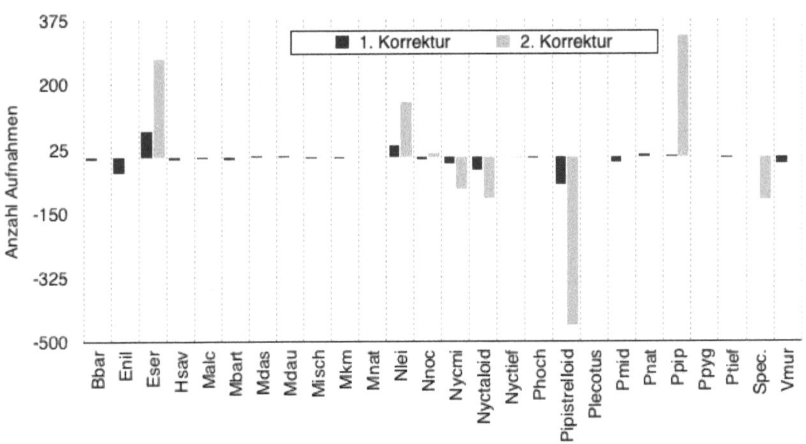

Abbildung 6.8: Als Beispiel für die Verbesserung des Artenspektrums sind hier für die erste und zweite Kontrolle die Änderungen je Art gezeigt. Diese ergeben sich aus der manuellen Kontrolle und Korrektur von Aufnahmen.

6.2.3 Vorgehen bei Erfassungen mit vielen Störungen

Bei der Dauererfassung ist nicht immer gewährleistet, dass nur Fledermaus-Laute aufgezeichnet werden. Eine hohe Dichte von zum Beispiel Laubheuschrecken oder einer hoher Anteil Störgeräusche (WEA-Gondeln) resultieren meist in einer großen Menge an falsch-positiven Aufnahmen. Diese können bei ungünstiger Signalstruktur in Folge der automatischen Bestimmung mit Fledermaus-Arten verwechselt werden. Eine Kontrolle kann, wenn es sich um mehrere zehntausend Aufnahmen handelt, sehr aufwendig ausfallen.

Eine Möglichkeit ist in diesem Fall eine Stichprobenprüfung von zum Beispiel jeder 10. Aufnahme. Werden Fledermauslaute gefunden, können die zeitlich angrenzenden Aufnahmen ebenso mit geprüft werden. Dieses Vorgehen kann zum Beispiel durch geeignete Software unterstützt werden. Es handelt sich um die einfachste Lösung beim Umgang mit großen Datenmengen. Bei großer Schrittweite steigt damit jedoch auch die Gefahr, Fledermäuse zu verpassen.

Alternativ kann versucht werden zu bestimmen, ob Störungen und Fledermausaufnahmen sich durch einfache Parameter unterscheiden.

Immer sollten die Aufnahmezeiten bereits als erstes Kriterium genutzt werden. In der Regel sind Fledermäuse nicht tagsüber aktiv, so dass sich solche Aufnahmen eliminieren lassen. Dabei sollte man insbesondere im Bereich der Dämmerung (wenigstens eine Stunde vor Sonnenuntergang / nach Sonnenaufgang) vor dem Löschen von Aufnahmen prüfen, ob diese nicht dennoch Fledermäuse beinhalten.

Manchmal ist bereits die Aufnahmedauer hilfreiches Unterscheidungsmerkmal. Nach Sortierung der Dauern prüft man sowohl lange, als auch kurze Aufnahmen auf Fledermauslaute. Im Idealfall finden sich diese dann immer in einer der beiden Klassen. Zumeist liegen Störungen dabei eher in den kurzen Aufnahmen. Wenigstens Rufsequenzen mit mehreren Rufen ergeben zumeist deutlich längere Aufnahmen. Jedoch ist eine Trennung nicht immer so einfach durchführbar.

Eine weitere Möglichkeiten ist die Nutzung der Ergebnisse der Rufsuche. Aufnahmen ohne Rufe sprechen für die Abwesenheit von Fledermäusen. Aber auch solche, die Rufe enthalten, können zum Beispiel über das Bestimmungsergebnis sortiert und geprüft werden. So können zum Beispiel solche Störungen auftreten, die durch ihr Frequenzspektrum als Hufeisennase oder als Sozialrufe von Pipistrellen bestimmt werden. Um solche Muster zu finden bietet es sich an, zuerst nur einzelne Nächte zu prüfen. Ergibt sich dann eine Unterscheidungsmöglichkeit, kann dies auf die gesamten Daten angewendet werden.

Bei geeignetem Vorgehen, angepasst an die vorliegenden Aufnahmen, lassen sich selbst sehr große Datenmengen in überschaubarer Zeit und damit kostengünstig auswerten. Dabei müssen unter Umständen Abstriche bei der Sicherheit der Ergebnisse gemacht werden. Wobei die Rate fehlerhaft bestimmter Arten im Rahmen bleiben wird. Wir gehen von einem Fehler von <10-15% beim beschrieben Vorgehen aus.

7 Vergleich der Bestimmungsmethoden

Häufig wird die Frage nach der besten Bestimmungsmethode gestellt. Gibt es diese beste Bestimmungsmethode oder eignen sich manuelle und automatische Bestimmung gleich gut, da die Fehler primär bedingt sind durch die Variabilität der Ortungsrufe? Auch stellt sich die Frage, welche Parameter denn eigentlich bei einem Vergleich betrachtet werden müssen. Wie soll *besser* entschieden werden?

Die folgende Tabelle 7.1 vergleicht dazu in einfacher Form die in den vorhergehenden Kapiteln vorgestellten Bestimmungsmethoden in Bezug auf die diskutierten Eigenschaften. Dabei bezieht sich die „Bestimmung im Feld" immer auf die Anwendung eines Mischer- oder Teilerdetektors. Unter „Manuelle Bestimmung" versteht sich die Auswertung von Aufnahmen an Hand von Sonagrammen. „Automatische Bestimmung" fasst alle autonomen Systeme zur Artbestimmung zusammen. Unter „Einfluss des Bearbeiters" versteht sich der Einfluss der Erfahrung auf die Bestimmung. Da der zeitliche ebenso wie der Verhaltenskontext bei der Bestimmung helfen kann, ist dieser als „Kontext" mit aufgeführt. Die „Reproduzierbarkeit" der Bestimmung und die „Kontrolle" sind weitere wichtige Aspekte bei Untersuchungen. Im folgenden wird die Bestimmung im Feld an Hand des Höreindrucks nicht weiter diskutiert, da sie einen speziellen Fall darstellt und sinnvolle Kontrollmöglichkeiten komplett fehlen.

Bei der manuellen Bestimmung hat der Bearbeiter bedingt durch seine Erfahrung einen großen Einfluss auf die Ergebnisse. Erfahrene Anwender sind zumeist besser als automatische Systeme. Jedoch ist der Mensch limitiert im Hinblick auf die Datenmenge, die er bearbeiten kann. Auch benötigt er lange Zeit für eine fundierte Analyse.

	Bestimmung im Feld	Manuelle Bestimmung	Automatische Bestimmung
Einfluss Bearbeiter	hoch	mittel	niedrig
Kontext	ja	bedingt	bedingt
Reproduzierbarkeit	niedrig	mittel	hoch
Kontrolle	nein	ja	ja
Vergleichbarkeit	gering	gering	hoch
Geschwindigkeit	- direkt im Feld -	niedrig	hoch
Große Datenmengen	nein	nein	ja
Wahrscheinlichkeit Artzuordnung	nein	nein	bedingt
Kosten	hoch; Personal	mittel; Personal	niedrig; Software

Tabelle 7.1: Vergleich der Eigenschaften verschiedener Bestimmungsverfahren

Eine Wahrscheinlichkeit der Artzuordnung kann er nur subjektiv vornehmen.

Auch wenn automatische Systeme teils mit hoher Sicherheit und innerhalb kurzer Zeit Aufnahmen einer Art zu ordnen, können sie den menschlichen Bearbeiter nicht komplett ersetzen. Die Kombination der beiden Methoden ist nach wie vor der sinnvollste Weg, wie auch im Rahmen des Kapitels 6.2 kurz beschrieben.

7.1 Sind bessere Bestimmungen möglich?

Bei der Diskussion der Vor- und Nachteile der Bestimmungsmethoden darf niemals vergessen werden, dass eben die Fledermäuse selber verantwortlich sind, ob sie leicht oder eben nur schwer an Hand der Ortungslaute bestimmbar sind. Die Bestimmung kann nur so gut sein, wie die zugrundeliegenden Referenzdaten. Nutzen zwei Arten ähnliche oder gar - im Rahmen unserer technischen Aufnahme-Möglichkeiten - identische Rufe, dann ist eine Unterscheidung nicht mehr möglich (Abb. 7.1). Nur wenn dann weitere Parameter herangezogen werden können, die nicht direkt aus den Rufen extrahiert werden, sind unter Umständen dennoch Aussagen möglich. Wie diskutiert, stoßen wir dabei mit den von uns gesammelten Erfahrungen, basierend auf eindeutigen, und damit sicheren Referenzen, immer dann an unsere Grenzen, wenn durch Rufsituation, Habitat oder gegebenenfalls Dialekt eine hohe Überlappung zwischen den Rufen von Arten entsteht. Auch sind unbekannte Rufe, die nur selten geäußert werden, häufig nicht oder nur schwer zu bestimmen. Der menschliche Bearbeiter kann hier über den Kontext theoretisch bessere Ergebnisse erzielen als ein automatisches System. Jedoch kann er keine Sicherheit oder Wahrscheinlichkeit einer korrekten Zuordnung ermitteln. Das Ergebnis kann dennoch falsch sein, da auch der menschliche Bearbeiter Fehler macht und nicht jede Ruffolge einer Art sicher zuordnen kann.

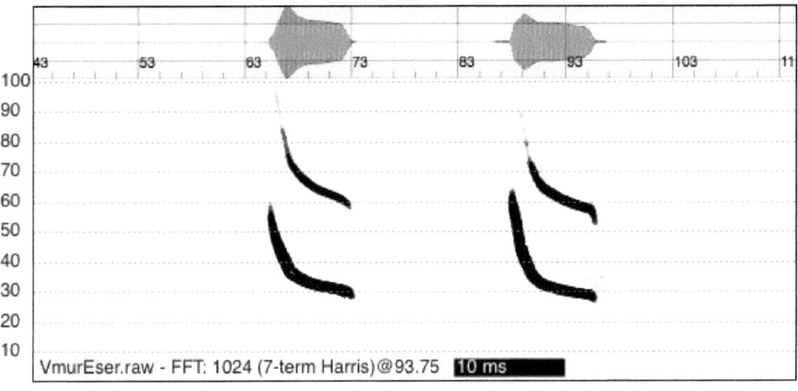

Abbildung 7.1: Als Beispiel für Rufüberlappung sind ein Ruf der Zweifarbfledermaus (links) und der Breitflügelfledermaus (rechts) gezeigt.

Darüberhinaus wird die Rufbestimmung für Mensch und Maschine erschwert, wenn die Aufnahmequalität abnimmt. Rufe mit schlechter Qualität bedingt durch die Eigenschaften des Geräts, leise Aufnahmen, durch Störgeräusche in der Umgebung überlagerte Rufe oder durch Echos beeinflusste Rufe lassen sich weder automatisch noch manuell gut bestimmen. Im folgenden Kapitel **Tücken der Rufanalyse** werden mögliche Ursachen schlechter Aufnahmequalität vorgestellt. Ebenso wird dort auf einige Probleme eingegangen, die sich durch den Sender, die Schallausbreitung, die Digitalisierung und die Vermessung der Laute ergeben. Berücksichtigt man beim Aufbau des Geräts bereits solche Aspekte, nimmt generell die Bestimmungssicherheit zu, da man eher bessere Aufnahmen erhält.

Bereits auch der Aufnahmestandort hat Einfluss auf die Bestimmungssicherheit - für Mensch und Maschine. Wählt man Standorte, an denen die auftretenden Arten eher typische, trennbare Rufe nutzen, dann erhöht sich die Bestimmungssicherheit. Aufnahmen zum Beispiel aus Quartieren, also engen Flugräumen, hingegen werden neben vielen Echos vor allem auch zahlreiche kurze, schwer bestimmbare Laute liefern. Eine sichere Bestimmung ist dann häufig nicht mehr möglich. Zumeist kann der Standort nicht absolut frei gewählt werden, sondern ist von der geplanten Untersuchung abhängig. Im Kleinen sind jedoch zumeist gewisse Spielräume vorhanden, die im Hinblick auf die bessere Bestimmbarkeit genutzt werden sollten.

Dennoch lässt niemals jeder Ruf und ebensowenig jede Aufnahme sicher einer Art zuordnen. Niedrige Aufnahmequalität und Überlappung der Rufe von Arten sind die Hauptursachen hierfür. Durch Optimierungen der Technik, des Aufbaus und gezielte Wahl von Standorten lassen sich die Ergebnisse unter Umständen verbessern. Jedoch wird auch dann ein Rest an Aufnahmen bestehen bleiben, die nicht sicher bestimmt werden können. Unabhängig von der Bestimmungsmethode - Mensch oder Maschine - sollte ein sinnvoller Umgang mit diesen Aufnahmen gewählt werden. Ist die Aussage zur Gattung oder einer Rufgruppe sicher möglich, dann ist das als Ergebnis - auch wenn unspezifischer als eine Art - besser als falsch bestimmte Arten.

Mittlerweile werden sehr zahlreich akustische Daten erhoben. Während vor 2010 beinahe kaum Aufnahmen gemacht wurden, erhöht sich die Zahl der Anwender und Systeme zunehmend. Die Verfügbarkeit moderner Technik ist hierfür mit verantwortlich. So werden mittlerweile vermutlich bereits täglich ein Terrabyte an Aufnahmen gesammelt. Somit werden auch seltene Rufe häufiger als noch vor wenigen Jahren mit aufgezeichnet. Das Wissen, das es über die Echoortung gibt, nimmt somit auch stetig zu. Dies wird mittelfristig zu besseren - im Sinne von weniger Fehlerbehafteten - Bestimmungen führen. Sei es durch einen höheren Anteil an bestimmbaren Aufnahmen oder aber durch eine bessere Kenntnis der Fehler und der nicht bestimmbaren Rufe.

8 Tücken der Rufanalyse

Die Bestimmung von Fledermausrufen an Hand von Tonaufnahmen ist nicht immer trivial. Neben der Überlappung von Rufen zwischen Arten, also einer biologischen Ähnlichkeit von Rufen, müssen auch technische Besonderheiten der Analysewerkzeuge und der Aufnahmetechnik berücksichtigt werden. Aber auch der Sender, also die Fledermaus, sowie die Übertragung hat Einfluss auf den aufgezeichneten Ruf. Bereits im Kapitel **Manuelle Bestimmung von Aufnahmen** (S. 58) wurde auf einige Probleme kurz eingegangen. In diesem Kapitel werden nun vertiefend Grundlagen der manuellen Artbestimmung am Computer behandelt. Dabei werden auch die diversen Effekte besprochen, die aufgezeichnete Rufe verfälschen können.

8.1 Eigenschaften des Senders

Der Sender, also die Fledermaus, entscheidet über den Aufbau des von uns aufgezeichneten Rufs. Das Tier muss eine Aufgabe (Beutesuche, Orientierung) unter den gegebenen Voraussetzungen optimal lösen. Dazu passt es seine Rufe an. Aber auch Alter und Geschlecht können einen Einfluss auf die Rufe haben. In der Regel ist über das rufende Tier jedoch nichts bekannt.

Bewegt sich die Fledermaus während sie ruft relativ zum Mikrofon, dann kommt es zu einer Dopplerverschiebung. Diesen Effekt kennen wir von Sirenen auf Krankenwagen. Kommt die Schallquelle näher, werden die Frequenzen scheinbar höher, entfernt sie sich, werden sie scheinbar tiefer. Der Sender behält dabei seine Frequenz bei, durch die Bewegung werden die Schallwellen tatsächlich verändert. So verhält es sich auch mit den Fledermaus-Rufen. Die aufgezeichnete Frequenz verschiebt sich entsprechend der relativen Bewegung. Bei einer Geschwindigkeit der Fledermaus von 8 m/s zum Beispiel beträgt die Dopplerverschiebung ca. 2 % Veränderung. Ein Ruf von 45 kHz wird bei Bewegung auf das Mikrofon zu verschoben auf 46 kHz. Somit ergeben sich bei schneller-fliegenden Arten unter Umständen auch Fehler von bis zu 2 kHz.

Neben Rufspektrum und Rufdauer wird auch die Schallkeule angepasst. Die Abstrahlung wird weiter oder enger und gerichteter. Das wirkt sich auf die Lautstärke bei der Aufzeichnung aus. Wird ein engstrahliger Ruf nicht auf das Detektormikrofon gerichtet, wird der Ruf nur noch leise oder nicht mehr aufgezeichnet. Daher hat dieses Verhalten einen direkten Einfluss auf die Erfassungsreichweite beziehungsweise Erfassungswahrscheinlichkeit. Engt die Fledermaus die Schallkeule des Rufs ein, dann wird sie leichter überhört (Abb. 8.1).

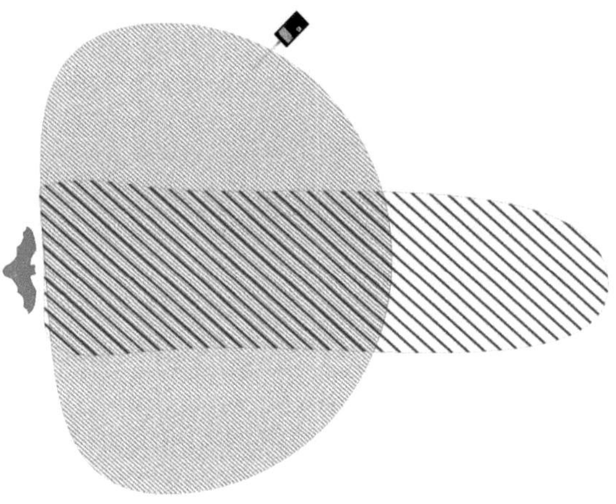

Abbildung 8.1: Die Fledermaus beeinflusst die Schallkeule ihres Rufs und hat dadurch unter anderem Einfluss auf die Aufnahmewahrscheinlichkeit.

Generell ist die Schallkeule von Fledermäusen zumeist nicht rundum gleich ausgebildet, sondern eher mit einem Suchstrahl vergleichbar. Entsprechend der Aufgabe, also zum Beispiel Nahortung beim *feeding-buzz*, wird sie verändert. Typische Schallkeulen im Feld wurden bisher nur selten untersucht. Ergebnisse deuten auf einen recht engen Öffnungswinkel und eine schnell abfallende Intensität nach oben und zur Seite hin (siehe Abb. 8.2).

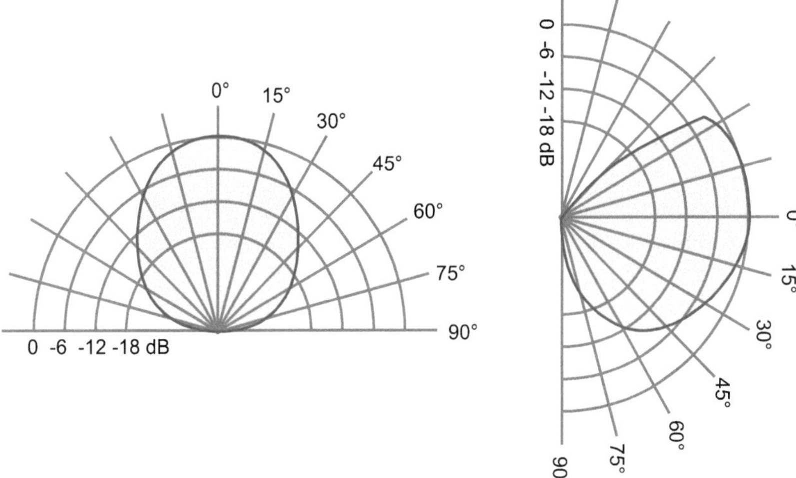

Abbildung 8.2: Links ist die horizontale Ausprägung der Schallkeule (Aufsicht) und rechts die vertikale Ausprägung gezeigt (verändert nach Jakobsen et al. (2015))

Bei breitbandigen fm-Rufen wirkt sich die Öffnungsweite der Schallkeule gleich einem Frequenzfilter aus. Das Spektrum des Rufs unterscheidet sich bei einer Aufnahme direkt vor der Fledermaus oder im Randbereich der Schallkeule. Aber die Fledermaus kann auch direkt auf die Frequenzcharakteristik Einfluss nehmen. So kann sie einzelne Frequenzbereiche verstärken oder abschwächen. Insbesondere bei Arten mit frequenzmodulierten (fm) Rufen kann dies dazu führen, dass sich die aufgezeichneten Rufe deutlich in ihrer spektralen Zusammensetzung und zum Beispiel in der Hauptfrequenz unterscheiden.

8.2 Einflüsse durch die Ausbreitung

Der Ruf legt die Strecke vom Tier zum Mikrofon als Schallwelle zurück. Dabei gibt es zahlreiche physikalische Einflüsse, die den Ruf verändern können. Diese sind zu Teilen gut bekannt (Dämpfung/Abschwächung), aber in der Praxis häufig nicht beeinflussbar oder sinnvoll messbar (Wind, Luftschichten). Somit kann man in der Regel

kaum oder nicht dafür korrigieren und auch keine generelle Wertung
vornehmen.

8.2.1 Atmosphärische Abschwächung

Einen starken Einfluss auf modulierte Rufe hat die atmosphärische
Abschwächung. Diese nimmt mit steigender Frequenz zu, daher werden höhere Frequenzen in ihrer Ausbreitung stärker behindert als
tiefe Frequenzen. Bei Frequenz-modulierten Rufen führt dies dazu,
dass am Mikrofon in Abhängigkeit der Entfernung des Tieres nur
noch die tieffrequenten Anteile ankommen (Abb. 8.3). Im Kapitel
Schallausbreitung (S. 215 ff) ist dies weiter ausgeführt.

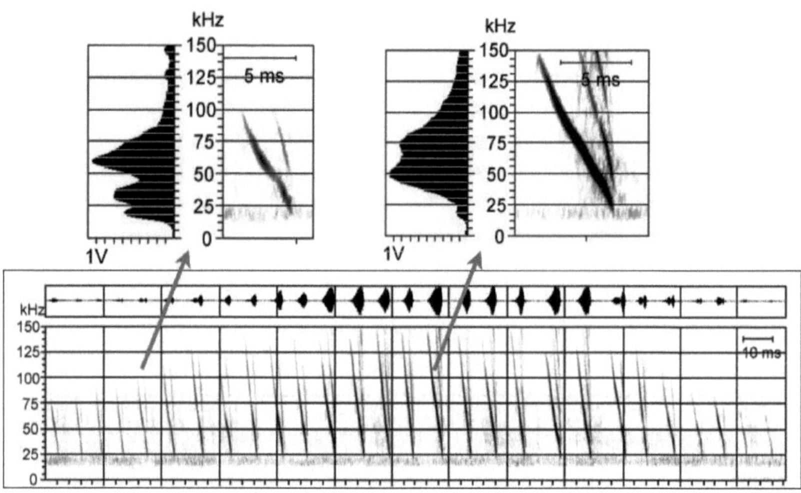

Abbildung 8.3: Durch die atmosphärische Abschwächung breiten sich höhere
Frequenzen schlechter aus als tiefe. Bei fm-Rufen führt dies dazu, dass bedingt
durch die Entfernung des Tieres Teile des Rufs fehlen.

8.2.2 Mehrwege-Ausbreitung und Reflexionen

Ein anderer Effekt mit starkem Einfluss auf die Aufnahme ist die
Mehrwege-Ausbreitung von Schallwellen. Durch Reflexionen an Objek-

ten treffen zusätzlich zum eigentlichen Ruf ein oder mehrere Echos am Mikrofon ein. Diese treten zeitverzögert auf, wenn sich die Laufwege des Schalls unterscheiden (Abb. 8.4). Für eine Abschätzung kann mit einer Schallgeschwindigkeit von 340 m/s gerechnet werden. Das bedeutet also etwa drei Millisekunden Laufzeit je zurückgelegtem Meter. So lassen sich bereits beim Aufbau eines Mikrofons grob die Gefahr von Echos in den Aufnahmen abschätzen.

Ist der Zeitversatz eines Echos kürzer als die Rufdauer, kommt es zu Überlappung von Ruf und Echo. Im schlimmsten Falle resultieren daraus Interferenzen. Durch Schwebungen können Teilbereiche eines Rufs ausgelöscht werden und spektrale Veränderungen auftreten, die die Artbestimmung deutlich erschweren können. Auch die Messung der Ruflänge und des Rufverlaufs ist in der Regel nur noch bedingt möglich. Echos lassen sich beinahe nie komplett vermeiden, jedoch kann durch einen geeigneten Standort die Wahrscheinlichkeit starker Echos häufig reduziert werden. Das bedeutet dann jedoch auch meist einen freien Aufbau des Mikrofons oder des Erfassungsgeräts.

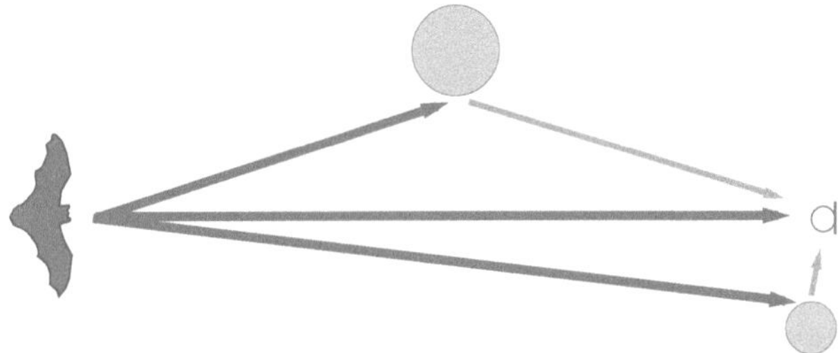

Abbildung 8.4: Mehrwege-Ausbreitung von Schall ist Ursache für die Überlappung von Rufen und Echos.

Ein Beispiel hierfür sind Aufnahmen über Gewässern jagender Wasserfledermäuse. Die Auslöschungen auf Grund von Interferenzen des beinahe zeitgleich mit dem Ruf eintreffenden Echos galten lange als Bestimmungshilfe für diese Art (Abb. 8.5). Wasser wirkt wie ein akustischer Spiegel und reflektiert Rufe tieffliegender Tiere beinahe komplett vom Tier weg. Am Mikrofon kommen, bedingt durch die geringe Flughöhe und den daher kurzen Zeitversatz, Ruf und Echo beinahe gleichzeitig an. Dies führt zu den starken Interferenzen.

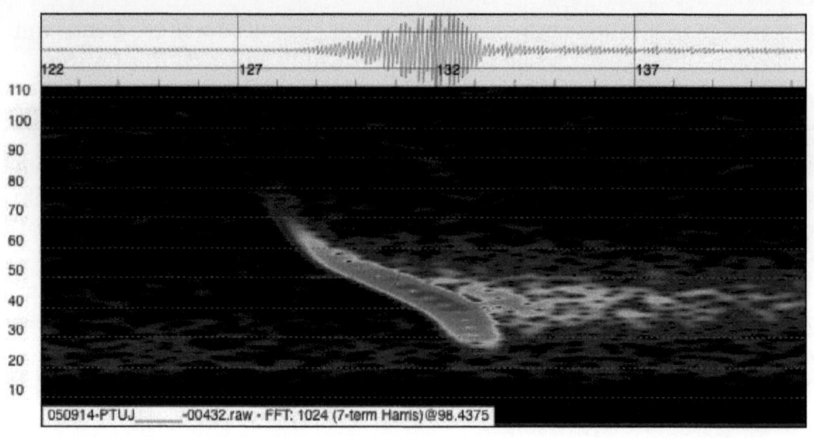

Abbildung 8.5: Überlagerung von Ruf und Echo der Wasserfledermaus bei der Jagd dicht über Wasser. Schwebungen lassen sich als Auslöschungen im Rufverlauf erkennen.

Aber auch bei anderen Arten und Flugsituationen können Reflexionen auftreten. Je länger ein Ruf ist, desto wahrscheinlicher ist die Überlagerung eines Teils des Rufs mit Echos. Dies lässt sich nur vermeiden, wenn sowohl das Mikrofon als auch die Fledermaus sich in ausreichendem Abstand zu reflektierenden Oberflächen befinden.

Ein Beispiel sind Aufnahmen langer Rufe des Großen Abendseglers. Diese werden beinahe immer mit leichten Überlagerungen aufgezeichnet, da sich der Detektor in der Hand oder an einem kurzen Mast (zwei bis drei Meter) befindet. Bei einer Schall-harten horizontalen Oberfläche wie zum Beispiel Wasser, eine Strasse aber auch fester Boden, wird ein starkes Echo ans Mikro reflektiert. Aber auch vertikale Flächen wie Gebüsche reflektieren die Rufe und führen zu Überlagerungen.

Solche Überlagerungen erschweren die Bestimmung des Rufendes und der Rufdauer. Aber auch spektrale Messungen werden dadurch beeinflusst. Je stärker die Echos und die Überlagerung mit dem Ruf, desto schwieriger ist die Extraktion von Parametern für die Bestimmung. Da Schall je Millisekunde etwa 34 cm zurücklegt, können solche Flächen auch drei bis fünf Meter entfernt noch Auswirkungen auf die Aufzeichnung längerer Rufe haben.

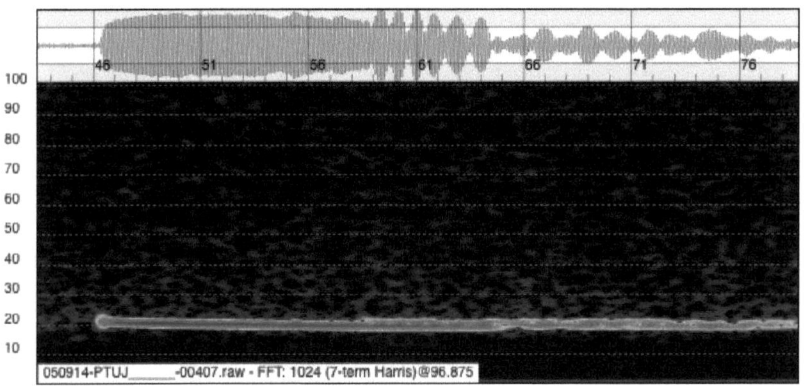

Abbildung 8.6: Überlagerung von Ruf und Echo beim Abendsegler. Das Rufende ist nicht mehr klar erkennbar. Es treten ähnliche Interferenzmuster auf wie bei Wasserfledermäusen über Wasser.

Mit etwas Aufwand lassen sich solche teils stark störenden Echos durch einen angepassten Aufbau minimieren. Ein Mikrofonstandort in ausreichender Distanz zu reflektierenden Strukturen erhöht die Aufnahmequalität in der Regel merklich. Bereits drei Meter Abstand zu Wänden, Boden oder Blätterwänden bedeutet in der Regel einen Laufzeitunterschied von über 10 ms. Für zahlreiche Rufe ist dies absolut ausreichend, um Ruf und Echo zu trennen. Bei zahlreichen Detektoren führt jedoch letztlich der Ein-/Anbau des Mikrofons eben zu solchen Reflexionen und starken Störungen des Rufs. Echos entstehen an der Geräteoberfläche und durch den meist geringen Abstand zum Mikro kommt es zu massiven Überlagerungen (Abb. 8.7). Dann hilft auch ein optimaler Aufbau in Bezug zu anderen Strukturen nichts.

8.3 Einflüsse durch die Aufnahmetechnik

Der vom Mikrofon registrierte Schall wird zuerst durch analoge Schaltungen verstärkt und gefiltert. Von der Umsetzung der Schaltung hängt bereits stark ab, mit welcher Qualität die Schallwellen weiterverarbeitet werden können. Für die Speicherung und Weiterverarbeitung folgt dann eine Digitalisierung des analogen Mikrofonsignals. Das

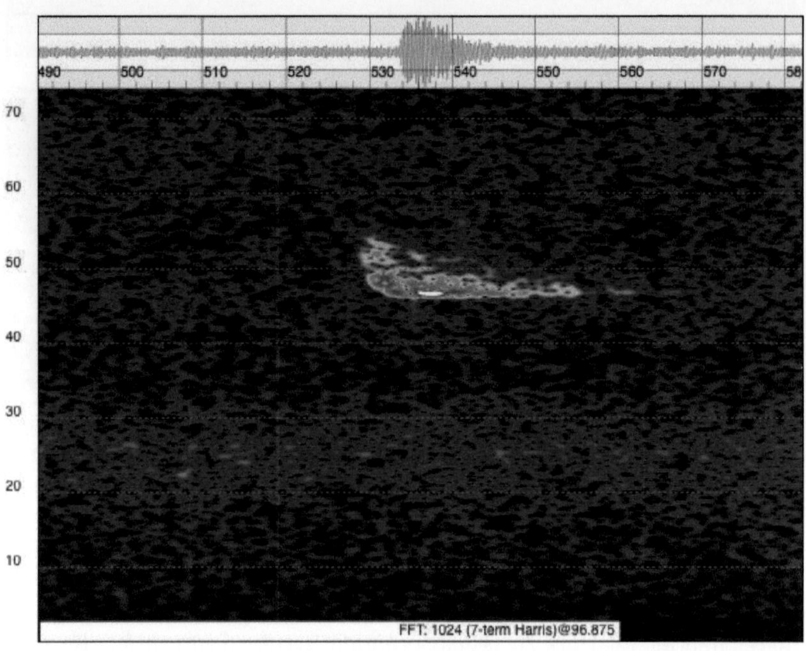

Abbildung 8.7: Durch einen ungünstigen Einbau des Mikrofons können Aufnahmen so stark mit Echos überlagert werden, dass eine Bestimmung beinahe unmöglich ist. Das Bild zeigt einen Ruf, der vermutlich von einer Zwergfledermaus stammt.

vorher analoge Signal wird dadurch mit fester Abtastrate in diskrete Voltwerte abgebildet, um die Schallwellen inklusive der Lautstärke zu speichern. Das bedeutet eine starke Datenreduktion, bei der sich Veränderungen des Signals ergeben können (siehe auch Kapitel **Digitalisierung**, S. 225). Die Digitalisierung beeinflusst neben dem Frequenzbereich auch die Möglichkeit der Aufnahme leiser Signale. Bei niedriger Amplitudenauflösung und geringer zeitlicher Auflösung wird die Signalanalyse erschwert. Eine Unterscheidung von einigen Arten ist dann nicht mehr so gut möglich. Insbesondere Nichtlinearitäten höherer Ordnung in der Schaltung führen zu Verfälschungen des Eingangssignals.

Auch erweisen sich hohe Rauschpegel und damit schlechter Signal-Rauschabstand (auch *signal to noise ratio* = SNR) des Detektors als erschwerend für die Rufanalyse. Hohe Rauschpegel können durch schlechte Schaltungen mit hohem Eigenrauschen ebenso wie durch hohe Verstärkung des Signals erzeugt werden. Eine hohe Verstärkung des Mikrofonsignals verstärkt nicht nur die Eingangssignale, sondern auch das im System vorhandene Rauschen. So sind leise Rufe trotz oder wegen der hohen Verstärkung kaum vom Rauschen getrennt.

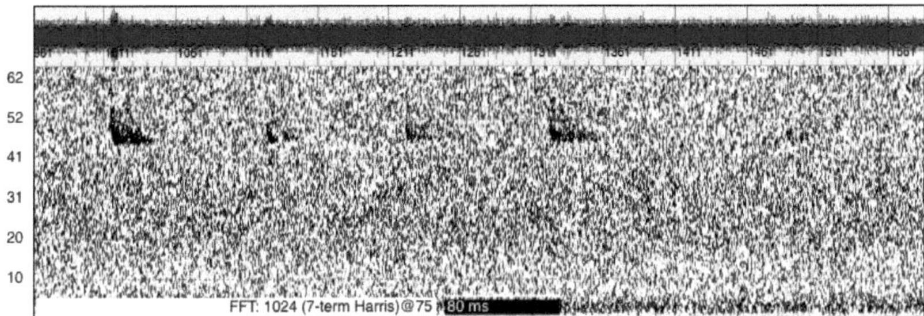

Abbildung 8.8: Weisen die Aufnahmen einen schlechten Signal-Rauschabstand auf, dann sind Rufe häufig schwer zu vermessen. Sie heben sich kaum aus dem Rauschen ab.

8.4 Einflüsse durch die Auswertung

Der Ruf wurde letztendlich aufgezeichnet, um eine Analyse am Computer vorzunehmen. Für die Bestimmung werden Rufparameter aus den Aufnahmen extrahiert und mit Nachschlagewerken ebenso wie eigenen Referenzaufnahmen verglichen. Es werden Wellenform- und spektrale Darstellungen berechnet. Die Parametrisierung des hierfür verwendeten Verfahrens (FFT) hat Auswirkungen auf die erhaltenen Daten. Wie im Kapitel **Darstellung von Schall** (Seite 229f.) gezeigt, wirken sich FFT-Größe, Fenstertyp und Überlappung auf die erhaltenen Ergebnisse aus. Frequenzmessungen können bei unterschiedlichen Einstellungen eine Abweichung von ein oder mehreren Kilohertz erhalten (Abb. 8.9). Auch die verwendete Software kann einen Einfluss haben, da diese über die genaue Umsetzung der Berechnungen entscheidet. Ob Spektren am Stück ermittelt oder mit einer Stückelung (Fenster) und Mittelwertbildung gearbeitet wird, beides erzeugt vor

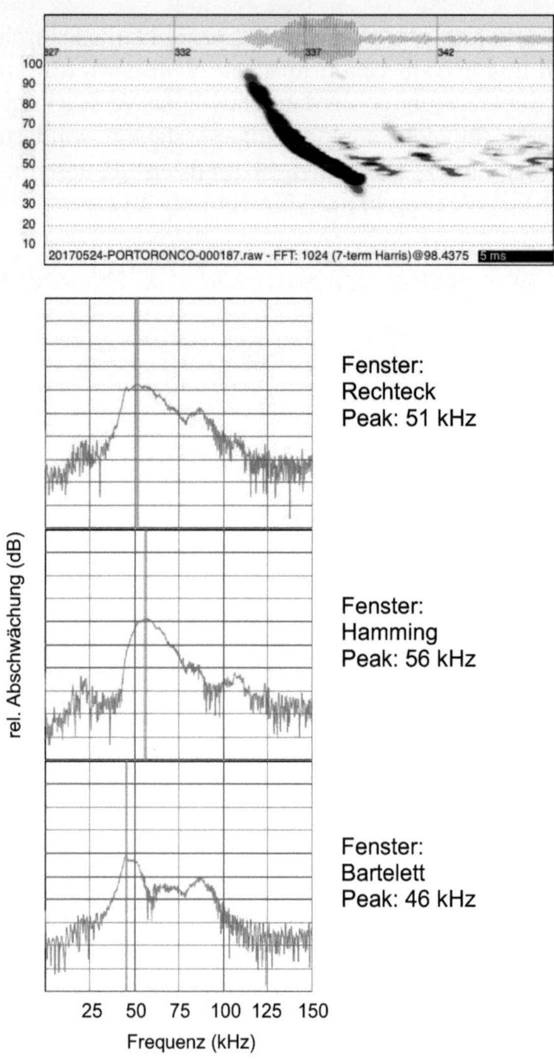

Abbildung 8.9: Durch die Wahl des FFT-Fenstertyps (Rechteck, Hamming, Bartelett) verschiebt sich bei ansonsten identischen Einstellungen die Hauptfrequenz eines Rufs einer *Myotis*-Art um etwa ±5 kHz.

allem bei fm-Rufen andere Ergebnisse für die Hauptfrequenz. Daher sollten immer Einstellungen und Software dokumentiert werden.

8.4.1 Auswahl der Messwerte

Zur Bestimmung von Arten werden charakteristische Messwerte eines Rufes extrahiert und mit eigenen Erfahrungswerten sowie bestehender Literatur verglichen (siehe auch Kapitel **Vorgang der Artbestimmung**, S. 59). Manche dieser Kennwerte sind klar definiert und können kaum falsch ausgelesen werden. Andere hingegen werden verwendet, ohne dass es eine genaue Definition gibt. So können unterschiedliche Autoren diese Messwerte jeweils anders ermitteln. Daher sollte im Zweifelsfall nach der genauen Messmethode und gegebenenfalls den Einstellungen und Software gefragt werden, wenn eine klare Definition eines Wertes fehlt. Ansonsten sind ermittelte, eigene Werte nur bedingt mit den Literaturangaben vergleichbar. Im Folgenden werden die wichtigsten Messwerte vorgestellt:

Startfrequenz

Es handelt sich um die Frequenz des Rufbeginns. Bei modulierten Rufen jedoch ist sie häufig nur schwer zu bestimmen, da durch die Dämpfung bei der Ausbreitung höhere Frequenzen schlechter tragen und der Winkel der Fledermaus zum Mikrofon einen starken Einfluss auf die aufgezeichneten Frequenzen hat. Insofern ist der Rufbeginn nicht immer auch wirklich sicher aufgezeichnet und kann in der Aufnahme fehlen. Bei der Artbestimmung sollte dieser Wert daher immer mit Vorsicht genutzt werden. Dennoch ist er für manche Arten der Gattung *Myotis* ein hilfreiches Merkmal, wenn erkennbar in der Aufnahme vorhanden. Für andere Gattungen stellt die Startfrequenz ein weniger bedeutendes Merkmal dar. Für alle Arten (Ausnahme Hufeisennasen) gilt, dass kürzere, modulierte Rufe zumeist eine höhere Startfrequenz aufweisen.

Höchste Frequenz

Die maximale Frequenz eines Rufs. In der Regel stimmt diese mit der Startfrequenz überein. Wie für die Startfrequenz gilt, dass der Wert stark von der Aufnahmequalität abhängt.

Endfrequenz

Die Frequenz des Rufendes. Bei Rufen mit Echoüberlagerung ebenso wie bei manchen fm-Rufen nur schwer zu messen. Wichtiges Bestimmungsmerkmal für zahlreiche Arten mit qcf-Rufen. In der Regel gut zu messen, jedoch können Echos bei längeren Rufen ebenso wie sehr leise Rufenden (häufig bei *Myotis*) die Messung stören.

Niedrigste Frequenz

Die niedrigste Frequenz eines Rufs. In der Regel stimmt diese mit der Endfrequenz überein. Wichtiges Bestimmungsmerkmal für zahlreiche Arten mit qcf-Rufen. Wie auch die Endfrequenz gut zu messen.

Bandbreite

Durch höchste und niedrigste Frequenz definierter Frequenzbereich des Rufs. Der Wert ist stark abhängig von der Aufnahme der hohen Frequenzanteile eines Rufs und somit nur dann geeignet, wenn die Rufe komplett aufgezeichnet wurden. Wird vor allem als Merkmal für die Bestimmung von fm-Rufen genutzt.

Hauptfrequenz

Im englischen *mean frequency* oder *peak frequency*, wird im Spektrum gemessen. Es ist die Frequenz mit der höchsten spektralen Energie. Für die Bestimmung von fm-qcf-Rufen gut geeignet. Bei fm-Rufen ist die Messung abhängig vom Frequenzgang des Mikrofons ebenso wie von möglicher richtungsabhängiger Betonung durch die rufende Fledermaus und die stärkere Abschwächung hoher Frequenzen. Insofern sollte die Hauptfrequenz mit Vorsicht verwendet werden. In batIdent entspricht Fmod dieser Messung.

Kniefrequenz

Die Frequenz an der Stelle im Ruf, an der der erste steile fm-Abschnitt in einen flacheren fm oder qcf-Abschnitt übergeht (Wendepunkt). Manchmal ist diese Frequenz für die Bestimmung von Rufen der Gattung *Myotis* hilfreich.

Myotisknick

Die Frequenz des Knicks (Wendepunkt) am Ende von Rufen der Gattung *Myotis*, wo der etwas flachere Mittelteil ins Rufende (Schwänzchen) übergeht.

Charakteristische Frequenz

Die Frequenz an der flachsten Stelle im Ruf. Für qcf-Rufe bei der Bestimmung nutzbar, in der Regel entspricht der Wert der Hauptfrequenz.

Rufdauer

Die Dauer des Rufs, die im Regelfall im Oszillogramm gemessen wird. Im Sonagramm kann sie auf Grund der durch die FFT bedingten zeitlichen Auflösung nur ungenau ermittelt werden. Bei Überlagerung des Rufs mit Echos ist sie nur sehr schwer zu messen. Wird bei fm-Rufen häufig zu kurz gemessen, da höher-frequente Teile des Rufs fehlen. Generell abhängig von der Rufsituation und angepasst zum Beispiel an die Echodichte der Umgebung. Daher für sich alleine kein gutes Bestimmungsmerkmal.

Rufintervall

Das Zeitintervall zwischen zwei aufeinanderfolgenden Rufen, gemessen von Rufbeginn bis Rufbeginn. Nicht zu Verwechseln mit dem Rufabstand. Das Rufintervall dient manchen Autoren als Bestimmungsmerkmal oder Hilfe. Da die Fledermäuse jedoch ihre Rufe und Rufrate an die Umgebung und Aufgabe anpassen, ist dieser Messwert nicht unbedingt geeignet. Dennoch hilft er zum Beispiel bei der Bestimmung der Breitflügelfledermaus (*Eptesicus serotinus*) wenn z.B. auch der Kleinabendsegler (*Nyctalus leisleri*) vorkommt.

Rufabstand

Der zeitliche Abstand zweier aufeinanderfolgender Rufe, gemessen von Rufende des ersten Rufs bis zum Rufbeginn des zweiten Rufs. Weicht in der Regel kaum vom Rufintervall ab, das die Rufdauer mit einschließt.

Die Übersicht 8.10 zeigt die genannten Messwerte nochmals grafisch. Die meisten Messungen werden aus dem Sonagramm erhalten. Die Hauptfrequenz kann nur aus dem Spektrum ausgelesen werden. Daher gelten hier die möglichen Fehlerquellen, die sich aus unterschiedlichen FFT-Einstellungen ergeben können. Einzig Rufdauer und -abstand bzw. -intervall werden in der Regel in der Wellenformdarstellung gemessen. Bei der Extraktion von Messwerten müssen die Darstellungen

(Wellenform, Sonagramm) so gewählt werden, dass die Messungen auch durchführbar sind. Das bedeutet die Stauchung respektive der Zoom muss passend gewählt sein, um die Messwerte auch klar ermitteln zu können. Beachten Sie auch die Einflüsse von Spektrum- und Sonagrammerstellung (Kapitel 14.7.2) auf die Messbarkeit der Parameter.

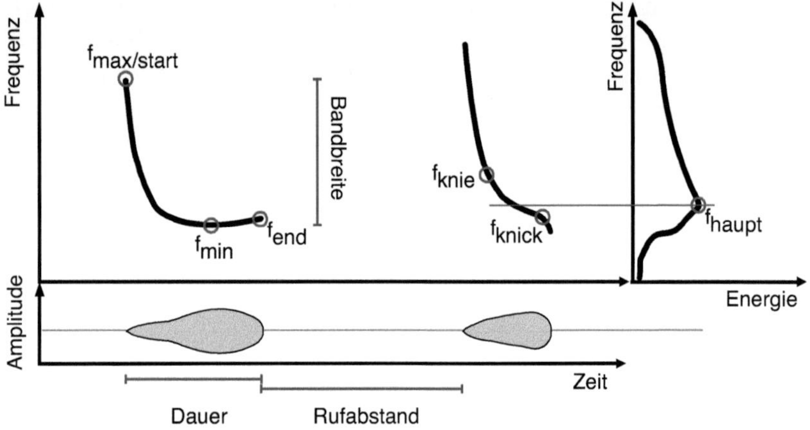

Abbildung 8.10: Grafische Darstellung der im Text genannten Messwerte.

8.4.2 Vergleich mit Literaturwerten

Da insbesondere die spektralen Messungen stark von der Software (u.a. Mittelungsverfahren bei Spektrumsberechnung) und den Einstellungen abhängen, sind Vergleiche von Literatur-Werten immer mit Vorsicht vorzunehmen. Wenn die Autoren nicht angeben, wie sie die Messwerte genau erhalten haben, dann kann die eigene Berechnung zu Abweichungen führen. Die Auswirkungen der Spektrumsberechnung sind dabei besonders groß bei Frequenzmodulierten Rufen. Bei (quasi-) konstantfrequenten Rufen hingegen fallen sie in der Regel nicht so stark ins Gewicht. Im Idealfall muss für jede Referenz-Liste eine Angabe gemacht werden, mit welchen Einstellungen und welcher Software die Werte erhalten wurden. In der Regel fehlt eine dedizierte Angabe der verwendeten Einstellungen jedoch in den Nachschlagewerken. Auch schwanken die Frequenzmesswerte im Vergleich unterschiedlicher Werke teils sehr stark. Dies wird weniger auf den Einfluss der verwendeten Software und viel mehr auf die zur Verfügung stehenden Aufnahmen zurückzuführen sein. Sowohl die Auswahl der Rufsituationen als auch die verwendete Technik spiegeln sich in den erhaltenen Messwerten wider.

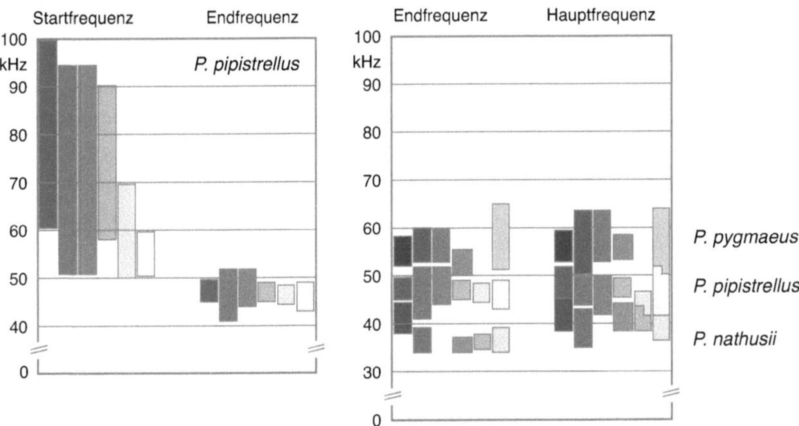

Abbildung 8.11: Vergleich von Bestimmungsliteratur am Beispiel der Parameter Start- und Endfrequenz der Zwergfledermaus (linke Grafik). Jeder Balken entspricht den Werten eines Referenzwerks. Die Startfrequenz schwankt sehr stark, die Endfrequenz am Rufende weist geringere Unterschiede auf. Vergleicht man die rechts gezeigten Parameter End- und Hauptfrequenz verschiedener Arten der Gattung *Pipistrellus*, ergeben sich teils noch stärkere Diskrepanzen zwischen den Literatur-Referenzen.

Als Beispiel sind in der Abbildung 8.11 die Parameter Startfrequenz und Endfrequenz der Zwergfledermaus aus diversen verbreiteten Tabellenwerken gezeigt (linke Grafik). Man erkennt die starke Streuung der Startfrequenz. Dies liegt vermutlich an mehreren Faktoren wie zum Beispiel der Rufauswahl, aber auch der verwendeten Technik. Generell gilt, dass höhere Frequenzen meist eine höhere Messungsbedingte Streuung aufweisen. Die Endfrequenzen der Rufe, die auch üblicherweise für die Bestimmung herangezogen werden, weisen eine deutlich geringere Streuung im Vergleich der Literaturdaten auf. Dennoch lassen sich auch hier noch Unterschiede zwischen den Tabellenwerken klar erkennen. Dies wird deutlich, wenn man End- und

Hauptfrequenz-Werte der drei Arten Zwerg-, Rauhhaut und Mückenfledermaus extrahiert und nebeneinander aufträgt (rechte Grafik). Deutlich erkennt man, dass die Artbestimmung zwischen den Werken zu unterschiedlichen Ergebnissen kommen kann.

Bei der Anwendung von Referenzwerken für die Artbestimmung gilt es daher immer, Vorsicht oder Umsicht walten zu lassen. Typische Rufe, die nicht im Überlappungsbereich zwischen Arten liegen, sind meist sicher bestimmbar. Bei Werten im Überlappungsbereich muss von einer sicheren Bestimmung Abstand genommen werden. Häufig wird eine Verbesserung erreicht, wenn nicht nur ein einzelner Parameter herangezogen wird, sondern die Entscheidung auf mehreren Werten eines Rufs basiert. Jedoch sind wir meist bereits von drei Parametern überfordert. Wirkliche multidimensionale Auftragungen gelingen nur mittels spezieller statistischer Verfahren, wie sie zum Beispiel auch bei der automatischen Artanalyse verwendet werden.

9 Kriterien für Detektorsysteme

Befasst man sich mit der akustischen - und insbesondere automatischen - Erfassung, stehen diverse Geräte und Systeme zur Auswahl. Es lässt sich im Idealfall aus den verfügbaren Produkten das jeweils für eine einzelne Aufgabe (Detektion, Aufnahme, Bestimmung) am besten geeignete ermitteln. Wenn jedoch zum Beispiel die Bestimmungs-Software und die Aufnahme-Hardware nicht gut harmonieren, ist das Ergebnis gegebenenfalls deutlich schlechter als man erwartet. Beim Vergleich der einzelnen Lösungen zu den Aufgaben Detektion, Aufnahme und Bestimmung von Fledermausrufen sollte daher das Zusammenspiel der unterschiedlichen Lösungen oder Systeme berücksichtigt werden. Dies ist nicht trivial, da sich somit sehr schnell eine Vielzahl von Kombinationen ergibt. Generell gilt:

- die beste Software nützt nichts, wenn zum Beispiel nur verrauschte Rufe gespeichert wurden.

- der beste Detektor hilft nichts, wenn die aufgezeichneten Rufe nicht im Training der Software enthalten sind.

Mittlerweile gibt es eine Vielzahl an Lösungen und es fällt schwer den Überblick zu behalten. Welche Kriterien bei der Auswahl beachtet werden sollten, sind nirgends klar definiert. Häufig kann man selbst als Anwender gerade bei neuen Fragestellungen nicht vorhersehen, welche Aspekte in der Anwendung dann wirklich zählen. Meist verlässt man sich auf Testberichte, die aber unter Umständen keinerlei Relevanz für die tatsächliche Arbeit haben. Häufig findet man subjektiv geprägte Anekdoten über die Systeme. Daher muss man gut überlegen, welche Ziele man erreichen möchte und welche Aufgaben das System erfüllen soll. Dazu muss man die eigenen Anforderungen, die Arbeitsweise aber auch die am Ende nötigen und gewünschten Aussagen der Daten beachten.

9.1 Das optimale System

Der schwierigste Schritt bei der Suche des geeigneten Systems ist genau zu definieren, welche Kriterien dieses System erfüllen muss. Die geplante Nutzung, die Fragestellung und die Ansprüche an die Untersuchungen sollten für die Definition von Kriterien herangezogen werden. Eine Lösung zur wissenschaftlichen Erhebung von Rufen wird andere Ansprüche an das System haben, als eine umfassende gutachterliche Untersuchung im Rahmen der Eingriffsplanung. Die Aufzeichnung von Fledermausrufen als Hobby oder der Einsatz in der Öffentlichkeitsarbeit werden nochmals ganz andere Kriterien ergeben. Auch die eigene Erfahrung, die Zeit, die man investieren kann, und die finanziellen Mittel stellen wichtige Kriterien dar. Dabei muss man auch die Folgekosten und den Zeitaufwand bei der Verwendung des Systems berücksichtigen.

9.1.1 Einsatzzweck

Die Wahl der passenden Hardware hängt davon ab, wie diese eingesetzt werden soll. Für den mobilen Einsatz mit manueller Detektion und Rufaufzeichnung sollte das System einen Mischer- oder Teilerdetektor beinhalten sowie - falls gewünscht - eine Speichermöglichkeit der Rufe. Parallel kann man auch ein automatisches Gerät mitlaufen lassen, um keine Kontakte zu überhören. Ist in der Regel ein stationärer Einsatz von einer bis wenigen Nächten geplant, muss das Gerät automatisch Rufe aufzeichnen und für die entsprechende Dauer mit Strom versorgt werden. Die aufwendigste Anwendung ist das Dauermonitoring über mehrere Wochen oder Monate an einem Standort. Daneben spielt auch eine Rolle wo das Gerät genau verwendet wird. Eine automatische Lösung mit hohem Strombedarf kann meist nur dort betrieben werden, wo entweder ein Stromanschluss zur Verfügung steht oder wenn es für Batteriewechsel leicht zu erreichen ist.

9.1.2 Kosten für Anschaffung und Folgekosten

In jedem Falle sollten Überlegungen zu den Kosten angestellt werden, die ein System in der Anschaffung, vor allem aber auch im Betrieb erzeugt. Für die Beschaffung kann man sich sehr leicht einen Überblick möglicher Systeme im Internet verschaffen. Neben der eigentlichen Hardware sollte auch in den Vergleich eingehen, welche offensichtlichen Folgekosten wie Batterien oder Speicherkarten entstehen. Aber auch versteckte Folgekosten, wie sie zum Beispiel durch die Datenauswertung und Aufarbeitung entstehen, sollten bei diesem Vergleich nicht fehlen. Vor allem wenn beim geplanten Einsatz größere Datenmengen zu erwarten sind, bedeuten die nachgeschalteten Auswertungen sonst unter Umständen einen hohen zeitlich Aufwand, der in der Regel hohe Personalkosten weit über den Anschaffungskosten verursachen kann.

Einfache Mischerdetektoren sind für weniger als 200 € erhältlich, komplexe Systeme zur akustischen Dauerüberwachung können mehr als 3 000 € kosten. Die Folgekosten durch Batterien oder Speichermedien sind beim normalen Einsatz vernachlässigbar oder fallen bei verschiedenen System in etwa gleich aus. Anders sieht das dann beim Dauermonitoring aus. Wenn Sie zum Beispiel ein Notebook im Feld ohne Zugriff auf das Stromnetz dauerhaft betreiben müssen, dann sind die Kosten für Batterien sehr schnell sehr hoch. Dann wäre die Wahl einer anderen Lösung - gegebenenfalls auch mit höheren Anschaffungskosten - rentabler. Mit einem Mischerdetektor würden beim Dauermonitoring die Personalkosten regelrecht explodieren.

9.1.3 Auswertungssoftware und Weiterverarbeitung der Daten

Gerne wird vergessen, dass größere Datenmengen eine aufwendige Bearbeitung bedeuten. Die Aufnahmen müssen bestimmt werden und die Ergebnisse auf verschiedene Art und Weise aufbereitet werden. Wird beim Kauf der Hardware zum Beispiel nicht auf die Aufnahmequalität geachtet, kann die Auswertung unter Umständen nur manuell erfolgen. Das kann schnell mehrere Wochen Zeit in Anspruch nehmen, und entsprechend hohe Folgekosten nach sich ziehen. Das Angebot an Software-Systemen ist deutlich beschränkter als die Hardware und eine genaue Beschäftigung mit Nachfragen bei den Herstellern ist sinnvoll. Manche Hersteller bieten den Test einerseits von Hardware aber auch die Analyse ausgewählter Aufnahmen mit ihrer Software an. Vor allem Letzteres ist hilfreich für die Auswahl der passenden Software. Zu empfehlen ist die Befragung anderer Anwender. So kann man schnell herausfinden, ob die Software für die eigenen Aufgaben geeignet ist.

9.2 Manuell oder automatisch?

Immer wird sich die grundlegende Frage nach manuellem oder automatischem System stellen (oder ein Hybrid beider Systeme). Wie oben beschrieben, hängt die Systemwahl sehr stark vom Einsatzzweck ab. Aber auch die eigenen Ambitionen und das technische Verständnis spielen eine gewisse Rolle bei der Systemwahl. So wird man mit einem Mischerdetektor niemals glücklich werden, wenn man nicht auch gerne Nachts im Freien unterwegs ist. Ebenso wird dieser Detektor für Dauermonitoring oder andere aufwendige Einsätze nicht das passende Werkzeug sein. Natürlich spricht aber auch nichts gegen ein automatisches System und den parallelen Einsatz eines Handgeräts. Vor allem kann durch die eigene Beobachtung während des manuellen Detektierens viel an Information über das Verhalten der Tiere gelernt werden. Gerade in der Umweltbildung ist ein Mischer- oder Teilerdetektor das optimale Werkzeug, um Interessierten die Fledermäuse näher zu bringen. Man kann sehr einfach die Ortungsrufe in hörbaren Schall wandeln und jeden Teilnehmer einer Exkursion so an der geheimen Welt der Fledertiere teilhaben lassen.

Entscheidet man sich als Gutachter für die Arbeit mit solch einem Detektor, muss man sich der anfänglich schwierigen Aufgabe der Bestimmung anhand des Höreindrucks bewusst sein. Ohne einen Kurs oder erfahrenen Tutor kann man sich dies auch autodidaktisch mit Ruf-CDs erarbeiten. Es fehlt dann aber ein erfahrener „Kontrolleur" und die Gefahr von Zirkelschlüssen oder einer von Beginn an falschen Bestimmung ist sehr groß. Auch erfordert die Einarbeitung eine gewisse Zeit, die man Abends und Nachts im Feld verbringen muss, um sich einzuhören. Auch erfahrene Detektoranwender berichten immer wieder von neuen Situationen, in denen sie Probleme bei der Bestimmung hatten. Ist man dann auf sich alleine gestellt, kann dies sehr frustrierend sein. Ähnliches gilt auch für automatische Systeme. Wird per Software eine Artanalyse automatisch geliefert, muss oder will man diese prüfen. Keines der System erreicht mehr als 60 % bis 80 % korrekte Bestimmungen im täglichen Einsatz. An manchen Standorten oder unter manchen Bedingungen werden häufig sogar noch geringere korrekte Bestimmungsraten erzielt. Nur bei optimalen Rufen werden manchmal über 90 % korrekt bestimmter Arten erreicht.

Die Anforderungen der einzelnen Bundesländer an die Fledermauserfassung sehen mittlerweile beinahe alle auch das Dauermonitoring als Methode bei einigen Fragestellungen vor, so dass der Einsatz eines automatischen Systems meist unvermeidbar ist. Spätestens dann muss man sich mit einem automatischen System befassen. Planen Sie ein, sich mit der Technik ausführlich vertraut zu machen. Einige Testbetriebe vor dem eigentlichen Einsatz sind gerade zu Beginn sinnvoll. Nur so können Sie das System optimal für den Einsatz bei Ihrer Arbeit vorbereiten. Auch können Sie so eventuelle Defekte erkennen, die zu Datenverlusten führen können. Mittels Testdaten, die Sie nach Anschaffung erhoben haben, können Sie auch das weitere Vorgehen bei der Auswertung und Analyse üben und für die vorliegende Fragestellung optimieren. Der Idealfall ist, bereits vor Anschaffung des Geräts einen Datensatz zu haben. Dann können Sie prüfen, ob das System die entsprechenden Anforderungen nicht nur technisch, sondern auch in der Auswertung und Zusammenfassung der Daten für Ihre Gutachten leisten kann. Jedoch ist dies meist in Ermangelung passender großer Datensätze und vor allem auch aus Zeitgründen nicht möglich.

9.3 Erfassungsreichweite und -volumen

Häufig wird bei Detektorsystemen nach der Reichweite gefragt. Diese eher naive Frage wird zumeist stark gewichtet, und als Qualitätskriterium des Detektors angesehen. Dabei spielt die Reichweite eine weniger wichtige Bedeutung, als in der Regel angenommen. Eine ausreichende Grundempfindlichkeit vorausgesetzt, ist die tatsächliche

Reichweite häufig weniger entscheidend, als es andere Aspekte wie zum Beispiel die Zuverlässigkeit für Aufzeichnungen oder die Qualität der Aufnahmen sind. Dies liegt nicht zu letzt auch daran, dass zumeist die Fledermaus und die Witterung einen sehr viel größeren Einfluss auf die Erfassungsreichweite haben als der Detektor.

Die Reichweite der Erfassung ist vom Mikrofon, der Verstärkung des Mikrofonsignals und besonders auch von der Ruflautstärke der Fledermaus abhängig. Es gilt, dass nur solche Signale digital verarbeitet werden können, die vom Mikrofon dediziert aufgezeichnet werden. Liegen die Signale auf Grund zu geringer Lautstärke im Systemrauschen, können sie im digitalen Signal nicht erkannt werden. Es halten sich manche Mythen in Bezug auf die Reichweite von Mikrofonen beziehungsweise Detektorsystemen. So gehen manche Anwender von 150 m bis 250 m Erfassungsreichweite aus, eine grobe Überschätzung wie im Folgenden dargestellt wird.

Die Betrachtung der Erfassungsreichweite muss immer bei der Schallquelle begonnen werden, da diese durch Frequenz und Lautstärke die Rahmenbedingung des erfassbaren Schalls vorgibt. Erst dann können die Physik der Schallausbreitung und die technischen Eigenschaften des Mikrofons und Detektors bei der Berücksichtigung mit eingehen.

9.3.1 Theoretische Betrachtungen zur Reichweite

Ruflautstärke

Fledermäuse sind sehr variabel in Bezug auf die Lautstärke der Ortungsrufe. Generell rufen große Arten lauter als kleine Arten und die selbe Art im offenen Luftraum lauter als im geschlossenen. Ausnahmen davon sind immer möglich, da die Fledermaus im Hinblick auf ihren Fokus auch im offenen Flugraum leise rufen kann, wenn sie sich zum Beispiel für nahe Objekte interessiert.

Dieses Verhalten kann man an Gondeln von Windenergieanlagen beobachten. Obwohl sich die Fledermaus im offenen Flugraum befindet, beginnt sie ihre Ortungsrufe anzupassen an die Gondel, die sich in ihrer Nähe befindet. Auch wird die Lautstärke unter Umständen an die Hörfähigkeit der Beute (Mopsfledermaus) und an die An- oder Abwesenheit anderer Fledermäuse angepasst (Konkurrenz). Auch beeinflussen die Tiere die Schallkeule und können den gesamten Ruf oder aber einzelne Frequenzbereiche bündeln und die Abstrahlrichtung in gewissen Grenzen beeinflussen (Richtcharakteristik der Rufe). Dies wird im Folgenden nicht berücksichtigt.

Für die folgenden theoretischen Betrachtungen werden solche Verhaltensanpassungen ignoriert. Ein Wert von 136 dB SPL (= *sound pressure level* oder Schalldruckpegel, Kap. 14.1.2) gemessen in 10 cm vor der Fledermaus scheint von den lautesten Fledermäusen noch produziert zu werden (Großer Abendsegler). Dies ist bereits sehr laut, entspricht es in etwa einem startendem Flugzeug, und wird vermutlich eher eine Ausnahme sein. Sinnvollere Werte liegen um 130 dB. Fledermäuse geben auch teilweise deutlich leisere Rufe von sich. Typisch für leise Arten der Gattung *Plecotus* (Langohren) oder manche *Myotis*-Arten sind Schalldruckpegel von 90 bis 100 dB SPL. Arten wie die Zwergfledermaus erreichen 110 bis 120 dB SPL.

Ausbreitung

Der Schalldruckpegel reduziert sich mit einer Verdoppelung der Entfernung um 6 dB (Halbierung). Man nennt dies geometrische Abschwächung (**Schallausbreitung**, S. 215). Daher lässt sich für die oben genannten 136 dB in 20 cm noch 130 dB, in 40 cm noch 124 dB messen. Die Ausbreitung hat einen starken Einfluss auf den messbaren Schalldruckpegel. Während dieser zu Beginn der Ausbreitung stark abnimmt, wird die Abnahme bei größeren Entfernung immer geringer bezogen auf die zurückgelegte Distanz. Von 6,4 m (100 dB) auf 12,8 m (94 dB) Entfernung ist es eine Halbierung, ebenso wie von 12,8 m (94 dB) auf 25,6 m (88 dB).

Hinzu kommt die atmosphärische Abschwächung (**Schallausbreitung**, S. 215), die im Gegensatz zur geometrischen Abschwächung bei großen Distanzen deutlich stärker zur Begrenzung der Reichweite beiträgt.

Die Grafik 9.1 zeigt für eine 20 kHz Schallquelle mit 136 dB SPL (maximalste Lautstärke eines Großen Abendsegler) die Änderung mit zunehmender Entfernung. Dabei wurden beispielhaft drei Dämpfungen gewählt. Die Kurve für eine Dämpfung von 0,2 dB/m ist bereits sehr optimistisch und für natürliche Verhältnisse nicht zu erwarten. Die Kurve ganz links in der Grafik (mit Quadratsymbolen) gibt den Verlauf bei 0,5 dB/m Dämpfung an und ist realistisch für die gewählte Frequenz. Die rote horizontale Linie markiert den Schalldruckpegel, die von gängigen Mikrofonen noch detektiert werden kann.

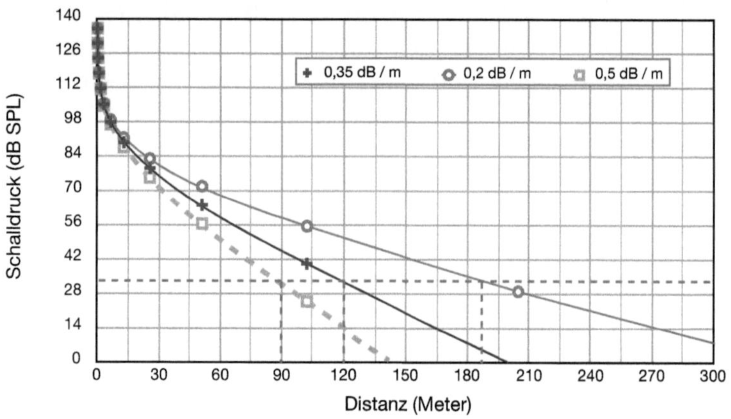

Abbildung 9.1: Schalldruckpegel in unterschiedlichen Entfernungen unter Berücksichtigung der atmosphärischen Abschwächung. Als Grundlage dient ein maximal-lauter Ruf des Abendseglers (20 kHz, 136 dB SPL).

Reichweite

Selbst bei maximal optimistischer Betrachtung kann ein Abendsegler-Ruf nicht viel weiter als 150 m gehört werden (siehe Abb. 9.1). Realistisch sind jedoch selbst bei hoher Mikrofonempfindlichkeit 90 m bis 120 m als maximale Reichweite. Abendsegler rufen vermutlich auch nur eher selten mit Schalldruckpegeln von 136 dB SPL und auch die Mikroempfindlichkeit muss eher geringer angenommen werden (inkl. des Systemrauschens sind ca. 36-40 dB zu erwarten). Damit ist dann eine Reichweite von 50 m bis im besten Fall 120 m möglich.

Für höhere Frequenzen liegt die Reichweite nochmals niedriger, da die Dämpfung auch Werte von über 1 dB/m erreichen kann. Die

Grafik 9.2 zeigt die Reichweite für leisere 20 kHz (130 dB Quell-Schalldruckpegel), 40 kHz und 50 kHz (jeweils 120 dB SPL Quellen). Klar zu erkennen ist die für höhere Frequenzen deutlich verringerte Erfassungsreichweite im Vergleich zu tiefen Frequenzen.

Die gezeigten Werte liegen im oberen Drittel der möglichen Reichweiten. Meist werden die Werte der Abbildung 9.2 nicht erreicht werden. Für eine Abschätzung zur maximalen Reichweite sind die Werte als ausreichend gut anzusehen.

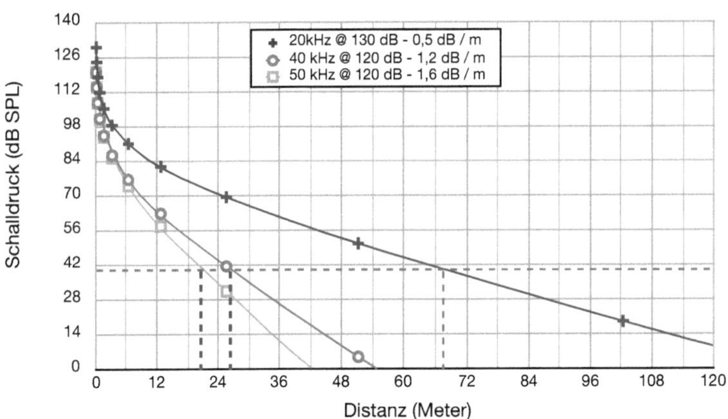

Abbildung 9.2: Schalldruckpegel in unterschiedlichen Entfernungen berechnet für verschiedene Frequenzen (Arten) unter Angabe spezifischer Werte für die atmosphärische Abschwächung.

9.3.2 Detektionsschwelle

In den vorhergehenden Grafiken wurde durch eine rote Linie markiert, bei welchem Schalldruck ein Ruf gerade noch aufgezeichnet werden kann. Diese Detektionsschwelle wird beeinflusst durch den Signal-Rauschabstand (SNR = *signal to noise ratio*) des Mikrofons und der analogen Schaltung. Weiterhin bestimmt der Algorithmus zur Aufnahmeauslösung, welche Signallautstärke wenigstens anliegen muss, um eine Aufnahme zu erhalten.

Hardware

Um zu beurteilen, wie weit ein Fledermausruf gehört werden kann, trägt daher neben der Schallphysik auch die verwendete Hardware, also das Mikrofon und die analoge und digitale Signalverarbeitung zur Reichweite bei. Jede Schaltung hat ein Eigenrauschen, das unabhängig vom Signal vorhanden ist. Dieses überlagert das Signal und kann leise Signale verdecken. Das Eigenrauschen eines Mikrofons liegt bei ca. 26 dB bis 30 dB.

Die Annahme von 40 dB Eigenrauschen für das komplette System ist eine realistische Annahme. Das bedeutet dann einen Signal-Rausch-abstand (SNR) von 70 bis 90 dB. In der Abbildung 9.2 bedeutet dies eine rote Linie zwischen 30 und 40 dB, um die Reichweite zu ermitteln. Kommen auch noch akustische Störungen durch die Umgebung hinzu (Windrauschen oder mechanische Geräusche), dann wird der SNR sogar noch geringer ausfallen.

Auslösung

Neben den rein technischen Eigenschaften der analogen Hardware muss auch betrachtet werden, welche Eigenschaften das Verfahren der Aufnahmesteuerung hat. In der Regel zeichnen die Geräte nicht dauerhaft auf, sondern lösen dann eine Aufnahme aus, wenn ein Trigger-Ereignis eintritt. Der Auslöse-Algorithmus hat selber wieder-um auch einen Signal-Rausch-Abstand, der zu dem der Hardware addiert werden muss.

Eine größere Reichweite wird übrigens nicht beziehungsweise nur bedingt durch eine Verstärkung des analogen Signals erreicht (*gain*). Denn durch eine *gain*-Anpassung wird nicht nur das Nutzsignal, sondern auch das Systemrauschen gleichermassen verstärkt. Daher wird ein Signal, das vorher im Rauschen verschwunden ist, auch danach noch im Rauschen verschwunden sein.

Liegt die Aufnahmeschwelle sehr nahe am Rauschen, werden auch sehr viel mehr Fehlauslösungen entstehen. Da zum Beispiel an einer Win-denergieanlage der Geräuschpegel mit zunehmender Windgeschwindigkeit steigt, werden zunehmend mehr Aufnahmen erzeugt. Aber auch im Freiland und Bodennah gibt es zahlreiche Geräuschquellen, die als Fehlauslösungen klassifiziert werden müssen. Daher führt eine Reichweite-Erhöhung durch Erniedrigung der Aufnahmeschwelle zu stark steigender Aufnahmezahl. Diese Aufnahmen müssen dann aber wiederum auch alle auf Fledermausrufe kontrolliert werden. Dabei wird ein hoher Anteil an manueller Kontrolle nötig sein, der nur bis zu einem gewissen Umfang sinnvoll zu leisten ist.

9.3.3 Reichweite in der Praxis

Die maximale Detektionsreichweite liegt zumeist unter den oben genannten Werten. Die atmosphärische Abschwächung ist stark von Umweltparametern abhängig. Hinzu kommt, dass die Tiere ihre Ruflautstärke an die jeweilige Situation (Beute, Umgebung) anpassen und gegebenenfalls deutlich (6 bis 20 dB) leiser rufen können.

Daher darf bei einer Betrachtung der Reichweite nicht nur der maximale Wert eingehen. Dies verleitet im Zweifelsfalle zu einer Fehlbewertung der Daten, da von einem zu großen Erfassungsvolumen ausgegangen wird. Besser - und fachlich korrekt - ist die Angabe einer minimalen und maximalen Reichweite. Als Ergebnis zum Beispiel für die Zwergfledermaus wäre dann eine Angabe von 15 bis 35 m Reichweite korrekt. Ohne Kenntnis über die tatsächliche Empfindlichkeit des verwendeten Erfassungsgeräts ist solch eine Angabe jedoch nicht möglich. Denn entscheidend ist die Verstärkung und Signalverarbeitung des Geräts - somit also die Frage, wie in der obigen Abbildung die rote Linie für das verwendete Gerät zu liegen kommt. Wird keine Kalibrierung der Mikrofone durchgeführt und auch keine genaue Referenz in Bezug auf die Aufnahmeschwelle angegeben, sollte die Reichweite besser unter- als überschätzt werden. Auch das Mikrofonalter kann entscheidenden Einfluss haben, mit zunehmendem Alter sinkt die Empfindlichkeit der Mikrofone zumeist ab.

Die gängige Praxis zur Drucklegung des Buchs war leider häufig genau anders. Es finden sich teils stark überschätzte Reichweite Angaben in Gutachten.

9.3.4 Erfassungsvolumen

Die Reichweite des Detektorsystems gibt einzig die mögliche Entfernung an, in der eine Fledermaus erfasst werden kann. Dadurch ergibt sich ein mögliches überwachtes Raumvolumen. Im idealisierten Fall eines Bodennah eingesetzten Detektors ohne Hindernisse entspricht das Volumen dann einer Halbkugel. Ist das Mikrofon im freien Luftraum in einer ausreichenden Höhe, dann kann eine Kugel angenommen werden. Die Abbildung 9.3 zeigt für verschiedene Detektionsreichweiten die Kugelvolumen. Die Reichweiten können zum Einen durch die Ruflautstärke der Tiere verursacht werden, aber auch durch unterschiedliche Empfindlichkeit der Mikrofone. Hat ein Referenzmikro eine Reichweite von 40 m, dann entspricht das Volumen bei 20 m vereinfacht einem Mikrofon mit um 6dB verringerter Empfindlichkeit (halbe Empfindlichkeit).

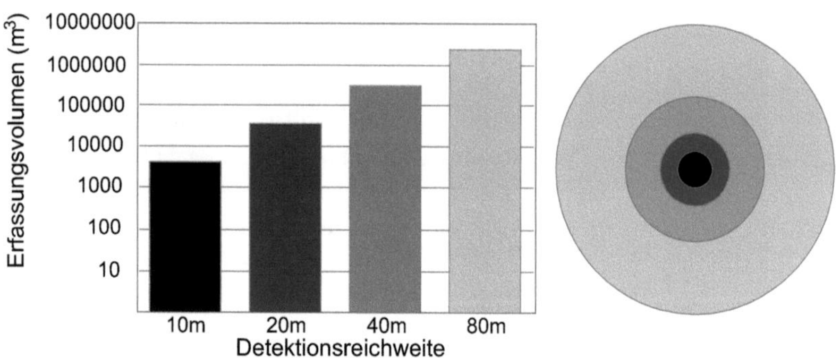

Abbildung 9.3: Gezeigt sind die Erfassungsvolumina für unterschiedliche Detektionsreichweiten. Der Unterschied zwischen den Reichweiten ist vereinfacht immer eine Verdoppelung der Empfindlichkeit.

Die Reichweite muss jedoch nicht für jede Richtung gleich sein. Bereits durch den Mikrofontyp ist eine gewisse Richtcharakteristik vorgegeben (**Richtcharakteristik**, S. 217). Weiterhin bedingt der Aufbau des Detektors und der Einbau des Mikrofons zusätzlich eine weitere Einschränkung der Richtungsempfindlichkeit. Der überwachte Luftraum, also das Erfassungsvolumen, wird dadurch vom Idealfall der kugelförmigen Erfassung unter Umständen stark abweichen (Abb. 9.4).

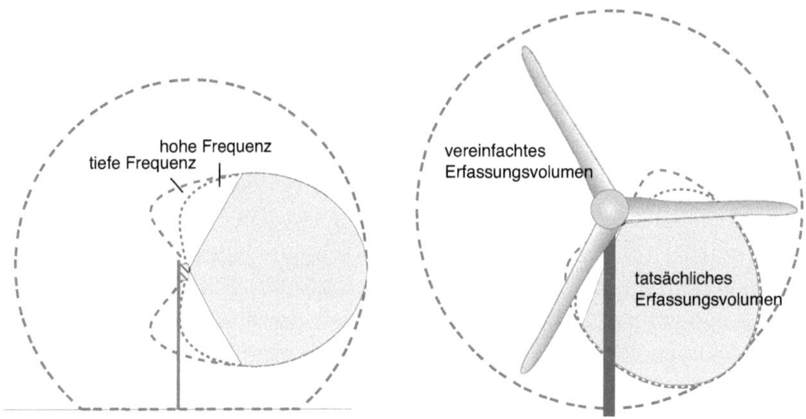

Abbildung 9.4: Einbaubedingte Einschränkung des überwachten Raumvolumens am Beispiel zweier typischer Erfassungssituationen im Freiland. Links ist der Einsatz eines Dauermonitorings an einem Mast gezeigt, rechts die Situation beim typischen Einbau in eine WEA-Gondel im Rahmen des Monitorings. Die Abbildungen stellen eine vereinfachte Betrachtung der Erfassungsbereiche dar.

Das Mikrofon kann in der Regel nicht komplett frei eingesetzt werden, sondern ist immer in eine Konstruktion zur Halterung integriert. Durch die Art und Weise der Halterung respektive des Einbaus ergeben sich Bereiche, aus denen Schall nur schwer oder gar nicht ans Mikrofon gelangen kann. Diese Abschattung des Mikrofons ist dabei abhängig von der Wellenlänge des Schalls (Beugung) und damit der Frequenz. Je kürzer die Wellenlänge, desto stärker wirkt sich die Abschattung aus. Meist wird beim Umgang mit akustischen Daten dieser Aspekt wenig oder gar nicht beachtet und es wird vereinfacht von der gleichmässigen Erfassung ausgegangen. Das ist nachvollziehbar, da die Berechnung ebenso wie die empirische Messung des tatsächlichen Erfassungsvolumens nur begrenzt möglich ist. Im Folgenden wird dies am Beispiel zweier typischer Aufnahmesituationen verdeutlicht. Die Abbildung 9.4 ist dabei in Bezug auf den erfassten Luftraum recht streng ausgelegt, um die Problematik hervorzuheben. Die Effekte der Beugung von Schallwellen an den Hindernissen ist mit einfacher, naiver Physik nicht zu erklären. Bei kleinen Hindernissen (wie links in der Abbildung) wird vermutlich Schall tieferer Frequenzen auch aus einer Quelle hinter dem Objekt kommend noch aufgezeichnet. Jedoch mit deutlich reduzierter Reichweite. Bei der Abbildung gilt auch zu Beachten, dass diese nur 2D-Schnitte durch das Erfassungsvolumen darstellt.

In manchen Leitfäden, ebenso wie in Gutachten, findet man eine Umrechnung der aufgezeichneten Aktivität, bei der die angenommene Erfassungsreichweite und der Rotordurchmesser in Bezug gesetzt wird. Die Abbildung 9.4 zeigt klar auf, dass solch eine Korrektur von Ergebnissen gefährlich sein kann. Denn es wird nur ein Teil des potenziellen Erfassungsvolumens überwacht, über den restliche Flugraum kann keine Aussage getroffen werden. Hier gibt es eine unbekannte Anzahl an rufenden Fledermäusen, da eine gleiche Verteilung im Raum unwahrscheinlich ist. Somit lässt sich die Aktivität nicht basierend auf dem angenommen Erfassungsvolumen korrigieren oder gar reduzieren.

9.4 Aufnahmesteuerung

Bereits erwähnt wurde die Bedeutung der Ruferkennung oder Aufnahmeauslösung für die Betrachtung der Reichweite eines Detektors. Neben der tatsächlichen Mikrofonempfindlichkeit und Verstärkung wird die Erstellung von Aufnahmen dadurch beeinflusst, ob überhaupt ein positives Signal erkannt wird. Die exakte Realisierung einer solchen Auslöse- oder Triggerfunktionen ist bei keinem Detektor im Detail bekannt, stellt dies auch eines der möglichen Alleinstellungsmerkmale dar. Wichtig für die Bewertung eines Gerätes ist die Zuverlässigkeit und Objektivität des Auslösemechanismus. Ein Fledermaus-Ruf, der einmal auslöst, muss auch beim wiederholten Eintreten eine Auslösung erzeugen. Das bedeutet, dass der Auslösealgorithmus zum Beispiel auch bei Veränderungen der Umgebungsgeräusche, solange diese den Ruf nicht überlagern, weiterhin eine positive Erkennung erzeugen muss.

Somit sind solche Geräte, die nicht eine feste, sondern eine adaptive Aufnahmeschwelle haben, kritisch zu sehen. Eine feste Aufnahmeschwelle bedeutet, dass unabhängig vom Signaleingangspegel eine fixe Aufnahmeschwelle überschritten werden muss, um eine Aufnahme auslösen zu können. Es wird in der Regel eine relative Schwelle in Bezug auf die maximale Aussteuerung angegeben. Sowohl das Avisoft USG als auch der batcorder haben solch eine feste Schwelle. Im Idealfall ist das System auch im Hinblick auf seine Empfindlichkeit kalibriert, da nur so eine feste Schwelle sinnvoll umgesetzt werden kann. Der Pettersson D500 hat laut Beschreibung auch eine feste Schwelle, jedoch kann diese nur auf drei Stufen ohne genaue Angaben zur tatsächlichen Auslöse-Schwelle gesetzt werden. Darüberhinaus ist das Gerät nicht kalibriert. Der Batlogger hat einzelne Auslösemodi, die intern vielleicht auch eine feste Schwelle haben (*Period, SD-Trigger*), jedoch geht dies aus den Einstellungen und Unterlagen nicht sicher hervor. Zusätzlich ist weder Mikrofon noch Gerät kalibriert. Die beiden Trigger sind laut Hersteller bei tiefrufenden Arten unempfindlicher, das bedeutet Auslösungen kommen unter Umständen nicht zu Stande. Somit besteht die Gefahr, Arten aus den Gattungen *Nyctalus*, *Eptesicus*, *Vespertilio*, *Tadarida* aber auch *Plecotus* gegebenenfalls zu überhören.

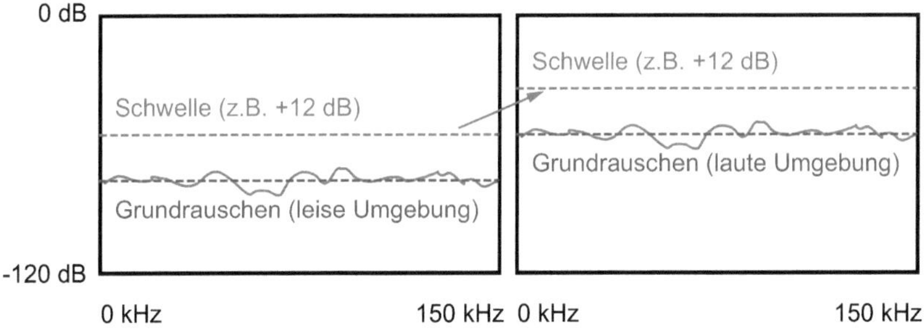

Abbildung 9.5: Bei Verwendung einer adaptiven Auslöseschwelle wirkt sich das Hintergrundrauschen auf die Auslösung aus. Steigt der Schall in der Umgebung an, dann muss automatisch ein auslösendes Signal auch lauter werden.

Das Problem einer variablen oder adaptiven Aufnahmeschwelle ist eine unzuverlässige, nicht immer reproduzierbare Auslösung. In Abhängigkeit der Umgebungs- oder Hintergrundgeräusche verändert der Detektor die Aufnahmeschwelle. Diese wird in Bezug zum Umgebungsrauschen angegeben, auslösende Signale müssen dieses um einen festgelegten Wert überschreiten. Sind zum Beispiel im Sommer Laubheuschrecken aktiv, oder ist der Standort durch andere Geräuschquellen regelmässig „laut", dann müssen auslösende Rufe entsprechend auch lauter sein (Abb. 9.5). Adaptive Schwellen findet man bei den SMxBAT Geräten von Wildlife Acoustics sowie den Batlogger-Modellen (dort: *crest, crest-advanced Trigger*).

Manche Geräte bieten die Möglichkeit nach einer erfolgten Aufnahme eine Totzeit zu aktivieren. So soll die Anzahl Aufnahmen durch einzelne Individuen reduziert werden. Diese Option besteht beim Pettersson D500 (*Minimum time interval to the next recording*) und beim Batlogger (*Trigger-Ignore*). Diese Funktionen müssen beim Einsatz von Geräten im Rahmen von Gutachten oder von Forschungsprojekten deaktiviert werden, da ansonsten einzelne Arten verpasst werden können.

Bei den Einstellungen zur Rufauslösung findet sich bei eigentlich allen Geräten die Möglichkeit einer Frequenzfilterung. Dazu kann man Hochpass (alle Frequenzen darunter werden weg gefiltert) ebenso wie einen Tiefpass aktivieren. Dies ist möglichst nur dann zu nutzen, wenn wirklich manche Frequenzbereiche nicht überwacht werden sollen. Ansonsten verliert man durch falsche Filterwahl die Aufnahmen einzelner Arten.

9.5 Aufnahmequalität und Bestimmung

Steigt man neu in die akustische Erfassung von Fledermäusen ein, muss man sich ein breites Spektrum an Wissen aneignen, um diese Methodik zu verstehen und Anwenden zu können. Häufig besteht zusätzlich Termindruck, für die Beschäftigung mit den verschiedenen Systemen und Techniken ist zumeist kaum ausreichend Zeit. So wird man nicht immer die Folgen der gewählten Technik für die Auswertung und Interpretation der Daten abschätzen können. Das wiederum bedeutet, dass man Angebote erstellt und Kosten plant, die dann nicht unbedingt einzuhalten sind.

Das größte Problem wird sich später in der Auswertung ergeben, wenn die Aufnahmequalität keine oder nur eine unzureichende Bestimmung der Arten erlaubt. Im Hinblick auf Dauermonitoring muss zudem eine automatische Bestimmung möglich sein. Die Qualität der aufgezeichneten Rufe hat dabei sehr großen Einfluss auf die (automatische) Vermessung und Bestimmung. Ist diese auf Grund sehr leiser oder verrauschter Rufe (Echos) nicht sinnvoll möglich, müssen die Aufnahmen manuell ausgewertet werden. Wie bereits beim Vergleich der Methoden in vorhergehenden Kapiteln beschrieben, ist dies ein nicht zu unterschätzender Zeitaufwand. Entscheidend sind die Wahl des passenden Geräts sowie der sinnvolle Einsatz. Die Geräte können mehr oder minder alle gute Aufnahmen erzeugen. Wichtig ist es dabei, den Aufbau und die Einstellungen korrekt zu wählen. Jahrelange Erfahrung zeigt, dass manche Systeme, ohne Optimierung des Aufbaus, häufig nur unzureichend gute Aufnahmen für eine sichere automatische Verarbeitung liefern.

9.5.1 Aufbau und Echos

Jedes Gerät hat Stärken und Schwächen in Bezug auf die Qualität der Aufnahmen. Insbesondere kann eine ungünstige Anbringung des Mikrofons zu schlechten Aufnahmen durch Echos führen (siehe auch Kapitel **Mehrwege-Ausbreitung und Reflexionen**, S. 94 und dort u.a. Abb. 8.7). Neben Reflexionen am Gerät sind auch vertiefte Mikrofone problematisch. Am Rand des Lochs im Gehäuse kommt es zu Streuungseffekten, die sich in ähnlicher Form wie Echos in der Aufnahme als Verrauschung der Rufe zeigen. Viele Geräte müssen daher modifiziert werden, um Echo-freie Aufnahmen zu erhalten.

Beim Aufbau im Feld muss ebenso auf eine Echofreie Umgebung des Mikrofons geachtet werden. Das bedeutet, dass das Mikrofon zum Beispiel nicht in einer Blätterwand oder im Inneren von Nistkästen sitzen darf. Als nicht sinnvoll haben sich ebenso diverse Regenschutz-Vorrichtungen erwiesen. Diese führen zu Echos oder Überlagerungen und die Rufe können manuell nur noch schwer und automatisch nicht mehr sinnvoll ausgewertet werden (siehe auch **Wetterschutz**, S. 126).

9.5.2 Aufnahmestandort

Einen Einfluss auf die Aufnahmequalität und die Bestimmungssicherheit hat auch der Standort der Erfassung. Ursache hierfür sind Ortsbedingte Echos und Störungen. Aber auch untypische Rufe wie

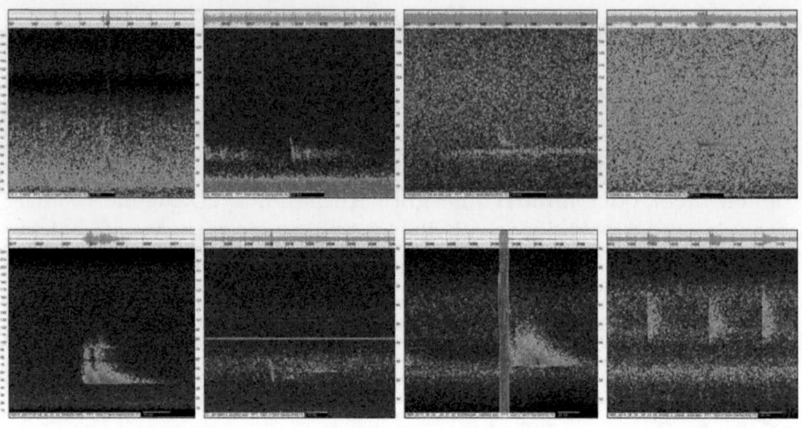

Abbildung 9.6: Manche Geräte liefern bedingt durch den Einbau des Mikrofons oder durch technische Eigenschaften häufig verrauschte Aufnahmen. Die Sonagramme zeigen Rufe, die so dann nur noch bedingt auswertbar sind.

zum Beispiel in oder nahe von Quartieren haben einen Einfluss auf die Aufnahmen und deren Auswertung.

Die beste Hardware kann bei einem Aufbau nahe stark reflektierender Strukturen (zum Beispiel in engen Unterführungen oder im dichten Laub) keine sauberen Aufnahmen produzieren. Daher werden alle Aufnahmen mehr oder minder stark gestört und die Bestimmung wird negativ beeinflusst. Nur durch eine Anpassung des Aufnahmestandorts können dann bessere Ergebnisse erzielt werden. In der Regel erschliessen sich klar störende Strukturen bereits bei einer optischen Kontrolle des Aufbaustandorts. Aber manche der Ursachen für Echos ergeben sich nicht sofort, da zum Beispiel die Flugrichtung der Fledermäuse eine Rolle spielt. Ähnlich störend wirken sich akustische Geräuschquellen nahe des Detektor aus.

Eine andere Fehlerquelle sind untypische Rufe, die die Bestimmungssoftware nicht kennt oder kennen kann. In der Regel trifft dies bei Aufnahmen nahe oder in Quartieren zu. Solche Fehler sind meist unabhängig vom verwendeten System, jedoch sind die Systeme in gewissem Maße unterschiedlich anfällig für diese Fehler.

In jedem Falle kann die manuelle Bestimmung der Aufnahmen noch sinnvolle Ergebnisse liefern, so dass der Einsatz an solchen Standorten nicht zwingend ohne Ergebnisse bleiben wird. Der dafür nötige zeitliche Aufwand darf jedoch nicht unterschätzt werden. Daher empfiehlt es sich solche Standorte nur dann akustisch zu untersuchen, wenn daraus dennoch wichtige Daten erhalten werden, die anders nicht gesammelt werden können.

9.5.3 Empfindlichkeit und Reichweite

Auch die Einstellungen des Geräts beeinflussen die Aufnahmequalität im Hinblick auf die Bestimmung. Meist werden Geräte auf sehr hohe Empfindlichkeit eingestellt, da man möglichst viele Fledermäuse aufnehmen möchte. Dies führt dazu, dass auch sehr leise Rufe, die häufig nur Bruchstückhaft am Mikrofon ankommen, aufgezeichnet werden. Diese müssen dann manuell ausgewertet werden, häufig reicht die Aufzeichnung aber noch nicht einmal hierfür zur sicheren Artbestimmung aus.

Eine höhere Sensitivität wird immer durch eine größere Verstärkung des Signals erreicht. In einem gewissen Bereich ist dies durchaus sinnvoll. Jedoch wird auch immer das Systemrauschen mit verstärkt, so dass sich der Signal-Rausch-Abstand (SNR) effektiv nicht verbessern muss. Rufanteile, die nahe oder im Rauschen liegen, werden dadurch nicht aus dem Rauschen geholt. Hohe Reichweite bedeutet also nicht gleichermassen auch eine bessere Überwachung oder mehr Daten. Es ist sehr viel sinnvoller, die Reichweite soweit zu beschränken, dass eben möglichst viele gute Rufe und möglichst wenige schlechte Rufe gespeichert werden. So wird das Datenrauschen so gut wie möglich und nötig beschränkt. Zu großes Datenrauschen erschwert die Dateninterpretation. Eine hohe Empfindlichkeit kann auch zu einer großen Anzahl an parasitären Aufnahmen (Heuschrecken etc.) führen.

Das bedeutet jedoch im Umkehrschluss nicht, dass die Empfindlichkeit minimiert werden sollte. Viel mehr muss in Abhängigkeit der Fragestellung und der technischen Lösung eine sinnvolle Einstellung gefunden werden. Diese ist stark vom verwendeten Gerät abhängig. Liefert das Gerät sehr klare Aufnahmen auch bei hohen Empfindlichkeiten, können diese in der Regel gut in der Artbestimmung verwendet werden. Somit spricht nichts gegen eine hohe Empfindlichkeitseinstellung. Liegen die Aufnahmen jedoch in schlechter Qualität vor, lassen sich manche Arten nicht mehr bestimmen. Je mehr solcher Aufnahmen erhalten wurden, desto höher ist der Aufwand, das Ergebnis wird jedoch nicht zwingend besser.

Ohne Kalibrierung des Mikrofons ist die Verstärkungswahl generell sehr fraglich. Solange nicht klar ist, wie empfindlich das verwendete Mikrofonindividuum ist, ist die Einstellung der Verstärkung am Gerät reine Geschmacksache. Das am meisten verwendete Mikrofon von Knowles aus der FG-Serie hat eine Auslieferungsschwankung von wenigstens ±3 dB bis zu ±6 dB. Das bedeutet, dass ein Mikrofon mehr als doppelt so empfindlich sein kann als ein anderes. Wird hierfür nicht durch den Hersteller des Geräts korrigiert, ist der Detektor ebenso empfindlicher oder eben unempfindlicher. Vergleichbare Daten können so ebenso wenig erhoben werden, wie eine Angabe zur Reichweite getroffen werden kann.

Die tatsächliche nötige und sinnvolle Empfindlichkeit des Systems leitet sich immer aus der Fragestellung ab. Wie im Kapitel zum **Einfluss der gewünschten Datenqualität** (S. 12) beschrieben, gibt es generell die Erhebung qualitativer oder quantitativer Daten. Daraus sowie aus dem untersuchten Artenspektrum sollte die optimale Sensitivität abgeleitet werden.

9.6 Wetterschutz

Ein immer wiederkehrendes Thema ist der Schutz von Mikrofonen vor Wetterereignissen wie Regen. Bei Dauererfassungen über mehrere Monate an schlecht zugänglichen Standorten soll das Mikrofon möglichst sicher installiert sein ohne unter Wettereinflüssen an Sensitivität einzubüßen. So gibt es diverse Ideen, wie die Mikrofone geschützt werden können. Leider meist mit unerwünschten Nebenwirkungen.

Ein Mikrofon muss so gestaltet sein, dass es Schall gut empfangen kann. Es muss daher direkten Kontakt zur Umwelt haben, aus der der Schall aufgezeichnet werden soll. Dadurch ist es aber automatisch auch Umwelteinflüssen, insbesondere Regen ausgesetzt. Feuchtigkeit ist für jegliche Elektronik auf Dauer ein Problem, sie führt zu Korrosion, Leitungsproblemen und Kurzschlüssen. In Abhängigkeit des Funktionsprinzips und Aufbaus sind Mikrofone unterschiedlich stark empfindlich für Feuchtigkeit. Große Membranmikrofone sind generell empfindlicher als kleine Elektret-Mikrofone. Erstere sind dafür empfindlicher für Schall und weisen meist einen besseren Frequenzgang auf.

Zur Verbesserung des Wetterschutzes existieren diverse Lösungen, die im Folgenden kurz vorgestellt werden. Die Liste erhebt keinen Anspruch auf Vollständigkeit. Die Vor- und Nachteile hier nicht genannter Lösungen lassen sich aber vermutlich an Hand der bestehenden Beschreibungen leicht ableiten.

9.6.1 Schallumlenkung

Eine Lösung des Wetterschutzes wurde zuerst für das Anabat-System entwickelt, ist relativ weit bekannt und wird häufig verwendet. Das generelle Prinzip basiert dabei auf der Schallumlenkung durch eine Platte (siehe Abb. 9.7a).

Das Mikrofon wird in einer Röhre versenkt und nach unten ausgerichtet, so kann es nicht auf das Mikrofon regnen. Unterhalb der Röhre wird in entsprechendem Abstand eine Plexiglasplatte waagrecht oder leicht schräg angebracht. Diese reflektiert von oben kommenden Schall zum Mikrofon, für den es in der Röhre ansonsten unempfindlich ist. Der Schutz des Mikrofons ist damit sehr hoch. Damit einher gehen jedoch starke Veränderungen des Rufs, insbesondere werden Echos an der Platte und in der Röhre produziert, die den Rufverlauf stark stören. So ist eine automatische Vermessung meist unmöglich und auch die manuelle Bestimmung häufig erschwert. Beim Anabat-System fällt das wegen der reduzierten Daten der Nulldurchgangsanalyse weniger auf.

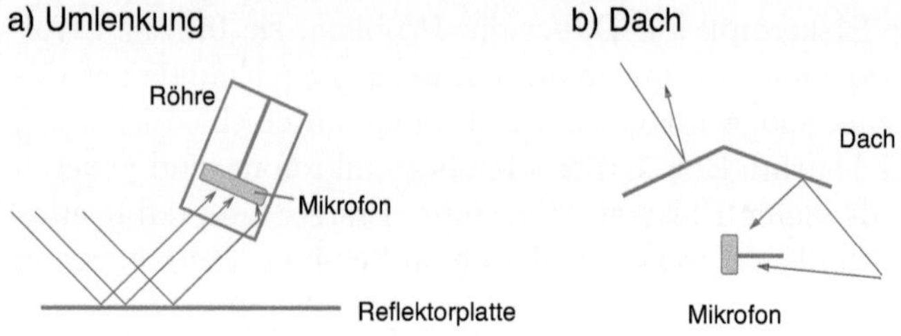

Abbildung 9.7: a) Umlenkung von Schall mittels einer Plexiglasplatte. Das Mikrofon sitzt von oben geschützt vor Regen in einer Röhre. Dieser Aufbau führt zu teils starken Störungen der Rufaufnahme. b) Schutz mittels eines Dachs. Auch hier kommt es zu Problemen mit Echos und ein Teil der Rufe wird ausgeblendet.

9.6.2 Dach über dem Mikrofon

Manchmal sieht man als Lösung ein Dach über dem Mikrofon, das Regen abhalten soll. Dadurch wird aber der Aufnahmebereich räumlich eingeschränkt, das Dach schirmt das Mikrofon teilweise ab (siehe Abb. 9.7b). Zusätzlich erzeugt das Dach auch Echos von Rufen am Mikrofon. Dies führt zu Überlagerung von Echos mit dem Ruf (Interferenzen) und erschwert wie die vorher beschriebene Umlenkung die Rufanalyse. Daher ist dies keine optimale Lösung und sollte nicht verwendet werden.

9.6.3 Versenktes Mikrofon

Um das Mikrofon und den Detektor vor Wettereinflüssen zu schützen, kann man das gesamte Gerät in eine Wetterfeste Box einbauen und schützen. Das Mikrofon wird dann so positioniert, dass es hinter einem Loch des Gehäuses sitzt. Solange dieses Loch nicht in Wetterrichtung zeigt, wird kein Wasser in die Box eindringen. Ergänzt durch einen Gummitrichter kann diese Lösung abgedichtet werden. Das Problem, wie bei den vorherigen Lösungen, ist auch hier der Qualitätsverlust der aufgezeichneten Rufe. Interferenzen durch Echos in der Box, an einem vorhandenen Trichter oder am Lochrand (Beugung) führen zu Rufen, die häufig nicht mehr sinnvoll auswertbar sind.

9.6.4 Schaumstoffhülle

Aus dem Fernsehen kennt man Mikrofone eigentlich nur mit einer Schaumstoffhaube. Diese wird bei hörbarem Schall primär als Windschutz und sekundär auch als Regenschutz verwendet. Manche Ultraschallmikrofone werden daher auch mit solch einem Schutz ausgestattet. Dieser führt - bedingt - immer zu einer Abnahme der Empfindlichkeit, da der Schall durch den Schaumstoff ans Mikrofon gelangen muss. In Abhängigkeit der Feinstruktur ist die Abschwächung unterschiedlich, nimmt für hohe Frequenzen jedoch immer zu. Gegebenenfalls muss die Verstärkung des Geräts erhöht werden, um den Effekt zu kompensieren. Aber die Rufe sollten dennoch Echo-frei ankommen im Gegensatz zu vorher beschriebenen Lösungen (Abb. 9.8a).

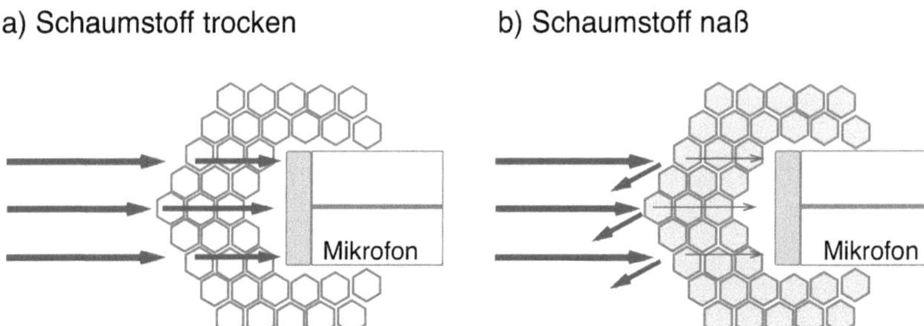

Abbildung 9.8: Mit einem Schaumstoffschutz wird Schall mehr oder minder stark abgeschwächt am Mikrofon ankommen. Ist der Schaumstoff feucht, wirkt er als Reflektor und das Mikrofon ist somit akustisch von seiner Umgebung abgeschirmt.

Katastrophal wirkt sich Schaumstoff jedoch aus, wenn er feucht wird. In diesem Moment blockiert das Wasser, dass sich in den Lücken des Schaumstoffs hält, einen Großteil des Schalls (Abb. 9.8b). Die Empfindlichkeit des Mikrofons sinkt dadurch drastisch. Das bedeutet, nach Regen, auch nur nur einem kurzen Schauer, wird ein so ausgestattetes Mikrofon deutlich unempfindlicher sein. Aber nicht nur Regen führt zu feuchtem Schaumstoff. Auch Nebel oder Tau, der beinahe jede Nacht entsteht, rufen diesen Effekt hervor. Insofern ist der Schaumstoff kein geeigneter Wetterschutz. Zusätzlich zur Blockierung von Schall bei feuchtem Schaumstoff entwickelt sich unter dem

Schaumstoff ein feuchtes Klima. Dieses führt zu einem dauerhaften Defekt des Mikrofons durch Korrosion.

9.6.5 Folie über Mikrofonöffnung

Manchmal wird eine dünne Folie übers Mikrofon gezogen, um dieses zu schützen. Wie bei Schaumstoff führt die Folie zu einer Dämpfung des Schalls. Entsprechend der Folien-Beschaffenheit und des Sitz über dem Mikrofon (stramm, Abstand, ...) ist die Dämpfung mehr oder minder stark. Alleine auf Grund dieser Unsicherheit sollte man von einer Folie Abstand nehmen. Noch viel unangenehmer ist, dass sich unter der Folie ein Treibhausklima entwickeln kann, mit Kondenswasser und hoher Luftfeuchte. Spätestens dann ist solch ein Wetterschutz genau das Gegenteil und wird zu einer schnelleren Alterung des Mikrofons führen. Daher stellt auch dies keinen dauerhaft sinnvollen Wetterschutz dar.

9.6.6 Alternatives Vorgehen zum Wetterschutz

Es scheint, als wäre ein Wetterschutz und die gute Aufnahme von Schall nicht zusammen zu bekommen. Im Prinzip ist das wohl richtig. Dennoch soll bei der Erfassung ein Mikrofon lange überleben, um sinnvoll Daten zu liefern. Der beste Schutz ist die Verwendung eines von vornherein robusten Mikrofons. Mittlerweile bevorzugen zahlreiche Detektor-Hersteller ein Mikrofon der Firma Knowles aus der FG-Serie. Dieses wurde im D240(x) von Pettersson eingeführt, dort aber noch etwas geschützt durch einen Gummitrichter. Als erstes wurde dann am batcorder seit 2007 dieses Mikrofon auch für passive Erfassung ohne besonderen Schutz verwendet. Viele andere Hersteller sind dann Jahre später nachgezogen. Die FG-Serie von Knowles ist durch die Bauweise bereits sehr robust auch gegenüber Wettereinflüssen.

Ein weiterer guter Schutz ist ein von vornherein umsichtiger Aufbau des Mikrofons. Das wichtigste hierbei ist die Ausrichtung nicht in Hauptwetter-Richtung und nicht horizontal zu wählen, so dass kein Wasser auf dem Mikrofon stehen kann bzw. Regentropfen von oben hineinfallen können. Mit einfachen Massnahmen wie einem Schaumstoffring (wenn das Mikrofon in einer planen, senkrechten Fläche sitzt) kann ein zusätzlicher Schutz gegeben werden (wie bei den meisten Mikrofonen in Windenergie-Gondeln).

Auch wenn das Mikrofon robust ist oder geschützt verbaut wurde, sollte es dennoch regelmässig getestet werden. Nur so können Änderungen der Empfindlichkeit zeitnah festgestellt und ausgeglichen werden. Es ist dann zwar ärgerlich, wenn ein Mikrofon wegen Wetterbedingten Schäden getauscht werden muss, aber man kann gewährleisten, dass die Erfassung korrekt weiterläuft.

10 Interpretation der Ergebnisse

Werden akustische Daten erhoben, stellt sich immer die Frage, wie diese zu bewerten sind. Bei anderen Artengruppen können häufig absolute Zahlen und damit Populationsgrößen ermittelt werden. Insofern basieren zahlreiche ökologisch relevante Berechnungen auf der Anzahl Individuen. Auch im Artenschutz gilt in der Regel ein Schutz des Individuums.

Da bei der akustischen Erfassung nicht zwischen Individuen unterschieden werden kann, ist eine Quantifizierung in Form einer Individuenzahl nicht möglich. Die gemessene Aktivität je Art kann von einem oder mehreren Tieren verursacht worden sein. Viele Diversitätsmaße, Gefährdungsabschätzungen sowie Nutzungsanalysen des Habitats basieren jedoch auf absoluten Individuenzahlen. Für die Interpretation der Ergebnisse akustischer Erfassungen können diese nicht direkt angewendet werden, es müssen relative Aktivitätsmaße genutzt werden. Es existieren verschiedene Ansätze, um die erhobenen Daten zu bewerten. Durch Wahl der passenden Erfassungstechnik sind dann qualitative und semi-quantitative Aussagen möglich. Insbesondere in der Landschaftsplanung werden solche Wertungen benötigt, um Eingriffe zu beurteilen.

10.1 Generelle Probleme

Die Beschreibung von Aktivität hat meist auch das Ziel eine Wertung vorzunehmen. Unabhängig der in diesem Kapitel vorgestellten Indizes ergeben sich durch das Verhalten der Tiere und die allgemein-gültigen

Limitierungen der Technik diverse Probleme. Nicht immer lassen sich diese lösen durch zum Beispiel erhöhte Untersuchungshäufigkeit oder größeren Untersuchungsaufwand.

10.1.1 Kein Negativnachweis

Ein generelles Problem ökologischer Untersuchungen ist die Bewertung von Negativnachweisen. Wird eine Art nicht durch die angewendete Methodik nachgewiesen, muss dies nicht zwingend gleichbedeutend mit dem Fehlen der Art im Lebensraum sein. Jede Methode hat eine spezifische Effektivität in Bezug auf die Nachweisbarkeit von Arten. Das Verhalten und die Ökologie der untersuchten Arten spielen dabei eine große Rolle. Niemand würde Tagsüber mit einem Detektor nach Fledermäusen suchen. Die Wahrscheinlichkeit einzelne Tiere anzutreffen geht gegen Null.

Um eine Art akustisch nachzuweisen, muss diese im Detektor gehört oder digital aufgezeichnet werden. Damit muss sich das Tier innerhalb der Detektionsreichweite aufhalten. Somit steigt die Effektivität der Methode mit zunehmender Empfindlichkeit des Detektors. Jedoch ist die Detektion als solches nicht ausreichend, wenn eine Artbestimmung durchgeführt werden soll. In diesem Falle muss die Aufnahme eine ausreichende Qualität besitzen, um auch die Art erkennen zu können (siehe auch **Einfluss der gewünschten Datenqualität**, S. 12).

Arten, die sehr häufig sind, sehr laut rufen und kleinräumig mobil jagen, sind generell leichter nachzuweisen. Laute Rufe tragen weit, häufiges Auftreten und hohe Mobilität erhöhen die Wahrscheinlichkeit, dass ein Tier am Mikrofon vorbeifliegt. Jeder dieser Faktoren für sich einzeln betrachtet erhöht die Nachweisbarkeit jedoch nicht. Ist eine Art sehr häufig, ruft aber sehr leise, dann wird sie dennoch leicht überhört. Ein typisches Beispiel dafür ist die Gattung *Plecotus*, die ihre Beute meist mittels passiver Ortung sucht. Diese sind jedoch an zahlreichen Standorten vermutlich häufig vertreten. Eine laute Art, die aber sehr selten ist, wird ebenso nur selten detektiert. Schwierig ist auch die Detektion einer lauten Art, die hochmobil ist, aber auch einen großen Aktionsradius besitzt. Solche Arten treten in der Regel nur in geringer Dichte in der Landschaft auf und sind damit ebenso wie seltene Arten häufig nur schwer zu detektieren. Hochmobile Arten wie die Zweifarbfledermaus werden vermutlich wegen ihrer Seltenheit in vielen Teilen Deutschlands kaum nachgewiesen. Erschwerend kommt bei dieser Art die unsichere Rufbestimmung hinzu. Aber auch Arten wie der Große Abendsegler sind in der Landschaft entfernt vom Quartier auf Grund ihres großen Aktionsraumes nicht immer leicht nachzuweisen. Neben der Quartiernähe wirken sich auch nahrungsreiche Gewässergebiete als positiv für den Nachweis aus (Bruckner (2015)).

Es lässt sich basierend auf den genannten Faktoren Ruflautstärke und Sicherheit der Artbestimmung eine Liste solcher Arten zusammenstellen, die im Rahmen akustischer Untersuchungen schwierig zu erfassen sind. Somit kann für diese Arten zwar ein Positivnachweis erfolgen, jedoch sind weiterführende Analysen der akustischen Aktivitätsdaten dieser Arten nur bedingt oder gar nicht möglich. Diese Arten sind

- *Plecotus* - alle Arten

- *Myotis bechsteinii, Myotis emarginatus* und bedingt *Myotis myotis, Myotis brandtii, Myotis mystacinus, Myotis daubentonii* und *Myotis dasycneme*

- *Rhinolophus* - alle Arten

- *Vespertilio murinus*

Somit ist aber auch ein Negativnachweis nicht immer gleichzusetzen mit dem Fehlen der Art im Untersuchungsgebiet. Vielmehr muss hinterfragt werden, ob die Erfassungsmodalitäten ausreichend waren, um einen positiven Nachweis zu erbringen. Bereits im Kapitel **Ermittlung der Biodiversität** (S. 27) wurde am Beispiel eines Standorts mit Dauererfassung gezeigt, dass die mittlere Anzahl Arten je Nacht eher gering ausfällt. Das gezeigte Beispiel ist natürlich nur eine Anekdote, jedoch zeigt der Vergleich mit anderen Erfassungen im Offenland, dass dies wohl der Normalität entspricht. Betrachtet man die Anzahl Aufnahmen je Nacht, zeigt sich eine ähnliche Verteilung (Abb. 10.1). In vielen Nächten ergeben sich nur wenige Aufnahmen. Nur in einzelnen Nächten erhält man höhere Aufnahmezahlen. Dies lässt sich am einfachsten mit einer Dauererfassung ermitteln.

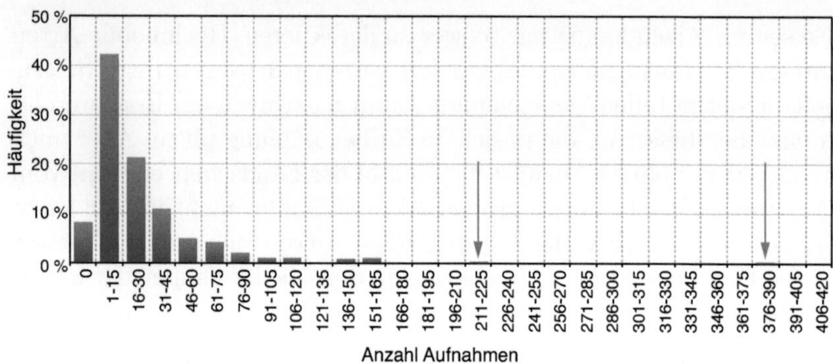

Abbildung 10.1: Die gezeigten Daten wurden an vier Standorten im Rahmen von Dauermonitoring (identische Erfassungsmodalitäten) an Offenlandstandorten erhoben. Es gingen insgesamt 773 Nächte ein. Die mittlere Anzahl Aufnahmen betrug 29. Die Pfeile weisen auf schwach besetzte Klassen hin.

Eine häufige Frage ist daher, wie viele Erfassungen denn nötig sind, um einen Negativnachweis zu erbringen. Eine generelle Antwort auf diese Frage ist nicht möglich. Das Artenspektrum entscheidet ebenso wie die Einstellungen des Detektors und der genaue Standort des Detektors. Manche Arten wie die Zwergfledermaus werden sehr leicht erfasst und sind in der Regel bereits nach wenigen Tagen dokumentiert. Aber auch die Zwergfledermaus wird an einem Standort mitten in einer Agrarlandschaft ohne Strukturen unter Umständen nur zu gewissen Witterungsbedingungen, zu gewissen Ereignissen wie kurzfristigen Insektenkalamitäten oder zu gewissen Zeiten wie Wanderung auftreten. Wird zur falschen Zeit erfasst, gelingt noch nicht einmal der Nachweis einer solchen Art. Es ist daher geboten bei der Bewertung von Standorten vom echten Negativnachweis abzusehen. Dauererfassungen, wie sie im Rahmen der Windkraftplanung mittlerweile als Standard gelten, erlauben bei ausreichender Laufzeit noch die besten Aussagen. Begehungen in wenigen Nächten können nicht die selbe Aussagekraft erreichen. Aus der Abbildung 10.1 geht hervor, dass in beinahe 10 % aller Nächte keine Aufnahmen erhalten wurden. Etwa die Hälfte aller Nächte wies 15 oder weniger Registrierungen auf.

10.1.2 Mittelwerte

Die erhobenen Daten einzelner Arten werden häufig als Mittelwert in Gutachten übernommen. Man liest dann zum Beispiel von *2 Aufnahmen im Mittel je Nacht* oder *0,5 Sekunden Aktivität je Nacht im Mittel.* Dabei wird dann in der Regel das arithmetische Mittel über alle Erfassungsnächte berechnet. Dieser Mittelwert gibt an, wie häufig oder selten Aktivität verzeichnet wurde. Wenigstens wird dies dann meist so interpretiert, auch wenn es aus statistischer Sicht nicht zwingend korrekt sein muss beziehungsweise wenn die Aussage nicht unbedingt so getroffen werden kann.

Bei der Bildung und Interpretation von Mittelwerten muss immer die Verteilung der Daten berücksichtigt werden. Bei normalverteilten Daten kann über die Angabe des arithmetischen Mittel häufig eine Bewertung der Daten getroffen werden. Liegt keine Normalverteilung vor, muss die Verteilung und gegebenenfalls auch der Mittelwert genauer beschrieben werden. Durch die Schiefe der nicht normalen Verteilung ändern sich relevante statistische Eigenschaften. Die im Rahmen von akustischen Erfassungen erhobenen Daten sind in der Regel nicht normalverteilt. Sie lassen sich jedoch als Zählereignisse betrachten und mit einer Poisson-Verteilung abbilden. Gegebenenfalls ist auch eine Lognormal-Verteilung eine gute Annäherung, wie aus der Abbildung 10.2 an einem Beispieldatensatz hervorgeht. Üblicherweise werden akustische Daten einen hohen Anteil niedriger Aktivitäten mit Ausreissern zu extrem hohen Werten aufweisen. Dies macht die Anwendung zahlreicher statistischer Werkzeuge schwierig.

Dabei können die Daten auch Artabhängig teils große Unterschiede in der Verteilung aufweisen. Der Standort hat dabei ebenso wie die Ökologie der Arten einen Einfluss auf die erhaltenen Daten. Abbildung 10.3 zeigt die Minuten mit Aktivität ermittelt an zwei Standorten für vier Arten. Durch die log-Transformation wird die Darstellung der Daten verbessert.

Ein Mittelwert stellt immer einen Schätzer dar, da er nicht für die Grundgesamtheit der Daten berechnet wird, sondern auf einer Stichprobe beruht. Wie der Mittelwert zu beurteilen ist, hängt dabei stark von der Verteilung der Daten ab. Sind diese nicht normalverteilt,

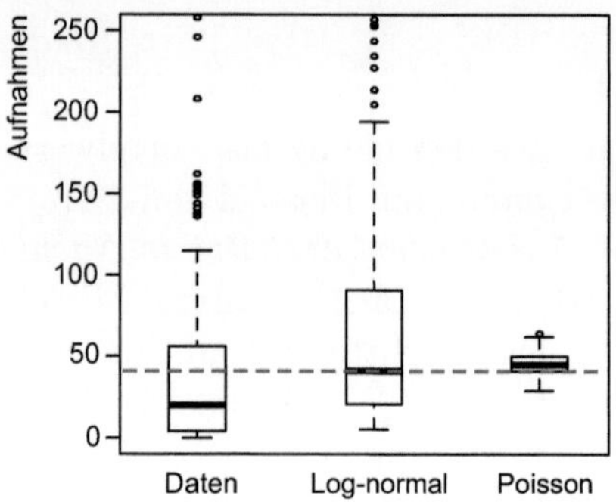

Abbildung 10.2: Die tatsächliche Verteilung (links) von akustisch ermittelter Aktivität in 202 Nächten im Vergleich zu einer Log-normal-Verteilung und einer Poisson-Verteilung mit selbem Erwartungswert (gestrichelte Linie).

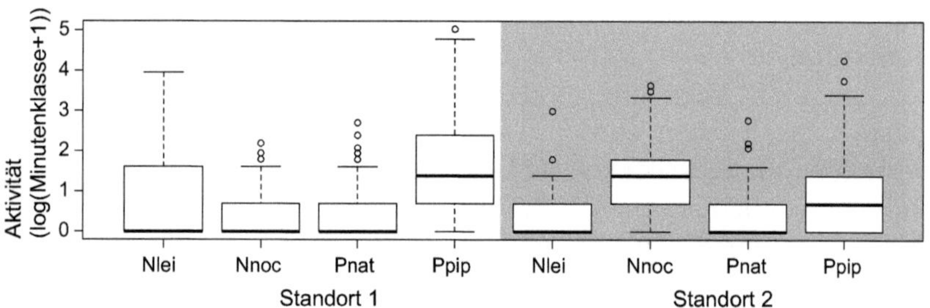

Abbildung 10.3: Die Abbildung zeigt Daten aus 189 Nächten zweier Dauererfassungen aufgetrennt nach Arten. Aufgetragen ist die logarithmierte Aktivität in Minutenklassen.

fallen einige der üblichen Statistiken aus. Ein weiteres Problem stellen die Negativnachweise, also 0-Werte, für den Mittelwert dar. Es muss abgewogen werden, ob dies echte Nullen sind und bei der Mittelwertberechnung einbezogen werden oder ob es sogenannte NA (*not available*, fehlende Werte) sind. Diese dürfen bei einer Mittelwertsberechnung nicht einbezogen werden. Wie im Kapitel 10.1.1 beschrieben, ist diese Unterscheidung nicht trivial. Fehlen Daten, da eine Art zum Beispiel bedingt durch ihr Wanderungsverhalten nicht immer anwesend ist, muss dies bei der Mittelwertbetrachtung berücksichtigt werden, wenn die Aktivität im Hinblick auf eine Gefährdung beschrieben wird. In der Abbildung 10.3 stellt die Rauhhautfledermaus (Pnat) solch einen Fall dar. Im Untersuchungsgebiet ist sie in der Regel während der Wanderungszeit vertreten, ansonsten fehlt sie beinahe gänzlich. Dadurch verschiebt sich die Verteilung gegen die Null. Ausreisser entstehen dann durch die Tage mit höherer Aktivität während der Wanderungszeit.

Mittelwerte machen daher in der Regel keinen Sinn bei wenigen Begehungsterminen. Wird zum Beispiel im Rahmen von 10 Begehungen im Jahresverlauf Aktivität ermittelt, dann spielen einzelne Ausreisser eine sehr große Rolle. Es sollte daher immer gut überlegt werden, ob denn ein Mittelwert eine bedeutende Aussage erlaubt, oder ob es sich auf Grund der Datenlage nur um einen schlechten Schätzer handelt.

10.1.3 Kein direkter Vergleich von Arten

Unterschiede der Jagdweise und des Ortungsmodus verhindern einen direkten Vergleich von Ergebnissen zwischen unterschiedlichen Arten. Die Ruflautstärken, frequenzabhängige Reichweite der Signale (Abb 10.4), aber zum Beispiel auch die Rufabstände haben einen starken Einfluss auf die erhaltenen Daten. Darüber hinaus entscheidet das Jagdverhalten über die Häufigkeit der Aufzeichnung. Die Sensitivität der Methoden, also wie sicher und vergleichbar werden Rufe erfasst, ist unterschiedlich hoch für die verschiedenen Arten.

Daher dürfen alle Aktivitäts-Indizes nur jeweils für eine Art angewendet werden, um die Aktivität zwischen Standorten oder einzelnen Nächten zu vergleichen. Ein direkter Vergleich zwischen den Arten ist in der Regel nicht möglich. Um dennoch zum Beispiel die Ergebnisse Art-übergreifend zu betrachten, müssen abgeleitete Werte herangezogen werden (z. B. prozentuale Nutzung von Standorten durch eine Art). Jedoch spielen solche Vergleiche beinahe nur in wissenschaftlichen Untersuchungen eine Rolle. In der Eingriffsplanung werden üblicherweise Arten oder gegebenenfalls Gruppen für sich getrennt von anderen behandelt.

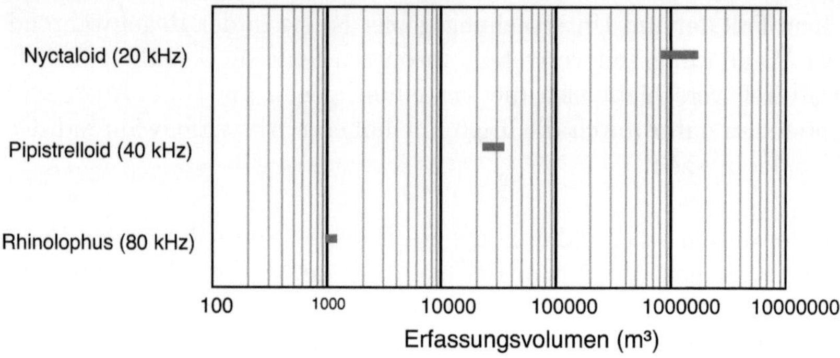

Abbildung 10.4: Die Erfassungsvolumen gezeigt für drei Artengruppen unterscheiden sich deutlich. Die Volumen basieren auf Berechnungen von Jens Koblitz unter Berücksichtigung der Schallausbreitung. Dabei wurden relative Luftfeuchten von 38 % bis 86 % sowie Temperaturen von $17,5$ °C bis $27,8$ °C berücksichtigt (1. Juli 2015, Messdaten für Konstanz). Als Ruflautstärke war 115 dB SPL in 1 m Abstand gewählt. Das Volumen wurde als Hemisphäre berechnet.

10.1.4 Kategorische Bewertung

In der Praxis wird häufig zwischen keiner, niedriger, mittlerer und hoher Aktivität unterschieden. Einzelne Bearbeiter haben dafür selbst entwickelte Skalen mittels derer dann die Anzahl Aufnahmen je Stunde oder Nacht einer Bewertung unterzogen werden. Meist wird dafür nicht zwischen Arten unterschieden, das heisst die selbe Skala wird für alle Arten verwendet. Dabei muss bedingt durch die Jagdweise, die Ruflautstärke und die Mobilität der einzelnen Arten eigentlich eine differenziertere Betrachtung durchgeführt werden. Daneben entscheidet auch die Art des Eingriffs darüber, welche Skala sinnvoll ist. Darüber hinaus basieren die Werte-Bereiche auf Erfahrungswerten der Bearbeiter. In wie weit diese aber adäquat für die jeweilige Anwendung sind, geht meist nicht aus den Berichten hervor. Da jeder Bearbeiter eigene Aktivitätsklassen bildet, ist ein Vergleich zwischen Untersuchungen ebenso sehr schwer.

Generell sollte eine Bewertung der Aktivität nicht rein auf den direkten Zahlenwerten eines Index beruhen, sondern auch zeitliche und gegebenenfalls räumliche Aktivitätsmuster berücksichtigen. Werden zum Beispiel 500 *Aktivitäten* des Großen Abendseglers im Jahr erfasst, dann mag das auf Tage umgerechnet wenig sein. Wenn diese aber in wenigen Tagen entstanden sind, oder aber nur wenige Tage eine Erfassung durchgeführt wurde, kann diesen auch eine besondere Bedeutung im Rahmen eines Vorhabens zukommen.

10.1.5 Mobilität und Opportunismus

Die Auswirkung des Erfassungs-Standorts auf die erhaltenen Daten wird unter anderem im Kapitel 10.2.1 (Abbildung 10.7) betrachtet. Generell gilt, dass Fledermäuse hochmobil sind und sich opportunistisch verhalten können. Das bedeutet, Nahrungsansammlungen, die zufällig in der Landschaft bestehen, werden von Fledermäusen ausgebeutet. Durch ihre Mobilität können sie diese innerhalb ihres Aktionsraumes leicht aufsuchen. Insbesondere Arten, die im freien Luftraum, also ohne enge Strukturbindung jagen, werden sich opportunistisch verhalten und große Streifgebiete nutzen. Das hat Implikationen bei der Bewertung von Aktivität. Die erhaltenen Aktivitätszahlen können dadurch verfälscht sein, da die Erfassung am *falschen* Standort durchgeführt wurde. Wird über einen langen Zeitraum - im Idealfall mehrere Wochen - erfasst, sollte sich dieser Fehler herausmitteln. Erfassungen in einzelnen Nächten müssen jedoch nicht zwingend schon ein qualifiziertes Bild ergeben.

Die Mobilität hat auch eine weitere Implikation auf die Bewertung von Aktivität. Bei den Fledertieren können Quartier und Jagdhabitat räumlich deutlich getrennt sein. Sie müssen dann vom Quartier zum Jagdhabitat eine gewisse, teils auch größere Strecke zurücklegen. Bei manchen Arten findet man daher sogenannte Flugstrassen, die von vielen Tieren des Quartiers genutzt werden. Diese lassen sich recht einfach erkennen. Aber solche Flugstrassen werden nicht immer genutzt, die Tiere fliegen auch auf individuellen Wegen ins Jagdhabitat. Weiterhin kann ein saisonaler oder Quartier-funktionaler Einfluss bestehen. Auch, wenn ein Quartierverbund besteht, können die Individuen über weitere Flugstraßen in die Nahrungshabitate gelangen.

Nutzt nun ein Aktivitätsindex zum Beispiel auch die Anzahl *final-buzz* Rufe, dann werden solche festen Flugrouten unter Umständen abgewertet. Die Funktion Flugstrasse also solche kann nicht erkannt werden, das Fehlen von Jagdrufen wertet den Standort zusätzlich ab. Dennoch spielt der Standort für einzelne Individuen trotzdem eine große Rolle, um überhaupt ins Jagdgebiet zu gelangen.

Die Mobilität und das opportunistische Verhalten sollte bei der Bewertung immer berücksichtigt werden. Beides lässt sich zwar nicht messen, wird aber immer existieren. Bei der Bewertung von Eingriffen sollte daher nicht zu viel Wert auf einen Index gelegt werden, der dann unter Umständen wichtige Standorte nicht erkennen lässt. Das führt zur Beeinträchtigung von Individuen, die vielleicht vermeidbar wären. Durch lange Erfassungsreihen oder Dauermonitoring lassen sich solche Fehlentscheidungen leichter vermeiden. Durch eine große Datenmenge können auch solche Standorte besser in Bezug auf ihre Bedeutung interpretiert werden, indem zum Beispiel zeitliche Muster oder eine Stetigkeit berücksichtigt werden.

10.2 Quantifizierung der Aktivität - gleiches Aufnahme-System

Im Folgenden werden einige Aktivitätsmaße beschrieben, die jedoch alle stark von der verwendeten Technik abhängig sind. Für einen Technik-übergreifenden Vergleich eignen sich die folgenden Indices nur bedingt. Manche Aufnahmelösungen sind generell ungeeignet für manche der beschrieben Indices. In Bezug auf die Eignung als Aktivitäts-Maß unterscheiden sich die im Folgenden vorgestellten Indices teils deutlich.

10.2.1 Anzahl Aufnahmen

Die Anzahl an Aufnahmen ist ein einfaches Maß, für die Häufigkeit von „Fledermauskontakten". Häufig wird die Aufnahmezahl vereinfacht mit der Kontaktzahl gleichgesetzt, was jedoch eigentlich nicht korrekt ist. Die Aufnahmezahl wird durch die Technik, aber auch das Verhalten der Fledermäuse beeinflusst. Sie ist definiert durch die Zeitspanne, bevor eine neue Aufnahme als eigene Sequenz (=

Aufnahme-Datei) gespeichert wird. Die Ergebnisse der unterschiedlichen Aufnahmesysteme können sich hierbei stark unterscheiden.

Manche der verfügbaren Geräte erlauben nur die Vorgabe einer konstanten Aufnahmelänge. Somit wird nach Auslösung immer eine Aufnahme festgelegter Länge erstellt. In Abhängigkeit der eingestellten Aufnahmelänge ergeben sich dann mehr oder weniger viele Aufnahmen. Die Anzahl der Aufnahmen ist dabei negativ korreliert mit der gewählten Aufnahmelänge. Je länger diese feste Zeit gewählt ist, desto weniger Aufnahmen werden in der Regel erstellt. Ohne eine genaue Angabe der gewählten Aufnahmelänge kann diese Anzahl in einem Bericht oder Gutachten nicht interpretiert werden.

Andere Systeme starten die Aufnahme, sobald ein Fledermaus-Ruf erkannt wird und stoppen, wenn für eine wählbare Zeit kein weiterer Ruf festgestellt wurde. Die minimal nötige Pause zwischen zwei Sequenzen (definiert z. B. durch den am Gerät eingestellten Posttrigger) beeinflusst hierbei dann die Menge an Aufnahmen. Bei kurzen Zeiten ergeben sich mehr Aufnahmen.

Werden die Daten in statistischen Auswertungen weiterverwendet, muss auch bei der Verwendung typ-/baugleicher Aufnahmegeräte mit Bedacht gearbeitet werden. Es muss sicher gestellt werden, dass die Aufnahmen alle mit identischen Einstellungen erhalten wurden. Ansonsten sind die ermittelten Aktivitätszahlen nicht für Vergleiche geeignet. Durch andere Einstellungen werden unterschiedliche Aufnahmezahlen ermittelt. Sinnvolle Technikübergreifende Vergleiche basierend auf der Aufnahmezahl sind daher eigentlich nicht möglich.

Die Abbildung 10.5 zeigt die Auswirkung eines Systems mit fünf bzw. 60 Sekunden Aufnahmelänge im Vergleich zu einem variablen System mit 600 ms maximaler Rufpause. Je größer die fixe Aufnahmedauer, desto stärker wird das Ergebnis im Vergleich zu rufgesteuerter Aufnahme oder kurzer Aufnahmelänge streuen. Für einen Vergleich solch unterschiedlich erhobener Daten ist es jedoch nötig, dass das Verhältnis einen festen Wert hat. Im Beispiel schwankt es zwischen 40 % und 90 % der „tatsächlichen" Aktivität. Somit eignet sich bei solchen System die Aufnahmezahl nicht für eine vergleichende Diskussion von Aktivität.

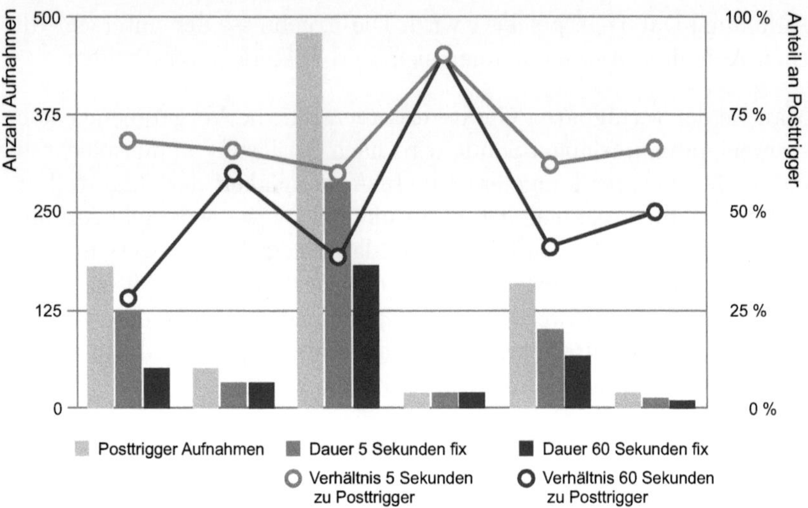

Abbildung 10.5: Aufnahmezahlen ermittelt mit einem Gerät variabler Aufnahmelänge (max. Rufpause 600 ms) im Vergleich zu Aufnahmezahlen bei fixer Aufnahmelänge (5 Sekunden und 60 Sekunden). Bei langer Aufnahmelänge streuen die Ergebnisse stark, wie die prozentuale Auswertung im Vergleich zum Gerät variabler Aufnahmelänge zeigt.

Aber auch bei Verwendung des selben Geräts kann durch unterschiedliche Einstellungen eine andere Aufnahmezahl erhalten werden. Am Beispiel des batcorders soll dies an Hand unterschiedlicher Posttrigger-Werte verdeutlicht werden. Dieser Wert gibt die Rufpause an, ab der eine neue Aufnahme angelegt wird.

Angenommen im Habitat fliegt ein Kleinabendsegler mit Rufintervallen von 300ms. Das Tier fliegt in einer Nacht zehn-mal am Standort, und es werden jedes Mal sieben Rufe aufgezeichnet (siehe Abb. 10.6). Beim Posttrigger 200 ms ergeben sich daraus 70 Aufnahmen, da die Rufintervalle größer als der Posttrigger sind und so je Ruf eine Aufnahme entsteht. An einem zweiten Standort verhält sich die Fledermaus identisch, aber der Posttrigger des Geräts ist auf 400 ms gesetzt. Hier ergeben sich sieben Aufnahmen. Folglich würde in einer Auswertung der erste Standort sieben-fach besser bewertet werden, wenn die Aufnahmezahl genutzt wird.

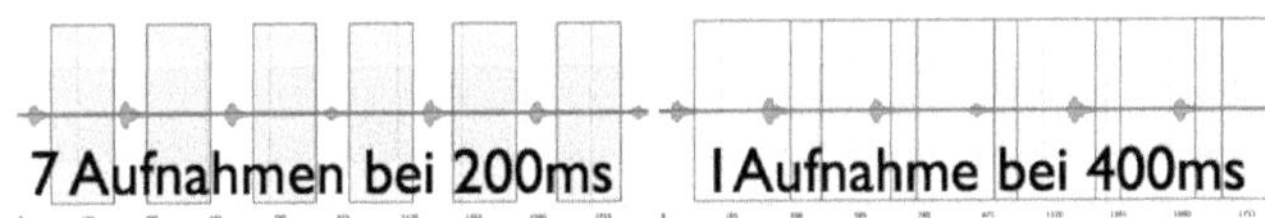

Abbildung 10.6: Auswirkung der Posttrigger-Einstellungen 200ms und 400ms auf die Anzahl Aufnahmen bei einer Rufsequenz des Kleinabendsegler. Sieben Rufe in einer Sequenz ergeben in einem Fall sieben und bei längerem Posttrigger nur eine Aufnahme.

Bearbeitet man nur identisch erhobene Daten, ist das also kein Problem. Werden Daten jedoch aus Unwissenheit mit anderen Einstellungen ermittelt (z. B. Aufnahmelänge), kommen falsche Ergebnisse heraus. In der Praxis kann dies zum Beispiel sehr leicht beim Gondel-Monitoring nach BMU-Vorgaben passieren. Dort ist ein Posttrigger von 200 ms nötig. Wurde aber 400 ms oder 600 ms im Betrieb verwendet, dann wird die Aktivität und in diesem Falle der Fledermausschlag deutlich unterschätzt.

Für Vergleiche der Ergebnisse verschiedener Aufnahmesysteme oder verschiedener Einstellungen sind die Anzahl Aufnahmen daher immer ungeeignet. Aber auch das Verhalten der Fledermäuse und der genaue Standort des Geräts beeinflusst die Aufnahmezahl, so dass diese als Aktivitätsmaß mit Vorsicht genutzt werden sollte. Die Fledermaus kann zum Beispiel am Standort der Erfassung jagen, aber sich durch die Flugbewegungen entfernter oder näher am Gerät aufhalten. Dadurch erzeugt sie bereits eine unterschiedliche Anzahl an Aufnahmen und es ergeben sich unterschiedliche Aktivitäten. Ebenso entscheidet damit auch der Standort des Geräts über die Anzahl der Aufnahmen. Die Abbildung 10.7 verdeutlicht dies an einem einfachen Beispiel. Es ergibt sich die 5-fache Aktivität wenn nur die Anzahl der Aufnahmen verglichen wird. Die Fledermaus hat sich dabei für eine kurze Zeitspanne zur Jagd aufgehalten.

Die Aufnahmezahl als Aktivitätsmaß wird häufig verwendet. Sicherlich weil sich diese sofort - bereits im Feld beim Ablesen des Displays - ergibt. Es ist keine Umrechnung erforderlich. Wird dieses Maß richtig verwendet, dann ergeben sich auch keine Probleme. Die Angabe der Anzahl Aufnahmen je Standort zum Beispiel ist noch nicht falsch. Und hohe Aufnahmezahlen bedeuten in der Regel auch immer hohe

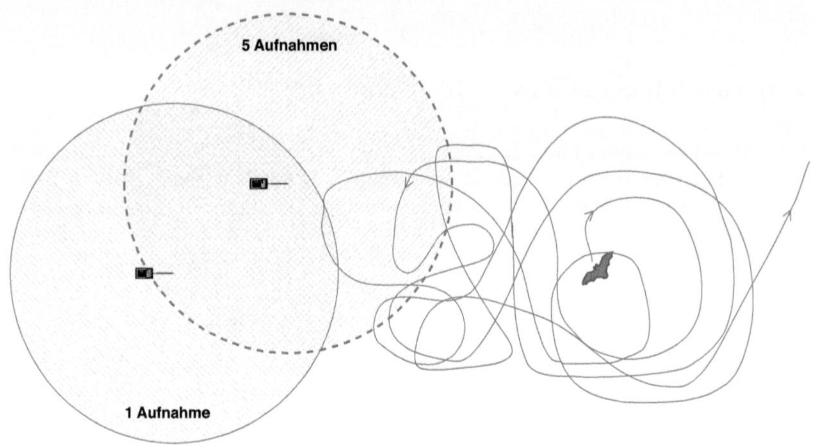

Abbildung 10.7: Die Aufnahmezahlen ermittelt mit zwei Geräten mit identischen Eigenschaften unterscheiden sich bereits potenziell durch den Standort des Geräts.

Aktivität. Nur darf eben kein Vergleich basierend auf Aufnahmezahlen getroffen werden. Noch gilt der Umkehrschluss, dass wenige Aufnahmen auch zwingend wenig Aktivität bedeuten. Moderne Programme erlauben die Ausgabe alternativer Aktivitätsangaben, ohne dass dafür die Daten aufwendig manuell umgerechnet werden müssen.

Einigermassen gut funktioniert die Aufnahmezahl immer dann, wenn sich die Tiere durch ihr Verhalten immer auch nahe des Aufnahmestandorts aufhalten und reproduzierbar zu Aufnahmen führen. Dies ist zum Beispiel an Engstellen von Flugstrassen der Fall.

10.2.2 Anzahl Kontakte

Eine Möglichkeit der Bewertung ist die Nutzung der Anzahl Kontakte. Die Anzahl an Kontakten ist ein Maß für die Fledermausaktivität. Steht man mit dem Mischerdetektor im Feld, dann zählt man als einen Kontakt jede Fledermaus, die man getrennt von anderen hört. Das heisst, die Fledermaus fliegt in den Erfassungsbereich und verlässt ihn wieder. Man hört eine Folge von zusammenhängenden Ortungslauten. Dabei wird nicht zwischen Individuen unterschieden. Also kann auch ein einzelnes Tier mehrere Kontakte erzeugen. Steht man selber mit dem Detektor im Feld, kann man häufig erkennen, ob ein neues Tier (z. B. auf einer Flugstrasse) oder das selbe Tier (bei der Jagd) gehört wird. Nun ist das aber ein sehr subjektives Maß und jeder wird zu einer anderen Bewertung kommen. Da das keine brauchbaren Ergebnisse liefert, ist es notwendig, sich auf eine feste Pausenlänge zu einigen.

Im Hinblick auf eine objektive Zählung ist eine kurze Pause zwischen neuen Kontakten optimal. Je länger die Pause, desto komplizierter ist die Anwendung. Bei längeren Pausen sollte man nicht mehr von Kontakten, sondern von Aktivität je Zeiteinheit sprechen. Daher ist eine kurze Pause besser, um Kontakte zu beschreiben. Sie sollte sich sowohl technisch als auch manuell (im Feld!) leicht messen lassen. Ein durchführbarer Wert ist eine Sekunde Pause. So lassen sich auch Flugstrassen untersuchen. Es ergibt sich in der Regel noch ein Kontakt je durchfliegendem Tier. Jagende Tiere erzeugen dann vielleicht viele Kontakte, aber die wichtige Funktion des Standorts wird dann auch entsprechend abgebildet. Im Idealfall kann man so Kontakte für jede Art getrennt zählen.

Die Kontakt-Zählung ist in der Praxis nicht immer leicht durchzuführen. Bereits mit dem Detektor und höherer Aktivität, d.h. u.U. mehrere Arten die gleichzeitig fliegen, ist es schwer Kontakte zu zählen. Außerdem steht man ja nicht immer selber mit dem Detektor draußen, häufig übernimmt ein automatisches Aufnahmegerät diese Aufgabe. Bei den automatischen Systemen gibt es zahlreiche Unterschiede in Bezug auf die Aufnahmesteuerung. Manche Geräte starten und stoppen die Aufnahme durch die Anwesenheit von Fledermausrufen. Solche zählen bereits mehr oder minder gut Kontakte nach obiger Definition. Anderen Systeme zeichnen immer ab Auslösung für eine feste Zeitspanne auf. Das kann dazu führen, dass ein Kontakt in mehrere Aufnahmen zerlegt wird. Ebenso können in einer Aufnahme mehrere Kontakte nach obiger Definition beinhaltet sein. Um also Kontakte zu berechnen, müssen die Aufnahmen manuell auf Pausen untersucht werden.

Häufig findet sich die Kontaktzahl in Gutachten wieder. Auch in Winderlassen, wie z. B. aus Brandenburg. Jedoch gibt es – eben z. B. auch in dem genannten Winderlass – keine Definition von Kontakten. Dadurch ist es legitim, das Aufnahmegerät auf 30 Minuten Aufnahmedauer zu setzen und dann eine Aufnahme als Kontakt zu zählen. Wird einfach nur so von Kontakten gesprochen, ohne dass es eine Definition gibt, ist das nicht weiterführend.

Da sich die Kontaktzahl generell nicht stark von der Aufnahmezahl unterscheidet, sind alle Kritikpunkte in Bezug auf eine Vergleichbarkeit von Daten auch für die Kontaktzahl gültig.

10.2.3 Anzahl Sekunden

Ein gutes Maß für die Nutzungsintensität eines Standorts durch Fledermäuse ist die dortige Aufenthaltsdauer. Das bedeutet, wie viele Sekunden oder Minuten wurden zum Beispiel je Nacht von einer Art oder Gattung insgesamt aufgezeichnet. Im Gegensatz zur Anzahl der Aufnahmen geht die tatsächliche Aufenthaltsdauer ein und somit die Intensität der Aktivität. Längere Aufenthaltsdauern ergeben eine höhere Gewichtung des Aufnahmestandorts im Vergleich zum einfachen Zählen der Aufnahmen.

Bei manchen Aufnahmesystemen muss der Wert aufwendig durch manuelle Analyse der Aufnahmen extrahiert werden, da diese Systeme ab Start der Aufnahme eine feste Zeitspanne aufzeichnen. Daher wird dieses Maß nur selten benutzt. Andere Geräte starten und Stoppen eine Aufnahme in Abhängigkeit der Anwesenheit einer rufenden Fledermaus. Dadurch kann die Aktivität in Form von Aufenthaltsdauer in Sekunden sehr leicht extrahiert werden.

Die Aufenthaltsdauer gibt an, wie stark ein Standort durch eine Art genutzt wurde und ist ein sehr gutes Maß für die Aktivität. Es kann jedoch nicht ermittelt werden, ob ein Tier mit langer Dauer oder viele Tiere mit kurzen Dauern aufgezeichnet wurden. Im Gegensatz zum Index *Anzahl Aufnahmen* wird jedoch die Länge der Sequenzen gewertet und somit entsprechend die Dauer gewichtet. Aus der Anzahl Sekunden lässt sich somit gut eine relative Dichte ableiten. Diese dient als Maß für die Präferenz sich an an einem Standort aufzuhalten. Durch Normierung der Sekundenzahl auf die Nachtlänge oder Erfassungsdauer kann die relative Dichte ermittelt und als *Sekunden*

Aktivität je Stunde Erfassung/Nacht angegeben werden. Durch eine geeignete Normierung können Daten auch dann verglichen werden, wenn sich Nachtdauer oder Erfassungszeiträume unterscheiden.

Nachteil der tatsächlichen Aufenthaltsdauer als Aktivitätsmaß ist, dass bei einer Anpassung der Ruflautstärke durch die Fledermäuse sich die Aufenthaltsdauern ändern. Es werden bei lauten Rufen meist längere Sequenzen aufgezeichnet. Die Ruflautstärke passen aber alle Arten dynamisch an Umgebung und Fragestellung an. Somit ist an Standorten mit höherer Vegetations- oder Strukturdichte (*clutterness*) mit leiseren Rufen und damit auch geringeren Aufenthaltsdauern zu rechnen. Ebenso ist so kein Vergleich bei Erfassungen mit verschiedenen Geräten oder verschiedenen Einstellungen möglich. Prinzipiell hat die Technik einen Einfluss auf die Aufnahmedauer und verzerrt die Ergebnisse ebenso wie dies bei der *Anzahl der Aufnahmen* der Fall ist.

10.2.4 Anzahl Rufe

In manchen Artikeln findet sich die Anzahl Rufe als Aktivitätsmaß. Es gibt jedoch fachliche und methodische Probleme Aktivität in dieser Form zu messen. Der Bearbeiter im Feld kann die Rufe nicht zählen. Auch am Rechner benötigt man eine automatische Lösung, um die Rufzahl zu erhalten. Das Zählen der Rufe per Hand ist kaum möglich. Soll dieses Maß verwendet werden, müssen außerdem die Kriterien für einen gültigen, zu zählenden Ruf klar definiert sein. Das heisst die minimale Länge und die berücksichtigten Ruftypen (Sozialrufe, Ortungsrufe und/oder gar *final-buzz* Rufe). Eine manuelle Analyse der Rufe beim Zählen ermöglicht unter Umständen auch die Einteilung der Aktivität in Durchflug oder Jagd. Dies setzt voraus, dass sich diese Aktivitäten auch sicher an Hand der Rufe unterscheiden lassen. In Abhängigkeit des Jagdstils der Arten muss das jedoch nicht gegeben sein.

Da Fledermäuse ihre Ortung plastisch an die Umgebung und Aufgabe anpassen, ist dieses Maß jedoch nur bedingt verwendbar. So wird die Rufrate häufig mit zunehmender Vegetation (hohe *clutterness*) erhöht. Der Große Abendsegler, der im offenen Flugraum mit einer

Rate von zwei Rufen pro Sekunde ortet, sendet an einem Waldrand fünf oder mehr Rufe in der selben Zeit aus. Damit würde sich bei Zählung der Rufe eine ca. dreifach erhöhte Aktivität ergeben. Andere Arten passen die Lautstärke ihrer Rufe an das Habitat an. Zum Beispiel nutzen Langohren bei der Jagd über Wiesen häufig sehr laute, im Wald aber nur sehr leise Rufe. Hier ergibt sich eine höhere Aktivität an Standorte mit lauten Rufen, die besser aufgezeichnet werden. Im geschlossenen Habitat ist dann die Aktivität im Vergleich deutlich niedriger, da die leisen Rufe nur selten aufgezeichnet werden. Auch bei Verwendung unterschiedlicher Geräte oder unterschiedlicher Einstellungen der Empfindlichkeit der selben Geräte ergeben sich sofort Unterschiede in der Anzahl Rufe.

Somit eignet sich die Rufanzahl nicht als sinnvoller Aktivitätsindex. Zum einen bestehen die erwähnten Probleme der Zählung, zum anderen die Probleme durch das variable Ortungssystem der Fledermäuse. In diesem Zusammenhang muss auch erwähnt werden, dass häufig von der Rufzahl die Rede ist, dabei aber die Anzahl Aufnahmen gemeint ist. Fälschlicherweise werden Rufe und Sequenzen leider gerne gleichgesetzt. Dies führt zu einer großen Verwirrung.

10.3 Technik-unabhängige Quantifizierung der Aktivität

10.3.1 Aktivität in Zeitklassen

Im Folgenden wird ein Index vorgestellt, der sich auch für Vergleiche bei Erfassungen mit verschiedenen Techniken respektive Einstellungen eignet. Voraussetzung für einen Vergleich verschiedener Techniken ist jedoch eine in etwa ähnliche Gesamt-Empfindlichkeit. Unterscheidet sich diese sehr stark zwischen verschiedenen Geräten, dann ist auch dieser Index nur noch bedingt verwendbar.

Bei der manuellen Erfassung wird die Aktivität oft bezogen auf die Verhördauer dargestellt (Punkt-Stopp Transekte). Das bedeutet, alle Kontakte innerhalb der festen Zeit (Verweildauer) werden als eine

Aktivität gewertet. Es handelt sich hierbei um einen einfach zu berechnenden Index. Entscheidend für die sinnvolle Anwendung ist die Länge der Zeitklassen, d.h. über wie viele Sekunden oder Minuten Aktivität zusammengefasst wird. Bei einem sehr kurzen Zeitraum wird die Auswertung aufwendig und das Ergebnis in etwa auch der Aufnahme- oder Kontaktzahl entsprechen. Bei einer sehr großen Klassenlänge wird das Ergebnis ungenau und wenig Aussagekräftig, vergleichbar mit der Anzahl Aufnahmen bei einer fixen und langen Aufnahmedauer.

Sinnvolle Zeitklassen hängen stark von der Fragestellung ab. Eine anwendbare Reduzierung der Daten, die aber keine zu große Ungenauigkeit aufweisen, liegt bei Klassen von 10 Sekunden bis 10 Minuten. Die optimale Klassenbreite wird durch die genaue Frage und durch die verwendete Aufnahme- und Auswertungs-Methode festgelegt.

Ein guter Kompromiss sind Ein-Minuten Klassen. Bei dieser Klassengröße werden kurze Jagdflüge eines Tieres zusammengefasst und nur einfach gewertet. Zeitlich deutlich getrennt erfasste Tiere werden einzeln gezählt. Mit einer dem Verhalten der Tiere angepassten Zeitklasse wie einer Minute kann man also recht gut einen Index für Aktivität berechnen. Die Ein-Minuten Klasse lässt sich recht einfach auch in Datenbank oder Tabellen-Kalkulationen verwenden, da für die Berechnung einzig die Sekunden eliminiert werden müssen. Für kleinere ebenso wie größere Klassen ist das nicht zwingend gegeben, hier sind unter Umständen komplexe Makros oder Funktionen nötig.

Auch für einen Vergleich der Daten verschiedener Erfassungstechniken bieten sich solche kurzen Zeitklassen (30 bis 120 Sekunden) an. Sie sind recht einfach zu berechnen und somit schnell erstellt. Im Falle der Abbildung 10.7 würde die Aktivität in beiden Fällen gleich bewertet, wenn sich der Jagdflug nicht über einen sehr langen Zeitraum erstreckt.

Solche Klassengrößen versagen dann, wenn zum Beispiel an gut frequentierten Flugstrassen mehrere Individuen innerhalb einer Zeitklasse durchfliegen. In solch einem Fall kann mit diesem Index die Aktivität nur schwer interpretiert werden, da die Besonderheit der Flugstrasse verloren geht. Generell bedingt die Dauer der Zeitklasse die Auflösung des Index. Kürzere aufeinanderfolgende Aktivitätsphasen verschiedener Individuen werden als eine Aktivität gezählt.

10.4 Normierung von Aktivitäts-Indizes

Die vorhergehend beschriebenen Aktivitätsindizes werden erhalten, in dem die Daten der akustischen Erfassung ausgewertet werden. Dabei können sich einzelne Datensätze in der Laufzeit der Geräte unterscheiden. Das heisst, die Zeitbasis der Datenerhebung ist nicht immer identisch. Es können Daten in einer oder mehrerer Nächte erhoben worden sein. Die Geräte können unterschiedliche Laufzeiten haben. Erfassungen im Juni werden immer weniger lange laufen als im April oder September, da sich die Nachtlänge deutlich unterscheidet.

Daher ist es unabhängig vom verwendeten Index für Vergleiche sinnvoll, die Daten zu normieren. Als Basis kann hierfür zum Beispiel die Erfassungsdauer dienen. Vielleicht sogar besser eignet sich die Nachtdauer, ermittelt von Sonnenuntergang bis Sonnenaufgang. Diese Normierung auf feste Zeiträume ist einigermassen leicht zu erstellen. Werden normierte Zahlen veröffentlicht, dann muss diese Normierung auch genau benannnt werden. Nur so versteht der Leser die dann teils sehr geringen Aktivitätszahlen. Bei einer Nachtdauer von zum Beispiel 8 Stunden reduzieren sich 80 Kontakte auf 10 je Stunde Nachtdauer. Beachtet der Leser die Normierung nicht, ergeben sich für ihn scheinbar sehr geringe Aktivitäten.

10.5 Quantitative Bewertung von Aktivität

Ein immer wiederkehrendes Problem ist die quantitative Bewertung von Aktivität bei akustischen Untersuchungen. Dabei geht es meist darum, ob niedrige, mäßige oder hohe Aktivität erfasst wurde. Dafür werden die vorher beschriebenen Indizes (ab Seite 142) verwendet, um eine Maßzahl zu erhalten. Diese werden dann zwischen Standorten verglichen, um Unterschiede der Aktivität zu ermitteln. Insbesondere für wissenschaftliche Arbeiten sind solche Vergleiche häufig erwünscht und auch sinnvoll. Auch im Rahmen von Gutachten ist ein solches Aktivitätsmaß eine Möglichkeit der Wertung. Jedoch besteht die Aufgabe in der Eingriffsplanung nicht zwingend darin Standorte zu vergleichen und den mit der geringsten Aktivität - sprich z. B. geringsten Kontaktzahl - dann für den Eingriff frei zu geben. Viel mehr muss die Gefährdung von vorkommenden Arten ermittelt werden.

10.5.1 Wissenschaftliche Untersuchungen versus Eingriffsplanung

In wissenschaftlichen Untersuchungen werden unter anderem Nutzungsmuster von Habitaten untersucht. Häufig ist dabei ein Aspekt die Nutzung verfügbarer Habitate im direkten Vergleich je Art. Dazu kann es ausreichend sein, ein einfaches Aktivitätsmaß zur Beschreibung zu verwenden. Geht es zum Beispiel um eine mögliche Bevorzugung oder Einnischung, ist die Betrachtung der erhaltenen Aktivitätszeiten je Habitat ausreichend. Eine singuläre Bewertung kann jedoch häufig komplexes Verhalten nicht adäquat abbilden. Dazu werden erhaltene zeitliche Muster mit in die Bewertung aufgenommen. Hier greift dann die alleinige Beschreibung durch die summierte Aktivitätsmenge nicht mehr. Gängige Verfahren sind bei solchen Fragestellungen multimodale Modellierungen, die teils sehr komplexe statistische Berechnungen beinhalten.

Bei Eingriffen in die Natur muss hingegen sichergestellt werden, dass keine am Standort auftretende Art negativ beeinflusst wird, zum Beispiel durch Tötung von Individuen. Daher muss die Bewertung der erhaltenen Daten möglichst ganzheitlich durchgeführt werden. Es ist in Abhängigkeit der genauen Fragestellung nicht unbedingt ausreichend einen einfachen Index zu verwenden. Durch das Verhalten der Tiere ändert sich zum Beispiel die Nutzungsintensität von Standorten im Jahresverlauf. So kann die Nähe zu bestimmten Quartiertypen zeitliche begrenzte Aktivitätsmaxima oder -minima ergeben. Die zeitliche Komponente darf daher bei vielen Eingriffen nicht ausgelassen werden, wenn es um die Bewertung der Daten geht.

Im Vergleich zur wissenschaftlichen Untersuchung ist es also bei allen Landschaftseingriffen wichtig, die temporale Komponente der Aktivität mit abzubilden und zu verwenden. Einfache Habitatpräferenzen sind nicht zwingend ausreichend für die Bewertung.

10.5.2 Berücksichtigung zeitlicher Muster

Die üblichen Aktivitätsindizes berücksichtigen die zeitliche Verteilung nicht. Aktivität von einer Aufnahme je Tag als Mittelwert kann vielfältig entstehen. 50 von 100 Tagen mit jeweils zwei Aktivitäten ergeben das selbe Ergebnis wie ein Tag von 100 Tagen mit 100 Aktivitäten. Im Mittel immer eine Eins. Bei einem Vergleich der Mittelwerte würden also beide Datensätze gleich bewertet. Beides sind keine Normalverteilungen, so dass übliche statistische Methoden nicht zur Verfügung stehen, um die Bewertung zu verbessern.

Wie lässt sich das Problem lösen ohne eine Zeitreihenanalyse oder multivariate Statistik anzuwenden? Eine einfache Lösung ist eine grafische Darstellung der zeitlichen Verteilung und eine verbal argumentative Bewertung. Zum Beispiel lässt sich bei einer Messung von Aktivität einer Art an vielen Tagen der Begriff Regelmässigkeit oder Kontinuität einbringen:

> ... Die Art konnte im Gebiet mit hoher Regelmässigkeit angetroffen werden. Aktivität an den Tagen mit Anwesenheit lag bei 10 Aktivitäten im Mittel. ...

Eine hohe Kontinuität impliziert auch, dass eine Art bei einem Eingriff stärker betroffen ist, als eine Art mit sehr niedriger Kontinuität. Die Art mit hoher Kontinuität hält sich häufig im Gebiet auf. Auch wenn die täglichen Aktivitäten dann vielleicht etwas niedriger sind, wird dennoch die Gefährdungswahrscheinlichkeit steigen. Es müssen dabei immer auch verhaltensspezifische Aspekte berücksichtigt werden. So muss zum Beispiel im Zuge der Windkraftplanung Wanderungsaktivität auch dann berücksichtigt werden, wenn dies die einzigen Phasen mit Aktivität sind.

In Abhängigkeit des Eingriffs kann sich zum Beispiel auch die Verteilung der Aktivität im Nachtverlauf auf die Bewertung auswirken. Findet Aktivität immer konzentriert in einem Abschnitt der Nacht statt, kann dies auch bei Schutzmassnahmen Berücksichtigung finden. Beleuchtungen von Gewerbegebieten, die beim Ausflug aus einem benachbarten Quartier stören, können dann gezielt zur relevanten Zeit deaktiviert werden.

Damit ist aber dann ein einfacher Grenzwert, ab dem Aktivität als hoch bezeichnet wird, nicht möglich. Das bedeutet im Umkehrschluss für ein Gutachten auch, dass nicht so einfach von niedriger Aktivität gesprochen werden kann, ohne nicht auch zeitliche Komponenten zu berücksichtigen. Generell ergibt sich das Problem, dass niedrige oder keine Aktivität immer vom Untersuchungsumfang abhängt. Bei wenigen Begehungen kann häufig das Artenspektrum nicht komplett erfasst werden. Auch bei 15 oder 20 Begehungen wie zum Beispiel in zahlreichen Windleitfäden gefordert, muss nicht zwingend das gesamte Artenspektrum erfasst worden sein. Wann spricht man also von keiner oder geringer Aktivität ohne auszuschliessen, dass eben nur Erfassungsdefizite vorliegen (siehe auch **Kein Negativnachweis**, S. 134 und **Der beste Aktivitäts-Index**, S. 164).

10.6 Qualitative Bewertung von Aktivität

In Gutachten ebenso wie in wissenschaftlichen Veröffentlichungen findet sich regelmässig die Auswertung der Aufnahmen in Bezug auf Transferflug, Jagdereignisse und Sozialrufe. Das Ziel dabei ist eine zusätzliche qualitative Bewertung von Aktivität über einen einfachen Index hinaus. Diese Typisierung basiert auf der Annahme, dass sich durch die Unterscheidung der Ruftypen besonders wichtige Ereignisse (und damit Standorte bzw. Habitate) erkennen lassen. So werden dann zum Beispiel Standorte mit zahlreichen *feeding-buzz* Aufnahmen als wichtiger eingestuft als solche mit wenigen oder keinen Jagdrufen.

Diese Betrachtungen sind jedoch nur bedingt möglich. Verschiedene Faktoren beeinflussen die Wahrscheinlichkeit der Aufnahme solcher Ereignisse und die Möglichkeit diese vergleichbar auszuwerten. Nicht alle Ruftypen sind eindeutig und leicht zu erkennen, die Lautstärke der Ruftypen kann sich sehr stark unterscheiden und der Standort des Mikrofons kann bereits entscheiden, ob manche Ruftypen aufgezeichnet werden oder eben nicht. Eine direkte Ansprache im Feld ist beinahe unmöglich zu leisten, so dass im Folgenden davon ausgegangen wird, dass es von jedem Kontakt eine Aufnahme gibt. Positive Bewertungen sind dabei möglich, das Fehlen solcher qualitativer Merkmale in den

Aufnahmen eines Standorts bedeuten aber im Umkehrschluss nicht, dass das zu Grunde liegende Verhalten dort nicht vorkommt.

Angenommen, wir stellen unsere Erfassungseinheit in ein regelmäßig aufgesuchtes Jagdhabitat. Bei einer Stichprobe kann es vorkommen, dass die Insektendichte in der Nacht gering war. Trotzdem konnte regelmäßig eine Fledermaus erfasst werden, doch fehlten die *feeding-buzz* Sequenzen. Hier war dann wahrscheinlich eine Fledermaus in ihrem Jagdhabitat überwiegend erfolglos unterwegs. Eine Bewertung der Struktur anhand einer kleinen Stichprobe ist schwer möglich. Selbst ein Positivnachweis sagt dann gegebenenfalls nicht mehr aus, als dass in der entsprechenden Nacht eine Kalamität vorherrschte. So lässt zum Beispiel hohe, dauerhafte Aktivität ohne *feeding-buzz-*Rufe bei der Zwergfledermaus lässt kaum eine andere Erklärung als erfolglose Jagd zu. Die Raumfunktion „Jagdhabitat" kann damit zugewiesen werden.

10.6.1 Reichweite von Ruftypen

Werden qualitativ Ruftypen unterschieden und für die Bewertung analysiert, dann müssen diese in etwa auch gleich laut sein, um einen Vergleich zu ziehen. Die Lautstärke wird dabei vom rufenden Tier festgelegt und ist angepasst an die Funktion und Aufgabe, die erfüllt werden muss.

Typische Sozialrufe während der Balzzeit sind in der Regel sehr laut und tieffrequent. Sie müssen auf größere Distanz wirksam sein und werden daher auch weit detektiert. Dennoch wird es in anderen Situationen immer wieder Sozialrufe geben, die nur für die Nahkommunikation gedacht sind und daher nicht weit tragen müssen. Dann kann eine Fledermaus auch höhere Frequenzen nutzen und eben leiser Rufen. Fühlungslaute oder Begegnungsrufe, die von Zwergfledermäusen bekannt sind, fallen in diese Kategorie.

Die bei der Beutelokalisierung genutzten *feeding-buzz-*Rufe müssen keine besonders hohe Reichweite haben. Sie werden genutzt, um das Beutetier in der Fangphase genau zu lokalisieren. Da sich die Fledermaus dazu bereits in der Regel sehr nah an die Beute angenähert hat, ist die Reichweite verhältnismässig unwichtig. Die Lautstärke kann reduziert sein. Von der Mopsfledermaus zum Beispiel weiß man, dass sie sich regelrecht *anschleicht.* Das bedeutet wiederum, dass das Fehlen von Jagdrufen in Aufnahmen nicht zwingend auch bedeutet, dass die Tiere nicht gejagt haben. Manche Arten, die Beutetiere von der Vegetation abgreifen oder durch passive Ortung finden, stoßen in der Regel gar keine solchen Jagdrufe aus. Diese Arten würden also bei Betrachtung der Jagdrufe als Qualitätsmerkmal für einen Standort niemals eine höhere Bedeutung aufweisen. Hierzu zählen die Gattungen *Plecotus*, die Bechsteinfledermaus, die Fransenfledermaus, die Wimpernfledermaus und das Große Mausohr.

Über Transferrufe ist im Gegensatz zu den beiden anderen Ruftypen nichts bekannt. Da sie wie Ortungsrufe eingesetzt werden, wird sich die Lautstärke wohl nicht von diesen unterscheiden. Damit sollten sie ebenso gut wie Ortungsrufe in vergleichbarer Situation detektiert werden.

10.6.2 Erkennung von besonderen Ruftypen

Für eine qualitative Typisierung von Aufnahmen müssen besondere Rufereignisse in den Aufnahmen erkannt werden. Das setzt voraus, dass es eine klare Definition der Ruftypen gibt, die sich in eindeutigen Messparametern widerspiegelt. Nicht alle Lautäußerungen von Fledermäusen sind uns bekannt respektive für eine Art und ein korrespondierendes Verhalten beschrieben.

In der Regel lassen sich Sozialrufe gut erkennen. Jedoch ist nicht immer klar, wann ein Ortungsruf in einen Sozialruf übergeht. Daher gibt es eine Dunkelziffer bei der Erkennung von Sozialrufen. Man kann auch von kryptischen Sozialrufen sprechen. Ein weiteres Problem ist, dass zahlreiche Sozialrufe bisher nicht einer Art zugeordnet werden können. Während von manchen Arten eine gute Beschreibung des Repertoires vorhanden ist, fehlt diese bei anderen beinahe komplett. Daher können zwar qualitative Beschreibungen vorgenommen werden, aber ein Vergleich zwischen Standorten ist kritisch. Zum Beispiel lässt sich ein Balzstandort des Großen Abendseglers klar erkennen. Das Fehlen von klar erkennbaren Sozialrufen an anderen Standorten ist jedoch kein eindeutiges Indiz für eine geringere oder andere Bedeutung. Kryptische Sozialrufe zum Beispiel könnten übersehen werden oder aber Kontaktrufe mit höheren Frequenzen als Balzrufe bedingt durch geringere Reichweite nicht detektiert worden sein.

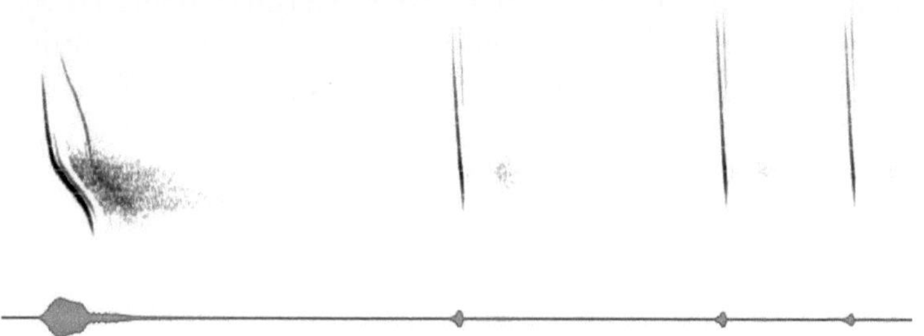

Abbildung 10.8: Sozialruf von *M. bechsteinii* gefolgt von normalen Ortungsrufen.

Jagdrufe - also *final-buzz*-Rufe - sind in der Regel einfach zu erkennen. Um die Beute genau zu lokalisieren erhöht die Fledermaus ihre Rufrate drastisch. Ebenso werden die Rufdauern deutlich verkürzt und sind stark moduliert. Die Frequenzen fallen mit zunehmender Verkürzung der Rufabstände (siehe Abbildung 10.10). Sie deuten auf Jagd hin, da sie in der Annäherungsphase an die Beute genutzt werden. Manchmal sind Rufe der Annäherungsphase, die dem Fangereignis vorangehen, in Aufnahmen deutlich zu erkennen, die eigentlich Fangrufe fehlen jedoch. Dies wird meist als Jagd interpretiert. Jedoch gibt es auch andere Flugsituationen, in denen eine Fledermaus diese schnellen Ruffolgen nutzt. So kann sie zum Beispiel plötzlich auftauchende Hindernisse besser erkennen und diesen ausweichen.

Transferrufe sind nicht genau definiert, so dass es keine Möglichkeit gibt, diese sicher zu erkennen. Manchmal findet man die Aussage, dass es sich um lange Rufe handelt. Bei *Pipistrellus*-Arten zum Beispiel dann um qcf-Rufe (quasi-konstant-frequent) am unteren Frequenzspektrum der Art. Dies ist jedoch keine anerkannte Definition, sondern recht willkürlich gewählt. Denn diese Rufe sind typisch für offenen Luftraum. Auch wenn die Fledermaus an Randstrukturen fliegt, können solche Ortungsrufe genutzt werden, wenn sich der Fokus in den offenen Raum wendet. Neben der Rufform und der Frequenz wird

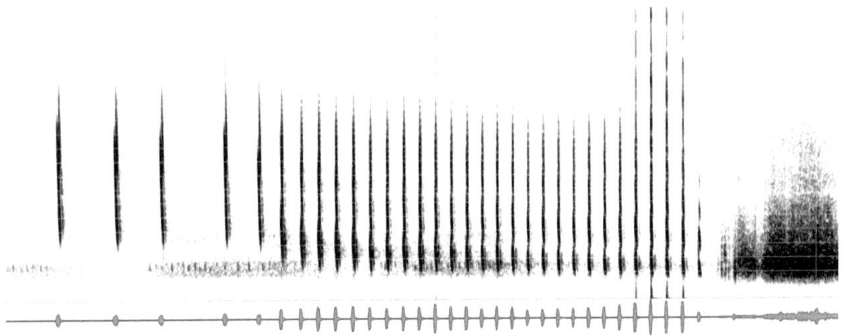

Abbildung 10.9: Rufsequenz von *M. alcathoe* mit *final-buzz* und anschliessendem Versuch das Mikrofon zu Fangen.

auch ein erhöhtes Rufintervall als Zeichen für Transferrufe angesehen. Insbesondere wenn das Intervall nur in etwa die doppelte Dauer wie bei normalen Ortungssequenzen hat, könnte auch einfach nur jeder zweite Ruf überhört worden sein, da die Fledermaus diesen vom Mikrofon weg ausgesendet hat (laut-leise Rhythmus, *screening*).

Die Erkennung der verschiedenen Ruftypen kann nur sehr bedingt automatisch durchgeführt werden. Das bedeutet wiederum einen großen zeitlichen Aufwand, insbesondere dann, wenn viele Aufnahmen entstanden sind und kontrolliert werden müssen. Es bedeutet auch, dass durch die manuelle Typisierung subjektive Fehler gemacht werden können, die das Ergebnis verfälschen.

Somit können manche Aufnahmen entsprechend typisiert werden, aber ein Fehler wird bestehen. Da dieser Fehler aber nur sehr schwer abzuschätzen ist, sollte keine besondere Interpretation erfolgen und zum Beispiel Jagd wegen fehlender *final-buzz* Rufe ausgeschlossen werden. In Ergänzung zum zeitlichen Auftreten der Arten können auf diese Weise dennoch wertvolle Hinweise auf eine funktionelle Komponente das Standorts erhalten werden.

10.6.3 Auswirkung des Mikrofon-Standorts

Durch die begrenzte Reichweite eines Detektors hat der Standort des Mikrofons einen Einfluss auf die gewonnenen Aufnahmen. Zum Beispiel können lokale Insektenansammlungen im Reichweite-Bereich für einen deutlich erhöhten Anteil von Fangrufen verantwortlich sein. Steht das Mikrofon im selben Habitat etwas verändert zu solchen Nahrungsansammlungen, werden unter Umständen gar keine Fangrufe aufgezeichnet. Ähnlich verhält es sich mit Balzquartieren - steht das Mikrofon etwas zu weit entfernt, fehlen diese Ereignisse unter Umständen komplett. Die Auswirkung des Standorts auf die erhaltenen Daten wurde bereits im Kapitel 10.2.1 und in der Abbildung 10.7 betrachtet.

10.7 Vergleich von Daten

Insbesondere in wissenschaftlichen Arbeiten werden Daten auch im Hinblick auf statistisch gestützte Unterschiede untersucht. Aber auch in Gutachten oder bei der Bewertung von Habitat-Präferenzen sind fundierte Auswertungen oft hilfreich bei der Interpretation. Wurden Aufnahmen auf die selbe Art und Weise erhoben und ausgewertet, sind solche vergleichende Analysen der Ergebnisse möglich. Auf Grund des bereits erwähnten fehlenden Individuen-Bezugs sind zahlreiche etablierte Methoden nicht einfach verfügbar. Dennoch lassen sich manche einfache Auswertungen durchführen, die zwar keine Signifikanz-Betrachtung erlauben, aber dennoch eine bessere Interpretation ermöglichen können.

Darüber hinaus können basierend auf den im folgenden vorgestellten einfachen Verfahren auch komplexe statistische Methoden angewendet werden, um die Daten auf belegbare Unterschiede hin zu untersuchen. Für die Leser dieses Buchs werden jedoch in der Regel weder Komponentenanalysen noch Modellierungen erforderlich sein und daher hier nicht weitergehend behandelt. Auch würden solche Betrachtungen den Rahmen dieses Buchs sprengen.

10.7.1 Einfache Vergleiche innerhalb einer Art

Soll einzig die Aktivitäten einer Art an verschiedenen Standorten betrachtet werden, können direkt die obigen Aktivitätsindizes verwendet werden. Zwar wird es zu gewissen Fehlern kommen, wenn sich die Standorte stark in ihrer Struktur unterscheiden (*clutterness*). Die Tiere passen dann ihre Ruflautstärke oder die Rufabstände an die Flugsituation an. Häufig ist dies für einfache Vergleiche tolerierbar. Mögliche Fehlerquellen der Indices wurden bereits bei deren Beschreibungen angesprochen und müssen berücksichtigt werden.

Eine Normierung der Daten auf die Nachtlänge oder die Erfassungsdauer macht dann Sinn, wenn über einen langen Zeitraum Daten erhoben wurden. Dann unterscheiden sich die Erfassungsnächte im Hinblick auf Faktoren wie die Nachtdauer oder den nächtlichen Temperaturverlauf. So kann zum Beispiel beim direkten Vergleich von Daten aus dem Juni (sehr kurze Nächte, viele Insekten, warm) und September (lange Nächte, weniger Insekten, abkühlend) ein Index fälschlicherweise Unterschiede liefern, wenn dieser nicht entsprechend normiert wurde.

So werden im September von der Zwergfledermaus viele Minuten mit Aktivität verzeichnet, da die Tiere bei der Nahrungssuche mehr Zeit benötigen und auch die Nacht länger ist. Sie können dann zum Beispiel noch für eine gewisse Zeit sozial aktiv sein. Im Juni ist die Insektendichte sehr hoch, die selbe Fledermaus ist rasch satt und fliegt vielleicht weil sie ein Jungtier säugen muss, schnell wieder ins Quartier. Bei einer Normierung auf die Nachtdauer könnte dieser Unterschied dann aber wieder wenig deutlich ausfallen.

Es macht daher Sinn die erhaltenen Daten nicht nur nach einem einzelnen Index zu beurteilen, sondern auch zum Beispiel Aktivität im Nachtverlauf zu betrachten. So fällt die Interpretation meist leichter und beschreibt die tatsächlich vorgefundene Aktivität besser. Mit solchen eigentlich einfachen Auswertungen können dennoch bereits Unterschiede zwischen Standorten für einzelne Arten schnell ermittelt und mit Diagrammen dargestellt werden. Für zahlreiche Betrachtungen in der Eingriffsregelung sind diese auch ausreichend, da normalerweise keine komplexen Statistiken nötig sind.

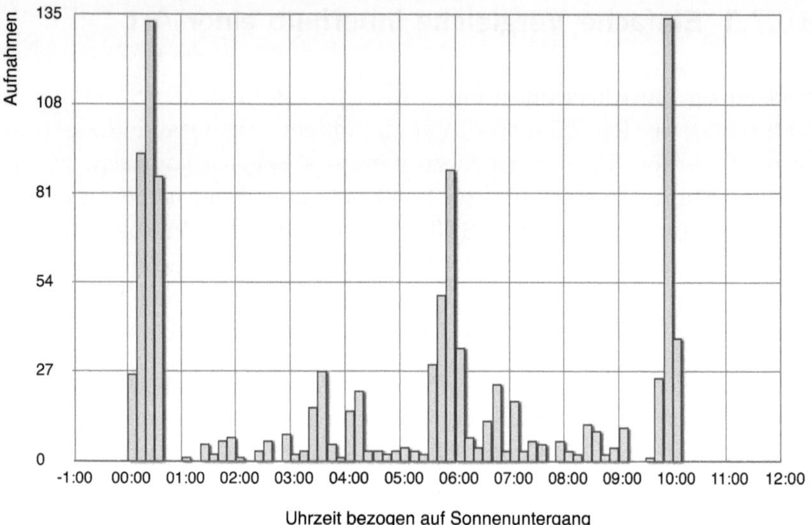

Abbildung 10.10: Beispiel für ein nächtliches Aktivitätsmuster nahe einem Quartier der Zwergfledermaus. Die Darstellung ist normiert auf den Sonnenuntergang bei 00:00.

10.7.2 Habitatnutzung und Artvergleiche

Die Bevorzugung eines Habitats oder Standorts durch einzelne Arten kann ebenso noch ohne besonders aufwendige statistische Verfahren ermittelt werden. Hierzu wird zuerst der prozentuale Anteil der Nutzung jedes untersuchten Standorts/Habitats pro Art basierend auf einem der genannten Indices ermittelt. Diese Nutzungsanteile können dann wiederum auch zwischen den Arten verglichen oder für andere Berechnungen verwendet werden.

Für solche Vergleiche können weitere Berechnungen wie zum Beispiel eine Nischenbreite, abgeleitet vom Shannon-Index, herangezogen werden. Basis dieser ist die oben gezeigte Berechnung der prozentualen Anteile an Nutzung je Standort/Struktur/Habitat je Art. Mit diesen prozentualen Nutzungsanteilen wird die Nischenbreite (NB) je Art berechnet nach:

	Wald	Waldrand	Offenland
P. pip.	20 %	50 %	30 %
B. bar.	30 %	60 %	10 %
M. myo.	70 %	20 %	10 %

Tabelle 10.1: Beispiel für eine einfache Auswertung der prozentualen Nutzung von Standorten durch drei verschiedene Fledermausarten.

$$NB_j = \frac{1}{\sum_r p_{jr}^2} \qquad (10.1)$$

p_{jr} ist der prozentuale Nutzungsanteil der Art j an der Resource r.

Eine Standardisierung für den Vergleich zwischen Arten wird mittels der folgenden Formel erzielt:

$$stand.NB_i = \frac{NB_i - 1}{r - 1} \qquad (10.2)$$

Aus dem obigen Beispiel ergibt sich für die Zwergfledermaus eine standardisierte Nischenbreite von 0,82. Für die Mopsfledermaus ergibt sich 0,59 und für das Große Mausohr 0,43. Das Mausohr hat in diesem konstruiertem Beispiel die niedrigste Nischenbreite.

Eine Nischenüberlappung zwischen Arten lässt sich analog auch berechnen:

$$NU_{jh} = 1 - \frac{1}{2} \sum_r |p_{jr} - p_{hr}| \qquad (10.3)$$

Im obigen Beispiel überlappen die beiden Arten P. pip./B. bar. zu 80 %. P. pip./M. myo. überlappen zu 50 % und B. bar./M. myo. zu 60 %. Eine Anwendung dieser einfachen Statistik findet sich zum Beispiel in der Dissertation von Volker Runkel.

	P. pip.	B. bar.	M. myo.
P. pip.	—	80 %	50 %
B. bar.	80 %	—	60 %
M. myo.	50 %	60 %	—

Tabelle 10.2: Beispiel der auf obige Methode entwickelten Nischenüberlappungen.

10.8 Der beste Aktivitäts-Index

Immer wieder wird die Frage gestellt, wie nun die Aktivität am besten zu bewerten ist. Die im Vorhergehenden beschriebenen Indizes sind alle mit Fehlern behaftet, eine nachträgliche Korrektur ist meist nicht möglich. Insbesondere dann, wenn durch die Geräteeinstellungen oder unterschiedliche Geräte Aufnahmen nicht oder mit anderen Parametern aufgezeichnet wurden, gilt beinahe immer: was nicht aufgezeichnet wurde, fehlt auch in den Daten. Dennoch können auch solche Daten unter Umständen sinnvoll weiterverwendet werden und müssen nicht von vornherein als unzureichend abgelehnt werden. In Abhängigkeit der Fragestellung sind manche Indizes robust gegenüber Erfassungsunterschieden und damit für eine Bewertung dennoch geeignet. Je stärker sich die Technik auf die erhaltenen Daten auswirkt, zum Beispiel durch feste Aufnahmelängen des Geräts, desto kritischer wird jedoch auch der Vergleich von unterschiedlich erhaltenen Daten.

Vergleicht man die von der Aufnahmetechnik stark abhängigen Indizes (Anzahl Rufe, Aufnahmezeit in Sekunden, Anzahl Aufnahmen) und einen zeitbasierten Index (im Folgenden Minuten mit Aktivität), wird man feststellen, dass es eine Korrelation zwischen allen Indizes gibt (Abb. 10.11). Das ist zu erwarten, da sie alle auf der selben Aktivität beruhen. Nicht alle Parameter korrelieren jedoch linear miteinander. Während zum Beispiel die Anzahl Aufnahmen und Anzahl Sekunden im Vergleich gleichmässig linear ansteigen, verhält sich die Anzahl Minuten mit Aktivität nicht linear zu diesen beiden Parametern. Das bedeutet auch, dass die Aktivität nicht zeitlich geklumpt stattfinden muss, sondern immer wieder Aufnahmen entstehen, die einen Abstand

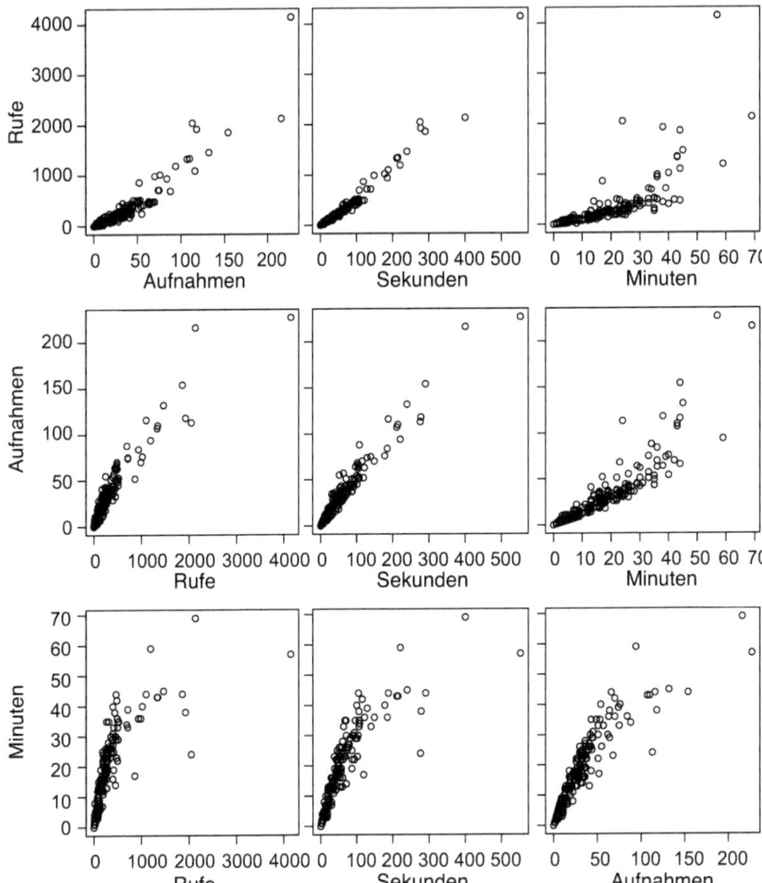

Abbildung 10.11: Basierend auf 202 Nächten werden Anzahl Rufe, Aufnahmen, Minuten mit Aktivität und Sekunden an Aufnahmezeit paarweise je Tag verglichen. Die Daten wurden mit einem batcorder mit Threshold -36 dB und Posttrigger 600 ms erhoben.

von wenigstens einer Minute aufweisen. Erst bei großen Aufnahmezahlen verliert sich dieser Effekt und die zuerst steile Kurve flacht ab (siehe letzte Reihe der Abbildung 10.11). Betrachtet man die Streuung der einzelnen Indizes genauer, dann erkennt man die teils deutlichen Unterschiede (Abb. 10.12). Da eine starke Streuung die Interpretation der Daten erschwert, sollten bevorzugt weniger streuende Indizes verwendet werden. Aus der Abbildung erkennt man gut, dass eine Zeitklassenbasierte Datenauswertung (in der Abbildung 10.12 die Minutenklassen) nur wenig streut und robuster ist für Auswertungen.

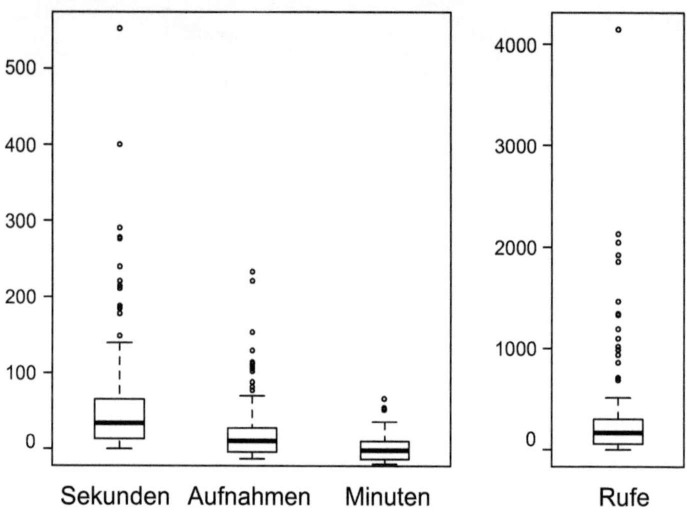

Abbildung 10.12: Boxplots der Parameter Sekunden, Aufnahmen, Minuten und Rufe je Nacht basierend auf 202 Untersuchungsnächten (batcorder mit -36 dB und 600 ms Posttrigger). Aufgrund des deutlich größeren Wertebereichs der Rufanzahl ist diese als Plot mit eigener Skala dargestellt.

Neben der verwendeten Technik wirken sich auch Parameter wie der genaue Standort und das Artenspektrum auf die Indizes aus. Arten wie der Große Abendsegler produzieren zum Beispiel deutlich weniger Rufe je Sekunde als die Zwergfledermaus. Die ermittelte Aufenthaltsdauer im Erfassungsbereich hängt auch von der Ruflautstärke und dem Jagdstil ab. So wird der Große Abendsegler in der Regel auch weniger Aufnahmen am selben Standort erzeugen, wie die kleinräumig jagende Zwergfledermaus. Daraus ergeben sich dann auch unterschiedliche Verweildauern (Sekunden) für die Arten. Insbesondere die Technik-abhängigen Indizes sind somit stark geprägt durch solche Faktoren. Ein von der Technik und dem Standort wenig beeinflusster Index ist damit besser zur Beschreibung von Aktivität geeignet.

Die Streuung des Index wird noch zusätzlich überlagert durch die Häufigkeit der Datenerhebungen. Je länger Daten kontinuierlich erhoben werden, desto besser wird die tatsächliche Aktivität abgebildet. Zwar werden so auch Ausreißer erhalten, aber im Idealfall wird der Mittelwert oder Median gestärkt. Häufig werden Daten jedoch aus Kostengründen nicht mit einem mehrwöchigem Dauermonitoring ermittelt, sondern basieren auf einzelnen Erhebungen. Dabei stellt sich immer die Frage, wie viele Begehungen eigentlich nötig sind, um sinnvolle und nutzbare Daten zu erhalten (siehe auch 10.1.1, S. 134). Aus dem oben bereits dargestelltem Datensatz wurden zufällig zehnmal unabhängig zufällige Proben (=Tage) entnommen. In der Abbildung 10.13 sieht man, dass die Streuung beim Parameter Anzahl Aufnahmen (linke Hälfte) bei zehn zufälligen Proben größer ist, als beim Parameter Minuten mit Aktivität (rechte Hälfte). Ein Index mit geringerer Streuung bedeutet auch, dass die Ergebnisse besser interpretiert werden können. Bei Verwendung eines Index basierend auf der Aufnahmezahl wird sich bei einer kritisch geringen Menge an Erfassungen eine enorme Streuung ergeben. Bereits die im Beispiel gewählten zehn Untersuchungsnächte weisen enorme Streuung für diesen Parameter auf (siehe auch die 50% Datenbereiche oder die Mediane in. den linken Boxplots der Abb. 10.13). Die gängige Praxis in der Eingriffsregelung sieht häufig keine 10 Erfassungen vor, und Bewertungen werden auch heute noch auf Aufnahmezahlen basiert. Somit sind eigentlich zumeist keine wirklich belastbaren oder aussagekräftigen Ergebnisse möglich. Ein Wechsel zu Minuten-basierten - oder ähnlichen Zeitklassen - würde bereits eine Verbesserung bringen.

Neben den einfachen Indizes gibt es immer wieder versuche, die Aktivität mit komplexen Berechnungen zu bewerten. Ein sehr aufwendig zu berechnender Index liefert vielleicht ein wenig bessere Ergebnisse, bedeutet aber deutlich mehr Aufwand und Fehlermöglichkeiten. Auch bei der weiteren Verarbeitung von Daten, wie zum Beispiel der Korrelation mit Umweltparametern, sind meist einfache Verfahren mit anschaulichen Ergebnissen das Mittel der Wahl.

Sollen später Daten von Anderen vergleichend ausgewertet werden, ist eine leichte Übertragbarkeit hilfreich. Eine komplexe Formel wird dann unter Umständen nicht verstanden oder falsch angewendet. Jedoch sollte eben auch nicht ein Index verwendet werden, der zu einfach

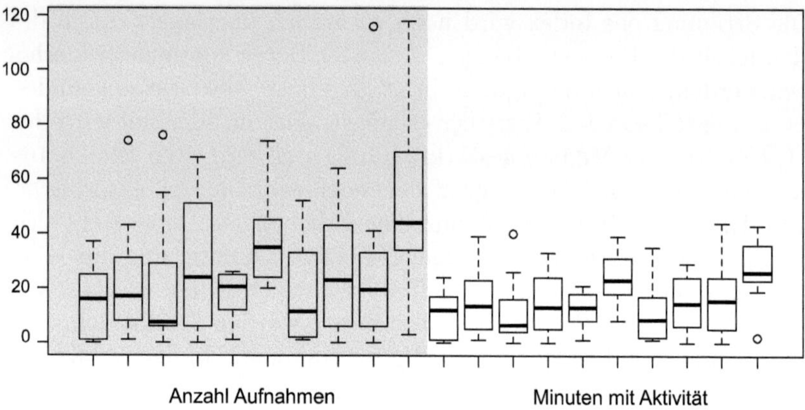

Abbildung 10.13: Aus dem oben beschriebenen Datensatz wurden zehnmal zufällig zehn Erfassungstage ausgewählt und die Verteilung der Parameter Anzahl Aufnahmen und Minuten mit Aktivität geplottet.

und damit dann ungenau ist. Unabhängig vom verwendeten Index ist es immer wichtig diesen genau zu definieren. Diese Definition muss dann auch ins Gutachten oder den Forschungsbericht aufgenommen werden. Nur so ist gewährleistet, dass andere die Daten interpretieren können.

Um eine einfache Vergleichbarkeit und auch eine Technik und Verhalten tolerierende Bewertung vorzunehmen, bieten sich die Zeitklassen mit einer Minute Klassenbreite an. Auf die ausführliche vergleichende Betrachtung von unterschiedlichen Aktivitätstypen (Jagd, Sozial, Transfer, ...) sollte der Index verzichten. Für eine qualitative Beschreibung können diese dennoch herangezogen werden. Gibt es durch den Auftraggeber, die Behörde oder durch andere Stellen Vorgaben zur Auswertung, dann sind diese einzuhalten. Sollten diese Schwächen aufweisen, dann kann zusätzlich ein besserer Index mit berechnet werden und mit angegeben werden.

10.9 Praktischer Umgang mit Massendaten

Die automatische Erfassung von Fledermausrufen über einen längeren Zeitraum bietet eine Menge an Chancen, eine präzise Bewertung durchführen zu können. Es werden auf einfache Weise phänologische Besonderheiten abgebildet, die sich über Detektorbegehungen in der Regel nur durch einen immensen Aufwand erfassen lassen. Durch Echtzeit-Aufnahmen kann das Artenspektrum analysiert werden. Doch zunächst stellen die Massendaten den Bearbeiter auch vor Probleme. Viele dieser Probleme werden in diesem Buch an anderer Stelle beschrieben und Lösungen werden aufgezeigt. Insbesondere eine manuelle Rufanalyse ist im Falle von Massendaten sehr Zeitaufwendig, was die Anzahl der automatischen Erfassungen pro Saison leicht limitieren kann. Massendaten werden daher sinnvollerweise automatisiert ausgewertet. Hier gibt es neben vielen Vorteilen allerdings auch Fallstricke. Insbesondere muss das Ergebnis der automatischen Analyse immer im Kontext mit dem Erfassungsort betrachtet werden.

10.9.1 Artdetermination und Artenliste

Das zunächst wichtigste Ergebnis einer Analyse von Massendaten bildet die Aufstellung einer Artenliste. Die Hersteller von automatischen Erfassungssystemen entwickeln oftmals spezielle Software, welche die nötigen Aufgaben, insbesondere die einer automatischen Rufsuche, Artbestimmung und Darstellung der Ergebnisse, erfüllen.

Im zweiten Schritt, nach der automatischen Analyse, muss der Anwender die Ergebnisse prüfen. Dies bedarf einiger Erfahrung mit der verwendeten Software. Hier können normalerweise Einstellungen gewählt werden, welche wiederum einen Einfluss auf das Ergebnis haben. Diesen Kontext muss der Anwender bei der Interpretation der Ergebnisse im Blick behalten. Es können, falls beabsichtigt, nur sinnvoll Vergleiche mit anderen Untersuchungen angestellt werden, wenn gleiche Einstellungen bei Hard- und Software vorliegen.

Der Anwender verfügt nach einiger Praxis über Kenntnisse von üblichen Fehlinterpretationen der verwendeten Software. Ebenso weiß er, welche Arten üblicherweise richtig determiniert werden. Dies ist hilfreich für einen raschen ersten Überblick über den Datensatz. So kann z.B. ein schneller Zwischenstand erstellt werden, der etwa im Falle von akustisch schwer zu trennenden Arten noch rechtzeitig die Entscheidung fällen lässt, durch Netzfänge über Gewissheit zu gelangen, falls die aktuelle Fragestellung dies erfordert. Dazu ist es nötig, einige Aufnahmen fraglicher Arten als Stichprobe zur manuellen Analyse auszuwählen. Bereits in dieser frühen Stufe der Analyse sollten sämtliche Rufe besonders kritischer Arten manuell überprüft werden. Dazu ist es wichtig, abzuschätzen, wie wahrscheinlich die fragliche Art überhaupt im Gebiet vorkommen kann. Offensichtliche Fehlinterpretationen der Software müssen dann noch nicht direkt überprüft werden, wenn es sich etwa um Exoten handelt. Später müssen diese Rufe jedoch eingehender ausgewertet werden. Grundsätzlich kann es sich ja auch um Rufe einer Art handeln, die sich in Ausbreitung befindet und in dem Gebiet nicht erwartet wurde.

Der wichtigste Faktor für diesen zweiten Schritt der Analyse ist letztlich der Bearbeiter. Seine Erfahrung, eben nicht nur mit der Software, hat den wesentlichsten Einfluss auf die Interpretation der Ergebnisse. In dieser frühen Stufe der Auswertung ist der Aufwand noch gering. Niemals jedoch sollten automatisch gewonnene Ergebnisse gänzlich unkritisch betrachtet werden.

Neben einer einfachen Artenliste ist auch die Darstellung eines Artenbaums praktisch. Hier werden neben der Häufigkeit der Kontakte oder der Minuten mit Aktivität besonders die nicht bis auf die Artebene analysierten Aufnahmen genauer betrachtet. Gibt es eine sichere Aufteilung einer (akustischen) Gruppe in ein Artenspektrum, so werden die Aufnahmen, die nicht bis zur Artebene analysiert wurden, mit hoher Wahrscheinlichkeit keiner weiteren Art zuzuschreiben sein, die bislang noch nicht automatisiert entdeckt wurde.

Wichtige Erkenntnisse, die im Stande sind, den Fortgang eines Projektes maßgeblich zu beeinflussen, können bereits mit einfachen Mitteln gewonnen werden. Die Routine nach einem Speicherkarten-Wechsel in der Dauererfassungseinheit sollte daher neben dem Auslesen der Daten und deren Sicherung auch eine schnelle, automatische Analyse und Interpretation und erste Weiterbearbeitung durch einen Experten beinhalten. Dies ist auch in Zeiträumen überwiegender Feldarbeit gut machbar.

10.9.2 Phänologie der Arten

Nach der gründlichen Analyse eines Datensatzes, z.B. nach Abschluss einer Saison, steht dem Bearbeiter unabhängig von der verwendeten Software oder Methode zumindest eine Ergebnistabelle zur Verfügung, die mit einer Tabellenkalkulation weiter aufbereitet werden kann. Hier besteht die Möglichkeit, die Daten in Diagrammen darzustellen. Illustrationen, die sich auf spezifische Aspekte, etwa die Phänologie der Tiere, beziehen, sind auf diesem Wege oft nur mit größerem Aufwand zu erstellen, da Tabellenkalkulationen nicht auf die spezifische Fragestellung einer faunistischen Untersuchung ausgelegt sind. Hier ist oftmals die Software der Hersteller der Erfassungssysteme eine große Hilfe. Da in der Regel Massendaten verarbeitet werden, lohnt es sich zur Beschreibung der Daten auch Statistikprogramme einzusetzen.

Einer der großen Vorteile von Dauererfassungen ist die Möglichkeit der Darstellung der Phänologie von lokalen und wandernden Arten. Mit einem Blick kann der Bezug zu Sonnenuntergang und Sonnenaufgang zusammen mit dem Auftreten der Arten im Jahresverlauf erfasst werden. Eine Kerndichtedarstellung ermöglicht eine Abbildung der Phänologie sogar, wenn die Kontakte weniger häufig stattfanden, da das Verhältnis der Aktivität zu bestimmten Zeiten dargestellt wird.

Ein Beispiel hierfür ist in Abbildung 10.14 zu sehen. Hier werden die einzelnen Aufnahmen sowohl als Punkte als auch als Kerndichte-Wolken dargestellt. Im Sommer fallen die Kontakte nach Sonnenuntergang und vor Sonnenaufgang auf, was auf ein nahe gelegenes Quartier hindeutet. Eine weitere Konzentration der Dichte zeigt sich im Herbst, was auf ein nahe gelegenes Balzquartier hindeutet, welches wiederum Reproduktion und Wanderung anzeigen kann.

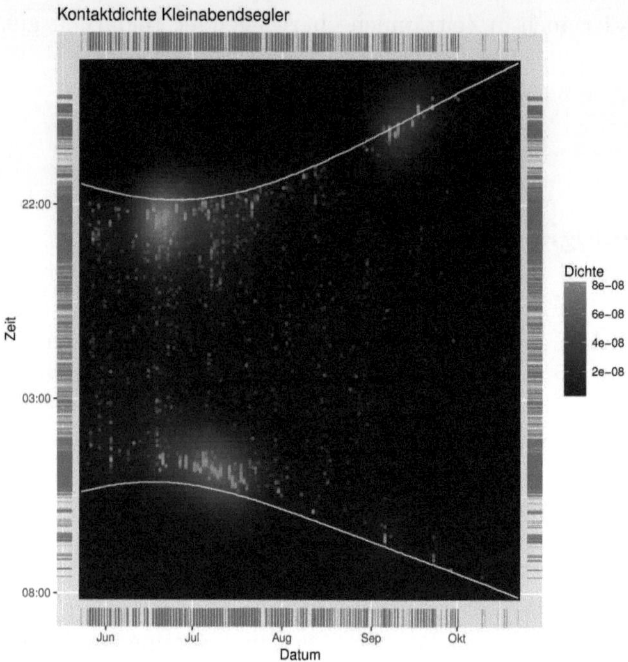

Abbildung 10.14: Mögliche Darstellung der Phänologie des Kleinabendseglers aus einer Dauererfassung.

10.9.3 Funktionen

Auch um die Funktionen eines Raumes für die Fledertierfauna erfassen zu können, sind neben Begehungen mit Sichtbeobachtungen automatische Erfassungen hilfreich. Das vorangestellte Beispiel zur Phänologie beinhaltet bereits die Funktionen von Quartier und Reproduktion. Um weitere Funktionen im Raum zu untersuchen, können automatische Erfassungssysteme die Bearbeitung im Gebiet unterstützen, um z.B. Sichtbeobachtungen zu planen.

Befinden sich etwa sehr viele Strukturen in einem Raum, die als Leitlinie dienen können, so werden oft zeitgleich zu Sichtbeobachtungen an weiteren Stellen automatische Erfassungssysteme positioniert, an denen gerade keine Sichtbeobachtung stattfinden kann. Die Auswertung der Daten erleichtert die Entscheidung, an welcher Struktur bei einem weiteren Termin eine Sichtbeobachtung durchgeführt werden sollte. Die Wichtigsten Funktionen, auf die nach einer Analyse der Daten geschlossen werden kann, sind:

Quartierfunktion allgemein wenn, artspezifisch, nahe von Sonnenuntergang oder Sonnenaufgang gesteigerte Aktivität festgestellt wird (Abbildung 10.15).

Reproduktion wenn im bekannten Zeitraum der Balz einer Art vermehrt entsprechende Soziallaute aufgezeichnet werden.

Flugroute wenn insbesondere kurz nach Sonnenuntergang starke Aktivität auftritt.

Jagdhabitat wenn artspezifisch in bestimmten Zeiträumen der Nacht bzw. durchgängig Aktivität festgestellt werden kann und z.B. viele *feeding-buzz* Sequenzen aufgezeichnet werden.

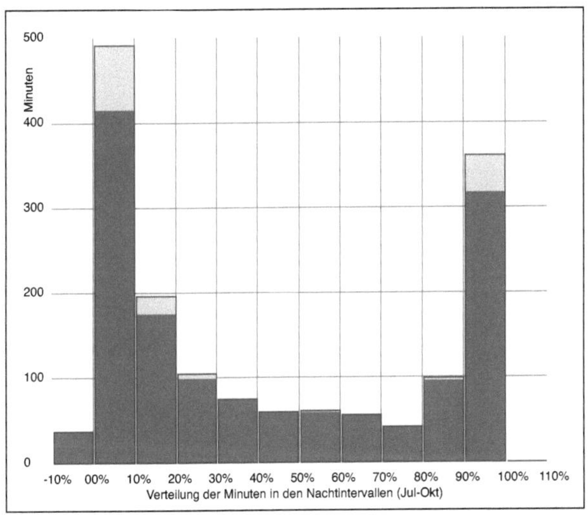

Abbildung 10.15: Darstellung der Aktivität des Kleinabendseglers in Quartiernähe bezogen auf Nachtintervalle.

Insbesondere im Falle einer vermuteten Quartierfunktion muss je nach Fragestellung in der Regel anhand weiterer Methoden eine Verifizierung und genaue Lokalisation des Quartiers erfolgen.

11 Qualitätssicherung von Gutachten

In der Eingriffsplanung dienen Fachgutachten zur Feststellung der Betroffenheit von Fledermäusen. Grundlage stellen die §§ 14 und 15 des Bundesnaturschutzgesetz (BNatSchG) dar. Wichtigster Paragraf des Artenschutzrechts ist der §44 BNatSchG. Dieser regelt durch verschiedene Verbotstatbestände den Schutz von Fledermäusen bzw. aller durch eine Planung betroffenen besonders und streng geschützter Arten. Durch Gutachten muss geklärt werden, ob und wenn ja welche Verbotstatbestände verletzt bzw. durch die Umsetzung der Planung ausgelöst werden. Insofern kommt den Fachgutachten eine besondere Bedeutung zu, sie sollen den Schutz der Fledermäuse sicher stellen. Daher müssen sie entsprechend sorgfältig erstellt werden. Leider mangelt es jedoch in der Praxis immer wieder an der nötigen Qualität. Dies liegt unter anderem begründet darin, dass es weder eine Möglichkeit der spezialisierten Ausbildung noch klare, unabhängige Richtlinien gibt. Selbst bei Verfügbarkeit von Leitfäden zeigen sich in der Praxis dennoch teils massive Mängel in Gutachten (Gebhard et al. (2016), BUND et al. (2017))

So spielt die persönliche Erfahrung ebenso wie subjektive Einschätzung eine besondere Rolle bei der Bewertung. Nicht immer geht der Gutachter dabei korrekt vor, es können zum Beispiel mangelnde Kenntnisse nicht geprüft oder klar erkannt werden. Dies erschwert auch eine unabhängige, neutrale Prüfung von Gutachten. Um die Qualität von Gutachten zu steigern und die Prüfung durch Behörden und Gerichte zu erleichtern, ist die Einhaltung von gewissen Regeln bei der Durchführung und der Erstellung eines Gutachtens hilfreich.

Im Folgenden sind einige Kriterien vorgestellt, die bei der Erstellung und fachlichen Beurteilung von Gutachten im Hinblick auf akustische

Daten herangezogen werden können. Das Ziel ist es, eine ausreichende Qualität von Gutachten zu gewährleisten. Die folgenden Informationen und Angaben sind für eine fachlich korrekte Gestaltung von Gutachten nötig. Fehlen diese Angaben, kann ein Gutachten nicht interpretiert werden. Auch können sich juristische Probleme ergeben, wenn es zu einer Klage oder Prüfung kommt. Die Vorschläge sind derart gestaltet, dass bei Einhaltung im Gutachten klar dokumentiert ist, wie die Daten erhoben wurden. Kommt es zu Zweifeln an der Datenerhebung, kann so transparent aufgezeigt werden, wie bei der Erhebung der zu Grunde liegenden Daten vorgegangen wurde und welche Daten in die Auswertung eingeflossen sind.

Das Kapitel gibt Anregungen für die Gestaltung ebenso wie für die Prüfung von Gutachten. Es geht jedoch nicht auf alle Sonderfälle ein, die z.B. abweichende Angaben erfordern.

11.1 Verwendete Geräte und deren Eigenschaften

Es ist nötig bei Gutachten genaue und korrekte Angaben zu den verwendeten Geräten und deren Betrieb zu machen. Nur so kann ein Leser beurteilen, wie die Daten genau erhoben wurde und welche potentiellen Fehlerquellen bestehen.

11.1.1 Gerätetypen und Versionen

Jedes verwendete Gerät muss genau definiert werden. Angaben zum Hersteller, der genaue Gerätename, Revision und Firmware-Version (falls zutreffend). So kann im Zweifelsfall rekonstruiert werden, welche Eigenschaften das verwendete Gerät hat und Rückschlüsse auf die Datenerhebung auch von Dritten getroffen werden. Für einen Echtzeit-Detektor könnte so eine Angabe aussehen wie folgt:

ecoObs batcorder 3.1 , Firmware 307

Ein Beispiel für einen Zeitdehner ist:

Pettersson D240x

Gibt es für das Gerät unterschiedliche Erweiterungen oder Mikrofone (z.B. SM2Bat, Batlogger), ist dies ebenso mit anzugeben, zum Beispiel:

Elekon Batlogger, FG-Black Mikrofon, Firmware 1.2.3

Wenn Sie mehrere Geräte des selben Typs einsetzen, sollte jedes Gerät eindeutig bezeichnet sein (Inventarnummer, Seriennummer, ...). So kann später im Zweifelsfall genau nachvollzogen werden, welches Gerät für einen Erfassungstermin eingesetzt worden ist.

11.1.2 Einstellungen

Die Geräte erlauben in der Regel zahlreiche Einstellungen. Diese müssen je Erfassung dokumentiert sein. Wird keine Einstellung über die gesamte Erfassung geändert, dann ist eine einzelne Nennung ausreichend. Dabei sollte jede Einstellung auch beschrieben werden, so dass auch ein nicht versierter Anwender versteht, welche Funktion die jeweilige Einstellung hat. In der Regel werden Erklärungen in den Betriebsanleitungen der verwendeten Geräte mitgeliefert und können von dort übernommen werden.

Im Falle einfacher Geräte (z.B. Mischerdetektor) ist diese Dokumentation jedoch schwer. Hier gibt es kaum Einstellungen, die dokumentierbar sind und insbesondere im manuellen Betrieb während Transekten werden diese andauernd verändert. Jedoch können auch für diese relevante Informationen zum Betrieb hinterlegt werden:

- Nutzung mit/ohne Kopfhörer

- Wechselrate und Bereich der Mischerfrequenz (Beispiel: innerhalb von ca. X Sekunden zwischen 18 und 55 kHz)

Bei Geräten mit Drehreglern - mit oder ohne Rastung - sollte immer die Stellung der Regler angegeben werden. Wenn möglich auch mit genauer Bedeutung des jeweiligen Reglers. Können in Menüs Werte eingestellt werden, müssen auch diese genau gelistet werden. Das Fehlen solcher Angaben ist grob fahrlässig und erlaubt keine Deutung der erhobenen Daten. Im Falle von Gondelmonitoring könnte das

Fehlen der Angaben bei einer Klage unter Umständen stark negative Auswirkungen haben (Wiederholung des Monitorings).

11.1.3 Mikrofonstatus

Neben den Einstellungen der Geräte ist vor allem auch der Zustand des Mikrofons für die Erfassung relevant und sollte mit angegeben werden. Dies ist jedoch nicht leicht, da es in der Regel keinerlei Indikatoren für den Zustand gibt. Wenn eine Kalibrierung erfolgte, kann der Termin und der Ausführer der Kalibrierung angegeben werden. Gibt es keine offizielle Kalibrierung zum Beispiel durch den Hersteller, kann zum Beispiel über das Alter ein Rückschluss gezogen werden darauf, ob das Mikrofon noch volle Empfindlichkeit besitzt. So ist das Alter des Mikros mit anzugeben, um Hinweise auf die Empfindlichkeit zu geben. Sollten Sie anderweitig einen Test des Mikros durchführen, ist eine Angabe hierzu angebracht. Dabei ist es wichtig, den Test respektive das Verfahrens genau zu beschreiben. Ein Schlüsselklimpern als Test ist zwar ausreichend für einen generellen Funktionstest, darüber hinaus lassen sich damit aber keine Rückschlüsse auf das Mikrofon ziehen.

11.2 Erfassungsmodalitäten

Die Ergebnisse der Aktivitätserfassung sind nicht nur abhängig von den verwendeten Geräten, sondern auch von den Modalitäten des Geräte-Einsatzes. Daher dürfen diverse Angaben zur Erfassung nicht fehlen.

11.2.1 Erfassungsstandort und Aufbau

Werden Daten mit passiven Detektionssystemen erhoben, dann hat der Standort und Aufbau des Geräts einen Einfluss auf die erhaltenen Daten. Insofern ist für der Ergebnisinterpretation eine möglichst genaue Beschreibung nötig. Zum Beispiel wird man Waldarten auf

Offenland-Standorten nicht oder nur selten erwarten. Arten des offenen Luftraums werden dafür im geschlossenen Wald nur vereinzelt auftreten. Daher sollte die Beschreibung des Standorts solche Aspekte berücksichtigen. Dabei reicht in der Regel ein einzelner Satz aus. Zusätzlich sollte die Installation des Geräts erklärt und abgebildet werden. So kann zum Beispiel durch diverse Methoden des Wetterschutzes die Erfassung beeinflusst werden. Aber auch ein in einem Nistkasten *verstecktes* Gerät wird sich in den erhobenen Daten von einem frei stehendem unterscheiden.

Bei mobilen Erfassungen entlang von Transsekten sind anstelle der Standort-Beschreibungen GPX-Tracks aufzuzeichnen und im Gutachten kartografisch darzustellen. Außerdem sind Angaben zur genauen Durchführung (Transsekt-Protokoll) nötig.

11.2.2 Erfassungszeitraum

Hierzu zählen unter anderem genaue Angaben zur Erfassungsdauer und Häufigkeit. Das bedeutet für jeden Erfassungstermin sollte klar ersichtlich sein, wie lange und in welchem Zeitraum eine Erfassung stattgefunden hat. Unterbrechungen oder Abbrüche von Begehungen müssen dabei ebenso angegeben werden. Im Falle von Dauererfassungen müssen Ausfallzeiten deutlich erkennbar gemacht werden.

Die Angaben sollten so ausgeführt sein, dass sie von anderen Personen verstanden werden. Ob nun relative Zeitangaben (*z. B. Erfassung immer von Sonnenuntergang beginnend für drei Stunden*) oder absolute Angaben (*im Juli Erfassung immer um 21:00 begonnen und um 6:00 beendet*) gemacht werden, ist dabei nicht entscheidend. Bei relativen Angaben ist es einzig wichtig, dass diese auch von Lesern in absolute Angaben leicht übertragen werden können.

11.2.3 Klimatische Bedingungen

Neben den Zeiträumen der Erfassung sind Angaben zum Wetter wichtige Ergänzungen zur nachträglichen Beurteilung der erhaltenen Daten. Eine relativ einfache Angabe ist:

Die Erfassung wurde nur bei fledermausfreundlichem Wetter durchgeführt

Das dies jedoch nicht zwingend ausreicht, ist offensichtlich. Die Aussage ist zu ungenau und erlaubt keine Deutung der tatsächlichen Erfassungsbedingungen. Eine Ergänzung wäre dann zum Beispiel:

Erfassung nur in Nächten mit Temperaturen über 8 °C, keinem bis geringem Wind und ohne Niederschlag

Das ist zwar genauer als die erste einfache Angabe, und wird so in zahlreichen Gutachten verwendet, aber birgt dennoch kaum Information für den Leser. Denn bei strömenden Regen und Sturmböen oder bei Frost wird in der Regel kein Gutachter Erfassungen durchführen. Insofern ist der tatsächliche Informationsgehalt weiterhin sehr gering. Besser ist es, für den Erfassungszeitraum wenigstens die minimale und maximale Temperatur anzugeben, ergänzt durch Wind- und Niederschlagsverlauf. Bei Dauererfassungen ist eine Temperaturreihe über den gesamten Erfassungszeitraum sinnvoll und nötig. Zum einen sind diese Informationen für die Interpretation der eigenen Daten hilfreich, zum anderen erlaubt es dem Leser die erhaltenen Daten besser zu beurteilen. Dazu lassen sich zum Beispiel Temperaturlogger einsetzen, oder das Erfassungsgerät zeichnet die Temperatur direkt mit auf. Gute Software bietet in der Regel auch eine Auswertung und Ausgabe solcher Informationen in Form von Grafiken oder Tabellen an.

11.3 Auswertung der Aufnahmen

Die Auswertung der Aufnahmen stellt einen wichtigen Schritt in der Erstellung eines Gutachtens dar. So werden in diesem Schritt die Aufnahmen einer Art oder Artengruppe zugeordnet. Auf diesen Ergebnissen basieren die Bewertungen der Aktivität und des Eingriffs. Daher sollte aus dem Gutachten klar hervorgehen, wie die Aufnahmen ausgewertet wurden: erfolgte einzig eine automatische Analyse oder wurden Stichproben oder alle Aufnahmen manuell bestimmt. Dabei ist das Vorgehen und die Auswahl der Stichproben klar zu definieren.

Bei der manuellen Kontrolle werden Aufnahmen in der Regel als

Sonagramm dargestellt. Es ist daher anzugeben, mit welcher Software (und Version) sowie mit welchen Einstellungen des Sonagramms gearbeitet wurde. Dies beeinflusst die Art-Identifikation und müssen daher genannt sein. Für die Nachkontrolle werden in der Regel auch Referenzwerke verwendet. Diese sollten möglichst genau angegeben werden. Aufnahmen seltener Arten, ebenso wie akustisch schwer zu bestimmender Arten, sollten als Einzelrufe oder Ruffolgen mittels Sonagramm im Gutachten mit abgebildet werden.

11.4 Angaben zur Aktivität

Wie bereits ausgeführt, gibt es zahlreiche Möglichkeiten, die erhaltenen Daten auszuwerten und in Form eines Aktivitätsindex zu beschreiben. Es sollte immer sichergestellt sein, dass klar nachzuvollziehen ist, welcher Index angewendet wurde und wie dieser definiert ist. Damit ist gewährleistet, dass ein Leser des Gutachtens versteht, was die Daten aussagen können.

11.4.1 Auswirkung der verwendeten Technik

In der Regel wirkt sich die verwendete Technik auf die Daten und die Bewertung aus. Es sollte immer davon ausgegangen werden, dass der Leser eines Gutachtens die Technik nicht kennt. Somit ist es nötig, in einem kurzen Absatz zu beschreiben, wie das Gerät funktioniert.

Ist zum Beispiel als Index die Aufnahmezahl angegeben, muss klar sein, wie das Gerät Aufnahmen erstellt. Zeichnet das verwendete Gerät zum Beispiel immer für 60 Sekunden ab Auslösung auf, sind alle Aufnahmen 60 Sekunden lang. Ohne Wissen dieser festen Aufnahmedauer kann ein Leser die Daten daher nicht interpretieren.

Geht aus dem Gutachten also nicht hervor, wie der Index in Zusammenhang mit dem verwendeten Aufnahmegerät zu interpretieren ist, können die Daten von Lesern nicht in Relation zu Erfahrungsgrößen gesetzt werden. Eine Beurteilung eines Eingriffs basierend auf den Angaben ist daher eigentlich auch nicht möglich. Dies müsste bei einer Prüfung sofort bemängelt werden. Im schlimmsten Falle würden Schlüsse, die aus den Daten gezogen wurden, als ungültig erklärt und neue Auswertungen oder gar Erfassungen nötig werden.

11.4.2 Index-Berechnung

Es empfiehlt sich vor allem dann, wenn eine komplexer Index berechnet wurde, eine kleine Beispielrechnung an Hand eines Teildatensatzes mit ins Gutachten aufzunehmen. Damit kann der Leser nachvollziehen, wie die Ergebnisse zustande kommen. Auch erleichtert dies die Übernahme eines für eine Fragestellung sinnvollen Index in andere Gutachten.

Wurde der Index veröffentlicht und ist die Definition frei verfügbar, dann kann mit Verweis auf die Quelle auf eine ausführliche Darstellung verzichtet werden. Stellen Sie sicher, dass der Verweis aktuell und zugreifbar ist. Ansonsten kann auch dies dazu führen, dass eine Bewertung auf Grund fehlender Transparenz nicht möglich ist.

11.4.3 Ergebnis-Darstellung

Die Ergebnisse sollten in einer einfach zu erfassenden Form dargestellt werden. Dabei sind gewisse grundlegende Dinge zu beachten. Generell gelten ähnliche Rahmenbedingungen wie bei wissenschaftlichen Publikationen.

Für einen Überblick bietet sich die Abbildung der Aktivität im Jahresverlauf (Abb. 11.1) oder im Nachtverlauf in einfacher grafischer Form an. Solche Grafiken werden von manchen Auswertungsprogrammen standardmässig angeboten und sind somit sehr leicht zu erstellen. So lassen sich erhobene Daten, insbesondere aus einem Dauer- oder Gondelmonitoring, am einfachsten optisch erfassen.

Solche eine Abbildung erlaubt nicht unbedingt das Herauslesen genauer Aktivitätszahlen. Jedoch lassen sich so sehr schnell zeitliche Aktivitätsmuster erkennen und beschreiben. Alternativ lässt sich die Aktivität zum Beispiel auch als Balkendiagramm im Jahresverlauf ausgeben. Erfassungslücken sollten hervorgehoben werden (Abb. 11.2).

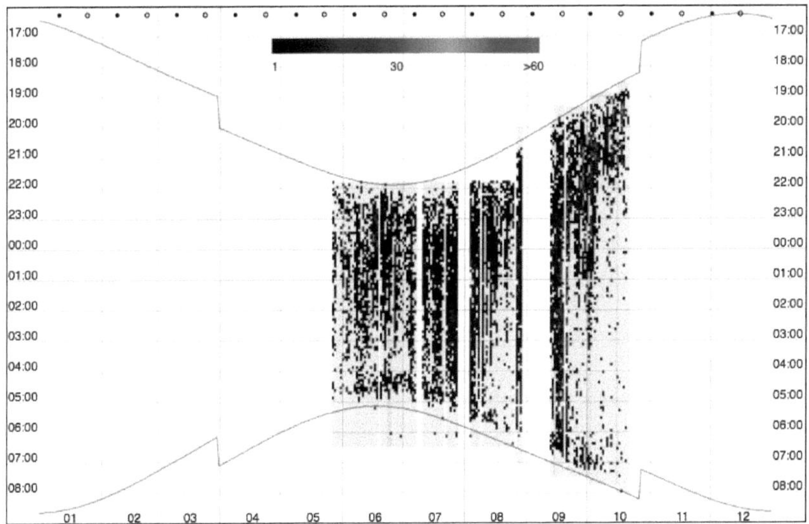

Abbildung 11.1: Einfache Darstellung von Daten aus einem Dauermonitoring im Jahresverlauf.

So lässt sich der numerische Unterschied von Aktivität besser erkennen, dafür geht ein Teil der zeitlichen Komponente (innerhalb der Nacht) verloren.

Die Ausgabe von Tabellen aller Aufnahmen oder Kontakte ist nur im Anhang sinnvoll. Jedoch lassen sich solche Tabellen beinahe nie einfach lesen und geben keinen guten Überblick über die Daten. Insofern können sie auch entfallen und nur bei Bedarf nachgereicht werden.

Für weitere Darstellungen sollte auf Daten je Art oder Artengruppe zurückgegriffen werden. Diese werden so gewählt, dass die benötigten Fragestellungen der Untersuchung gut erklärt werden.

Vermieden werden sollten Tortendiagramme, die Aktivität zwischen Arten direkt vergleichen. Direkte Vergleiche zwischen Arten sind nur in seltenen Fällen valide, wenn die Arten gleich laut rufen und ähnliche Jagdstrategien verfolgen. Durch ungleiche Erfassbarkeit sind Unterschiede häufig nur methodische Artefakte. Damit ist die Aussagekraft einer solchen Darstellung äußerst limitiert.

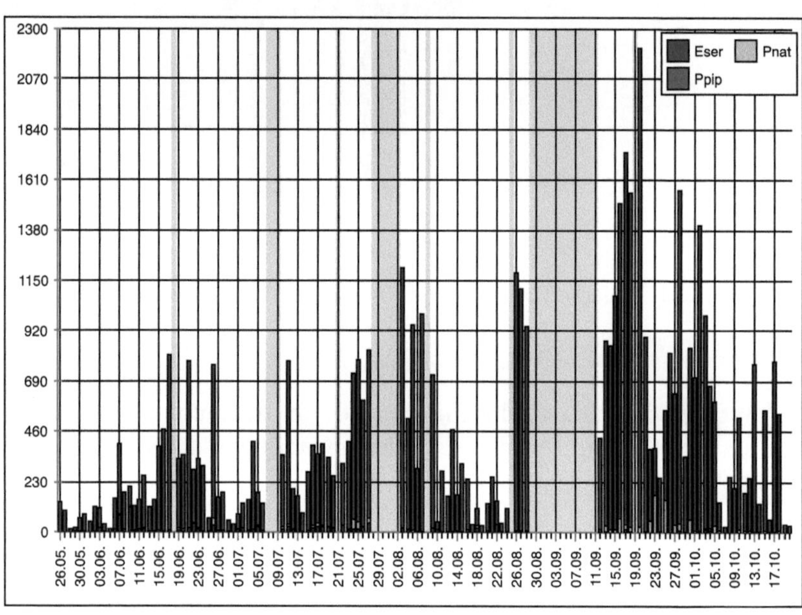

Abbildung 11.2: Darstellung der Aktivität im Jahresverlauf durch Balken je Tag. Erfassungslücken werden farbig hervorgehoben, um Tage ohne Aktivität von Tagen ohne Erfassung unterscheiden zu können.

12 Möglichkeiten und Grenzen des Gondelmonitoring

Das akustische Gondelmonitoring hat sich zu Recht als etablierte Methode durchgesetzt, dennoch fehlt eine kontinuierliche Diskussion der Grenzen dieser Methode beinahe gänzlich. So ergeben sich in der Anwendung immer wieder Situationen, in denen der Einsatz kritisch betrachtet werden muss. Insbesondere ist die Erfassungsreichweite und damit das erfasste Raumvolumen aus technischen und physikalischen Gründen begrenzt und moderne Rotorradien werden nur noch bedingt mit einem einzelnen Mikrofon an der Gondel abgedeckt. Daneben ist die Bemessung von akustischer Aktivität anhand von kurzen Aufnahmen ein Problem, das genauer betrachtet werden muss.

Im Folgenden werden solche Aspekte etwas beleuchtet, die direkt oder indirekt mit der akustischen Erfassung zusammenhängen. Darüber hinaus gehende Kritikpunkte bestehen, sollen jedoch keinen substanziellen Raum in einem Akustik-Buch einnehmen.

Die Anmerkungen beziehen sich in Details auf den als Referenz in allen deutschen Bundesländern geltenden Datensatz und die Auswertungen der Renebat-Projekte (Brinkmann et al. (2011), Behr et al. (2016), Behr et al. (2018)). Daraus wurden Massnahmen für die Minderung von Fledermausschlag sowie ein Software-Tool (ProBat) entwickelt.

12.1 Aufnahmezahlen und -längen

Die Bewertung der Aktivität erfolgte im Renebat-Projekt an Hand der Anzahl an Aufnahmen. Wie im Kapitel **Anzahl Aufnahmen** beschrieben ist dieses Aktivitätsmaß nicht besonders gut geeignet für

Vergleiche, da es sehr stark von der verwendeten Technik, aber auch vom Verhalten der Tiere abhängig ist. Bei ungünstiger Einstellung der Geräte können so Aktivitäten falsch bewertet werden. Insbesondere besteht durch die im Projekt gewählten Einstellungen die Gefahr einer Unterschätzung.

Im Projekt wurde bei der Erfassung primär mit dem batcorder gearbeitet. Als Einstellung des Posttriggers wurde eine kurze Zeit (200 ms) gewählt. Rufsequenzen von Arten mit großen Rufabständen werden dadurch in vielen kleinen Dateien gespeichert. Die Schlagopferbewertung im Projekt, ebenso wie in ProBat, basiert auf den Aufnahmezahlen, so dass vereinfacht eine hohe Anzahl Aufnahmen ein hohes Schlagrisiko ergibt. Bei einer niedrigen Aufnahmezahl fällt dies ebenso dann niedriger aus.

Der Boxplot in Abbildung 12.1 zeigt Daten aus einer akustischen Gondelerfassung. Die überwiegende Anzahl der Dateien Nyctaloider-Arten (*Nyctalus*, *Eptesicus* und *Verspertilio*) weisen eine Aufnahmelänge von 200 ms auf. Längere Aufnahmen wurden zwar auch geschrieben, allerdings nur selten und somit sind sie als Ausreißer im Boxplot zu erkennen. Anders verhält es sich bei den Pipistrelloiden-Arten, die Rufe mit deutlich kürzeren Abständen ausstoßen. Hier finden sich zwar auch Ausreißer, es lässt sich jedoch deutlich ein Bereich abgrenzen mit über 50 % der Aufnahmen, die über 200 ms lang sind.

Die gemeinsame Betrachtung beider Gruppen bei der Abschätzung Betriebsbedingter Auswirkungen durch Windkraftwerke ist sinnvoll. Es ist unbedeutend, welche Art sich gerade im Gefahrenbereich der Rotoren aufhält. Wird die Aktivität dazu jedoch als Anzahl an Aufnahmen bewertet, so ergibt sich eine unterschiedliche Einschätzung der Gefährdung, je nach dem, ob an dem betrachteten Standort hohe oder niedrige Aktivität von Pipistrelloiden-Arten vorherrscht. Im gleichen Zeitraum werden bei erhöhter Anwesenheit von Pipistrelloiden-Arten weniger Dateien geschrieben als bei der Anwesenheit von Nyctaloiden-Arten. Insofern ist eine Anwendung von ProBat bei im Vergleich zum Renebat-Datensatz abweichenden Artenzusammensetzungen immer mit einer Fehlerabschätzung zu versehen, da dies zu einer Unterschätzung des Schlagrisikos führen kann.

Besser wäre es zur Verminderung von Streuung, die in der Schlagopfer-

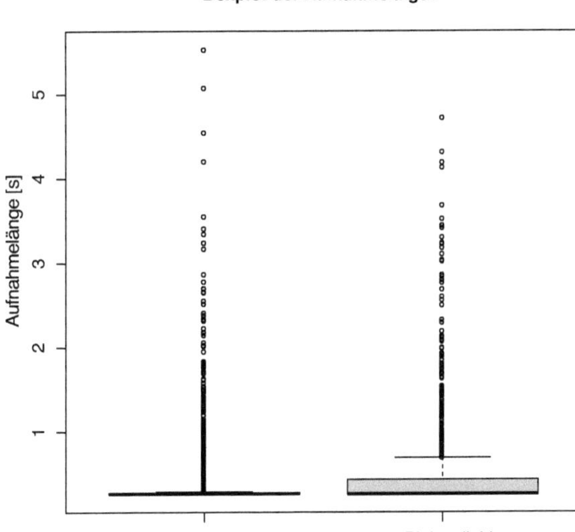

Abbildung 12.1: Da Pipistrelloide-Arten Rufe mit kurzen Rufabständen im Vergleich zu Nyctaloiden-Arten produzieren, ergeben sich für diese Gruppe teils weniger und dafür längere Aufnahmen.

Korrelation für Ungenauigkeit verantwortlich ist, ein anderes Aktivitätsmaß zu verwenden. Eine Betrachtung der Aktivität innerhalb kurzer Zeitklassen von zum Beispiel 30 bis 60 Sekunden hätte den positiven Nebeneffekt, dass Aktivität eher auf Individuen-Niveau abgebildet würde. Auch besteht dann die Möglichkeit, die Abhängigkeit von bestimmten Erfassungssystemen zu reduzieren. Eine Übertragung auf zusätzliche Erfassungen zum Beispiel auf Höhe der unteren Rotorspitze kann so auch einfacher gewährleistet werden.

12.2 Auswirkung der Rotordurchmesser

Die im Rahmen des Renebat-Projekts untersuchten und nun als Referenz für Minderungsmassnahmen dienenden Anlagen hatten zumeist einen Rotordurchmesser von 70 m und im Median eine Nabenhöhe von 98 m. Seit dem Forschungs-Projekt haben sich die typischen Windrad-Konfigurationen teils drastisch geändert. Insbesondere die Rotordurchmesser sind deutlich gewachsen auf bis zu 141 m (Enercon) oder 131 m (Nordex). Dies entspricht einer Veränderung der überstrichenen Fläche von 3848 m^2 auf bis zu 15614 m^2 (400 % Zunahme). Die Reichweite der Detektoren kann jedoch nicht einfach folgen, da es physikalische und technische Limitierungen gibt (siehe auch **Erfassungsreichweite und -volumen**, S. 111). Die Reichweite liegt im Idealfall bei maximal 50-60 m für tiefe Rufe des Großen Abendseglers und bei 25 bis 35 m bei der Zwergfledermaus. In der Regel liegen die tatsächlichen Reichweiten jedoch teils deutlich geringer. Dies hängt von Faktoren wie der Ruflautstärke und Rufrichtung der Fledermaus ab. Die Rufrichtung spielt auf Grund der nicht gleichmässigen Schallkeule der Fledermäuse eine bedeutende Rolle für die Erfassbarkeit. Ruft die Fledermaus nicht direkt auf das Mikro, erniedrigt sich die Erfassungsreichweite drastisch (siehe Abb. 8.2).

Während ein 70 m Rotordurchmesser im Hinblick auf die potenzielle Detektionsreichweite noch einigermassen gut überwacht werden kann, fehlt bei den großen Rotoren ein nicht unbedeutender Anteil des überstrichenen Raums in der Erfassung. Die Abbildung 12.2 zeigt dies vereinfacht für Zwerg- / Rauhhautfledermaus (siehe zur Schallkeule des Mikrofons auch Abb. 9.4). Berücksichtigt wurden die Schallkeulen von Fledermaus-Ortungslauten sowie Abschattungseffekte durch die Gondel. Trotz der großen Abstriche des überwachten Raumvolumens scheint bei Rotoren bis 80 m Durchmesser die Erfassung ausreichend gut für Schlagopfervorhersagen zu sein, wie Ergebnisse von Renebat II zeigen (Behr et al. (2016)).

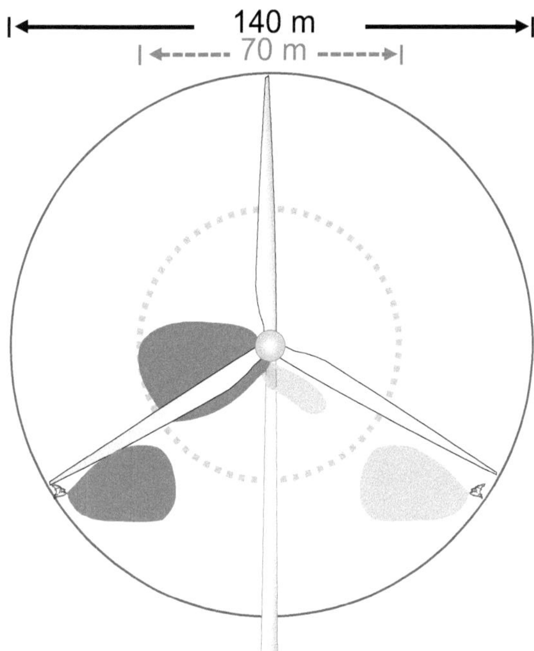

Abbildung 12.2: Die Grafik zeigt den Erfassungsbereich eines an der Gondel installierten Mikrofons für eine Zwerg- oder Rauhhautfledermaus. Berücksichtigt wurde die ebenso eingetragene Schallkeule der Fledermaus, sowie eine von links (Mikrofonseite) und von rechts anfliegende Fledermaus. Nach rechts ist durch die Abschattung der Gondel die Erfassung deutlich beschränkt.

12.3 Auswirkung der Nabenhöhe

Bei den Turmhöhen gibt es zwei Trends. Zum einen werden für die besonders großen Rotoren hohe Türme mit Nabenhöhen von 140 oder mehr Metern angeboten. Der rotorfreie Bereich, also der Raum zwischen Boden und Rotorunterkante, liegt bei deutlich über 50 m bis zu 80 m Höhe. Damit entspricht solch eine Konfiguration den Referenzanlagen im Hinblick auf den rotorfreien Raum. Gleichzeitig werden jedoch auf Grund planerischer Aspekte (Raumordnung, Höhenbeschränkung) große Rotoren auf niedrige Masten gebaut, vorzugsweise in Schwachwindregionen. Dort geht man häufig den Kompromiss ein, durch große Rotordurchmesser den Ertrag zu steigern und durch niedrige Nabenhöhen zum Beispiel den vorgegebene Abstand zur Wohnbebauung einzuhalten. Es gibt Konfigurationen wie zum Beispiel die Nordex N117 mit 91 m Nabenhöhe. Der rotorfreie Bereich liegt dann bei 32 m. Aber auch noch tiefere Anlagen sind möglich, so dass der Rotor mit der Unterkante nur 20 m über dem Boden dreht. Solche Anlagen werden bereits seit wenigstens 2017 regelmässig realisiert

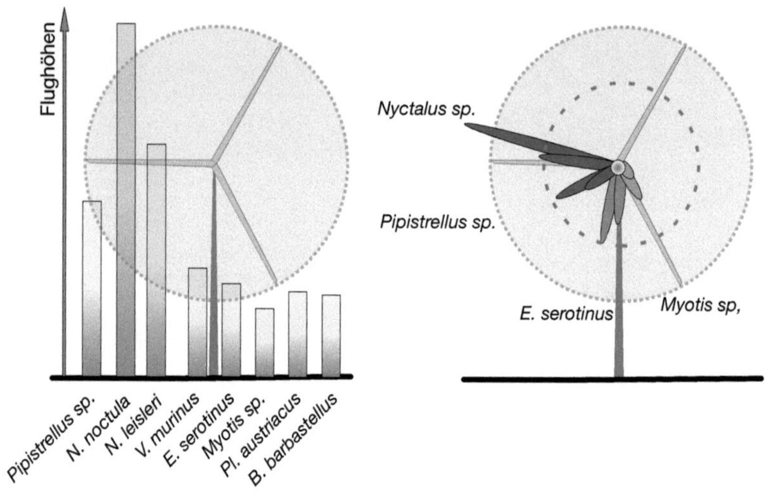

Abbildung 12.3: Durch den geringen Abstand zwischen Boden und Rotor werden bei den niedrigen WEA potenziell Arten gefährdet, die ansonsten nicht oder nur selten in den Rotorbereich einfliegen. Beim Gondelmonitoring können diese auf Grund leiser Rufe und damit begrenzter Detektions-Reichweite nicht sicher erfasst werden. Gezeigt ist eine Nordex N117 und innerhalb der rechten Darstellung eine E70 als gestrichelter, innerer Kreis.

Damit werden auch Bereiche des Luftraums durchstrichen, in denen sich Arten aufhalten, die als wenig oder nicht Schlaggefährdet gelten (sie auch Abb. 12.3). Diese werden dort vermutlich auch leiser Rufen als in 60 m oder 100 m Höhe, wo gewöhnlich jegliche Struktur ausserhalb der Reichweite der Ortungslaute liegt. Vornehmlich werden sie die Ortungsrufe eher nach unten ausrichten, wo sich die interessanten Strukturen befinden und die Nahrung vermutet wird.

Damit wird die Detektionswahrscheinlichkeit respektive -reichweite eines Detektors in der über 50 m entfernten Gondel nochmals gegenüber der vorhergehenden Betrachtung erniedrigt. Eine zuverlässige Detektion von Tieren im Bereich der Rotorunterkante kann nicht mehr erfolgen. Damit reicht das Gondelmonitoring als Werkzeug zur Aktivitätsbestimmung alleinig eigentlich nicht mehr aus. Keine oder geringe Aktivität gemessen in Gondelhöhe kann nicht mehr sicher als niedrige Aktivität gewertet werden.

Solch niedrige Anlagen ebenso wie sehr große Rotoren können daher eigentlich nicht mehr einzig mit einem Gondelmonitoring analog zum Renebat-Projekt betrachtet werden. Die relevante Aktivität akustisch noch zu erfassen ist erschwert oder gar unmöglich. Leise Rufe der Gattung *Pipistrellus*, die mit Zwerg- und Rauhhautfledermaus häufige Schlagopfer stellt, werden zum Beispiel nicht mehr sicher an der Gondel aufgezeichnet. In manchen Situationen werden auch keine Rufe mehr erfasst.

12.4 Verbesserung der Methode

Eine Möglichkeit der Kompensation von Erfassungsdefiziten an der Gondel ist der Einsatz eines zweiten Mikrofons im Bereich der Rotorunterkante. Dieses wird so angebracht, dass es den Luftraum im Bereich der Rotorunterkante überwachen kann. Um Schäden am Mikrofon und eine Beeinflussung durch die sich schnell bewegende Rotorspitze (mehrere Hundert km/h) auszuschliessen, kann dieses zweite Mikrofon auch 10 bis 20 m unter der Rotorspitze angebracht werden. Im Falle von sehr niedrigen WEA mit einem geringen rotorfreien Bereich bietet es sich außerdem an, die Erfassungs-Empfindlichkeit zu reduzieren. So werden über dem Boden jagende Tiere nur selten oder nicht mit aufgezeichnet. Alternativ kann der Detektor auch dort mit hoher Empfindlichkeit betrieben werden und die Aufnahmen dann bei der Auswertung nach Ruflautstärke gefiltert werden. Keinesfalls sollte eine Ablenkung „nach Oben" durch Reflektorflächen erfolgen (s. Kapitel 9.6.1, S. 127). Es fehlen derzeit jedoch noch Referenzdaten, so dass nicht geklärt ist, wie diese Daten dann genau in die Bewertung mit eingehen können.

Im Idealfall werden zuerst alle die Aufnahmen des tieferen, zweiten Mikrofons eliminiert, die innerhalb eines kurzen Zeitfensters (z.B. eine Minute) auch an der Gondel aufgezeichnet wurden. Im Anschluss lässt sich ein Vergleich der beiden Datensätze vornehmen und so das Verhältnis der „Oben" zu „Unten" aufgezeichneten Aktivität ausgeben. Daraus lässt sich direkt ableiten, wie hoch die Defizite der Gondelerfassung sind.

Weiterhin kann auch die Verteilung der Aktivität an der Rotorunterkante im Hinblick auf Windgeschwindigkeit und Temperatur ermittelt werden. Diese müssen immer auf die Gondel-Messwerte des SCADA-Systems bezogen werden, da nur mit diesen auch eine Anlagensteuerung möglich ist. Die Abbildung 12.4 zeigt mögliche Auswertungen um mit diesen Datensätzen umzugehen.

12.4.1 Akustische Vergrämung

Studien im Rahmen des Strassenbaus haben ergeben, dass Fledermäuse Lärm meiden. Überlagern Geräusche die Ortungslaute, dann verringert sich die Effizienz der Echoortung bis hin zur Meidung der verlärmten Umgebung. Wissenschaftler in den USA versuchen dies auch auf Windräder zu übertragen (Arnett et al. (2013)). Mittels Lautsprechern wird der Bereich des Rotors so beschallt, dass potenziell auftretende Tiere nicht mehr in den Gefahrenbereich einfliegen. Die Idee ist, dass dann die Rotoren nicht mehr zur Minderung des Fledermausschlags abgestellt werden müssen.

Die zugrundeliegende Idee ist es, die Ortungslaute respektive deren Echos durch Rauschen zu maskieren. Durch den "Orientierungs-Verlust" sollen Fledermäuse den beschallten Bereich meiden. Auf diese Art und Weise werden Bereiche unattraktiv für Fledermäuse gestaltet, in denen sie durch menschliche Einflüsse stark gefährdet sind. Erste Ergebnisse aus den USA zeigen, dass die Schlagrate an kleinen Rotoren gesenkt werden kann.

Der nächste Schritt nach einem wissenschaftlich begleitetem erfolgreichen Test in den USA ist die Übertragung auf europäische Fledermausarten. Auch für diese muss ausführlich die Wirksamkeit überprüft

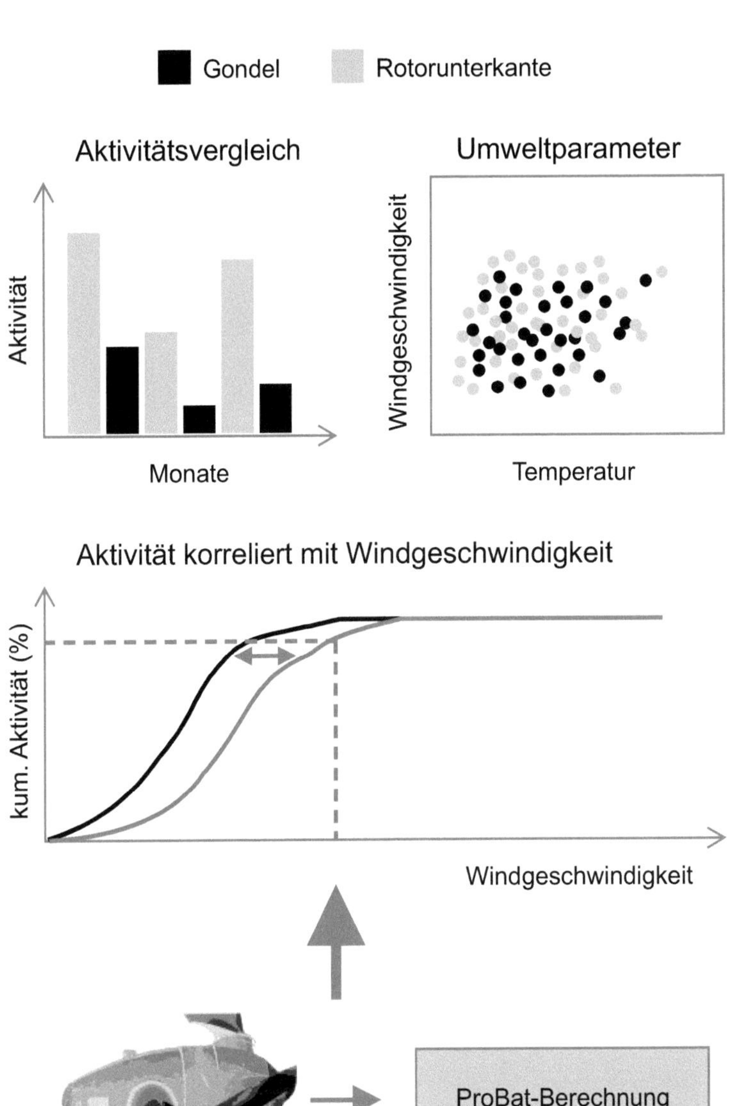

Abbildung 12.4: Die Abbildung zeigt die möglichen Ansätze Daten aus einer Gondelerfassung und von der Rotorunterkante auszuwerten. Eine wichtige Rolle spielen dabei direkte Vergleiche der Aktivität im Hinblick auf die Aktivitätshöhe aber auch die Korrelation mit Umweltparametern im Vergleich. So können dann zum Beispiel basierend auf den Unterschieden die Ergebnisse einer ProBat-Rechnung manuell angepasst werden.

werden. Zwar ist das Funktionsprinzip der Störung sicherlich auf alle Arten übertragbar, jedoch können sich Hörschwelle ebenso wie die Toleranz für die Störung zwischen Arten deutlich unterscheiden. Denn die Autoren erkennen klar eine unterschiedliche Wirkung besonders im Hinblick auf die von den Tieren genutzten Frequenzen. Auch können Gewöhnungseffekte bisher nicht sicher ausgeschlossen werden.

Damit die akustische Vergrämung wirksam ist, muss das ausgesendete Schallsignal so laut sein, dass es die Ortung der Fledermäuse stört und diese dann den Luftraum meiden. Bei modernen WEA wird von Rotorradien von 70 m ausgegangen. Damit muss das akustische Störsignal 70 bis 90 m weit reichen und dabei immer noch laut genug sein, um auch wirksam zu bleiben. Das sehen auch die Autoren der Studie aus den USA als Problem. Zur Störung der Echoortung erwarten die Autoren, dass mindestens 65 dB Schalldruck am Ort der Fledermaus nötig sind.

Betrachtet man dann noch die Kosten durch Technik, Überwachung der Technik und den Stromverbrauch der Ultraschalllautsprecher, dann ist dies keine sinnvolle Vergrämungsmaßnahme bei modernen Anlagen. Die Lautsprecher müssen durchgehend auf Funktion getestet werden. Nur wenn die Schallausgabe funktioniert, kann auch die Vergrämung und damit der Schutz realisiert respektive die Auslösung der Verbote nach §44 BNatschG vermieden werden. Das wiederum bedingt eine ausgefeilte Überwachungstechnik, um jeden Lautsprecher täglich zu prüfen. Je größer die Rotoren, desto lauter muss Schall abgespielt werden und desto mehr Lautsprecher werden benötigt. Dabei stellt sich dann auch die Frage, wo die Lautsprecher installiert sein müssen, um den Rotorbereich sinnvoll abzudecken. Nicht überall an der Gondel wird eine Installation immer möglich sein.

Das wiederum bedeutet nicht nur erhöhte Anschaffungskosten, sondern auch erhöhten Stromverbrauch. Auch hier gilt es zu prüfen, ob die Bilanz am Ende im Vergleich zu einer Abschaltalgorithmik entsprechend positiv ausfällt. Zu guter Letzt gilt zu prüfen, ob und wie die Anbringung und Stromversorgung überhaupt sinnvoll lösbar ist. Es sind entsprechende Eingriffe in die Gondelstruktur nötig sowie Anpassungen an zahlreiche Gondeltypen. Die Einsatzorte sind sehr heterogen.

Dabei gilt auf Grund der Schallausbreitung, dass bei höheren Frequenzen die Vergrämung nur noch bedingt möglich ist, vor allem dann, wenn die nötige Reichweite ansteigt. Dies ist bei 40 kHz zum Beispiel bei einem Gondelbasierten-System nur dann möglich, wenn der Ausgangspegel bei weit über 200 dB SPL liegt (gemessen in 10 cm). Das ist technisch bisher nicht möglich.

Alternativ zur Ausstattung der Gondel mit Lautsprechern wird momentan auch der Einsatz im Rotor geprüft. Damit muss dann die Reichweite der Lautsprecher und somit die Lautstärke des abgespielten Signals nicht mehr so hoch sein. Jedoch muss dann für die Wirksamkeit je Position am Rotor für den Dopplershift korrigiert werden. Dies muss in Abhängigkeit der Drehgeschwindigkeit des Rotors und für die Position am Rotorblatt geschehen. Die Abweichung durch den Dopplershift ist Frequenzabhängig und kann bis 10 bis 15 kHz betragen. Auch müssen mögliche Abschattungen durch die Rotorblätter beachtet werden, so dass Lautsprecher wenigstens an der Vorder- und Rückseite angebracht werden müssen.

Wäre eine ausreichend dimensionierte, akustische Vergrämung möglich und somit der Luftraum um den Rotor komplett mit Schall „unwirtlich'"gemacht, dann ergibt sich ein anderes Problem. Durch solch eine Massnahme würden Lebensräume verloren gehen, die mit einer Abschaltung-Algorithmik der WEA zum Fledermausschutz noch weiter nutzbar sind. Es müssten dann durch den Betreiber Ersatzflächen im Rahmen von Ausgleichs-Massnahmen zur Verfügung gestellt werden.

12.4.2 Echtzeitabschaltung

Aus den selben Gründen, die auch die akustische Erfassung an der Gondel nicht zuverlässig bei großen Rotordurchmessern erlauben, ist die Echtzeitabschaltung nach Erkennung von Fledermausaktivität mittels akustischer Methoden keine Alternative. Die Erfassungsdefizite, also die Nicht-Registrierung von Fledermäusen im Rotorbereich, verhindert einen wirksamen Schutz von Individuen. Es wird regelmässig zu eigentlich vermeidbaren Tötungen kommen.

Selbst wenn die Erfassungsreichweite entsprechend vergrößert werden könnte, die Zeit zum Abschalten der Anlage ist zu lang. Eine Fledermaus würde immer noch in den Rotorbereich einfliegen, bevor dieser langsam genug dreht (siehe auch Abb. 12.5). Die Erfassung müsste damit bereits deutlich vor Einfliegen in den Rotorbereich geschehen. Dies erschwert eine Gondelbasierte Installation noch zusätzlich. Auch Mikrofone in den Flügeln würden wegen der teils hohen Geschwindigkeit keine zuverlässige Daten liefern.

Eine mögliche Abhilfe wäre ein Mikrofonring in der Peripherie. Jedoch wird dies schnell sehr kostspielig, da auf Grund der modernen Anlagekonfigurationen wenigstens zwei bis drei Ebenen akustisch überwacht werden müssen. Die Kosten für nötige Installationen von Masten und Detektoren sind auch bei Laufzeiten von 20 Jahren nicht zu vernachlässigen. Aber auch technische Aspekte wie die Vernetzung und Einbindung ins SCADA-System müssten implementiert werden.

Bei einer Anbringung direkt an der Gondel können außerdem Störgeräusche zu Fehlstopps führen. Der Betrieb einer WEA produziert zahlreiche Geräusche mit Schalldruckpegeln von bis zu 106 dB (A), teils liegen diese im Ultraschall. Manche Geräusche sind Fledermauslauten ähnlich und führen so zu falsch-positiven Erkennungen und folgenden unnötigen Stopps.

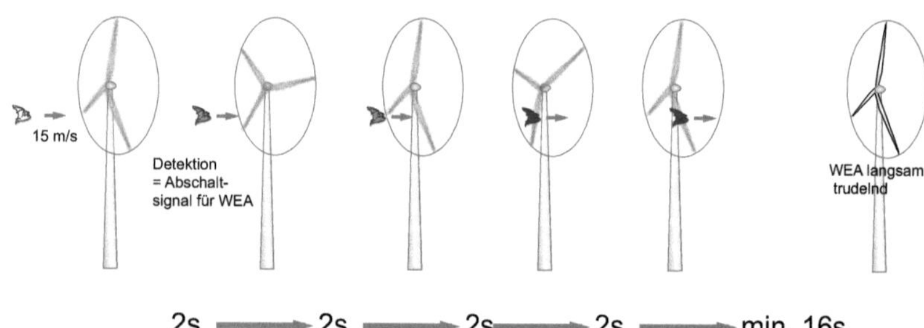

Abbildung 12.5: Die Abbildung zeigt den Verlauf einer Echtzeitabschaltung und den Flugweg einer Fledermaus während dieser Zeitspanne. Bevor die WEA im Trudelbetrieb ist, ist die Fledermaus lange durch den noch schnell drehenden Rotor geflogen und somit Schlaggefährdet.

13 Fledermausrufe

Fledermäuse nutzen Ultraschallrufe, um sich zu orientieren und Hindernisse im Flugweg oder Beute zu finden. Man spricht daher auch von Echoortung. Die Rufe der Arten unterscheiden sich im Hinblick auf Parameter wie Frequenz, Frequenzverlauf, Ruflänge und Rufabstände. Dabei hat das Rufdesign immer zum Ziel, die Umwelt und Beute möglichst optimal wahrzunehmen. Insofern können Rufe unterschiedlicher Arten und Gattungen manchmal nur wenig oder gar nicht bei der Rufanalyse unterscheidbar sein.

Zusätzlich zu den Ortungsrufen kommunizieren Fledermäuse auch akustisch. Sie nutzen sogenannte Sozialrufe, um auf sich aufmerksam zu machen (Balz) oder Informationen auszutauschen (Quartiere). Sozialrufe sind zumeist deutlich von den Ortungslauten abgegrenzt und länger und in tieferfrequent. Jedoch gibt es auch immer wieder Sozialrufe, die sich nur kaum von Ortungsrufen unterscheiden.

In diesem Kapitel wird ein kurzer Überblick über Fledermausrufe gegeben. Dieses Kapitel soll und kann nicht eine ausführliche Darstellung der Fähigkeiten und Möglichkeiten der Echoortung bieten, ebensowenig kann es eine Bestimmungshilfe sein. Aber es soll dem interessierten Leser einen kleinen Einblick geben.

13.1 Ruftypen und ihre Funktion

Fledermaus-Rufe werden, wie bereits in Abbildung 5.2 gezeigt, in cf, qcf, fm-qcf und fm Rufe unterteilt. Diese Unterscheidung begründet sich durch den Frequenzverlauf. Rufe können mehr oder minder nur eine Frequenz beinhalten (cf und qcf), eine durchgehende Änderung der Frequenz aufweisen (fm) oder eine Mischung beider Typen sein (fm-qcf).

Eine einheitliche Definition der einzelnen Ruftypen gibt es nicht. Folgendes Schema erweist sich als sinnvoll (siehe auch Abb. 13.1):

- cf-Ruf: Die durchschnittliche Steigung des Rufes ist $< 0,1$ Kilohertz pro Millisekunde.

- qcf-Ruf: Die durchschnittliche Steigung des gesamten Rufes ist $\geq 0,1$ Kilohertz und < 1 kHz pro Millisekunde.

- fm-qcf-Ruf: der Ruf enthält fm- und qcf-Abschnitte, die jeweils mindestens eine Millisekunde lang sind.

- fm-Ruf: der Ruf enthält keine Abschnitte, deren Steigung < 1 kHz/ms ist und die länger als eine Millisekunde sind.

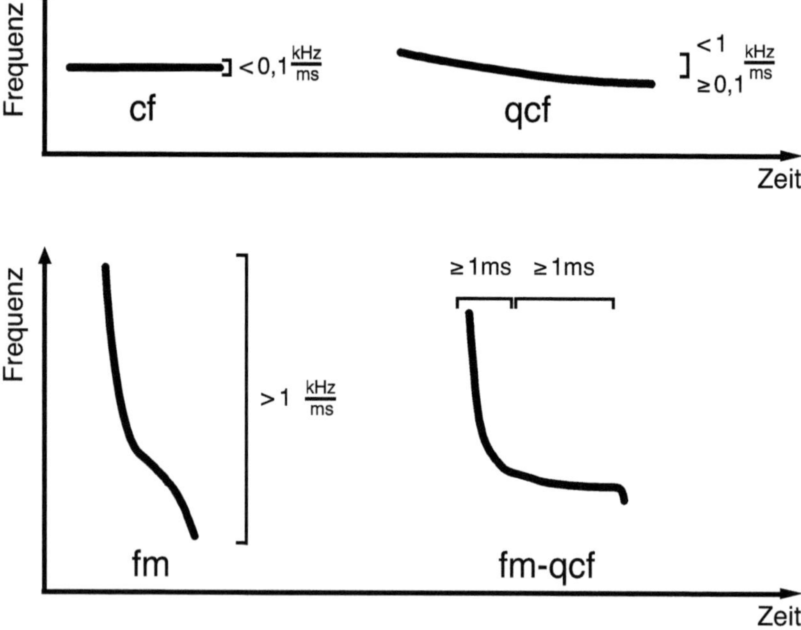

Abbildung 13.1: Entsprechend der durchschnittlichen Steigung von Rufverläufen lassen sich vier Ruftypen definieren.

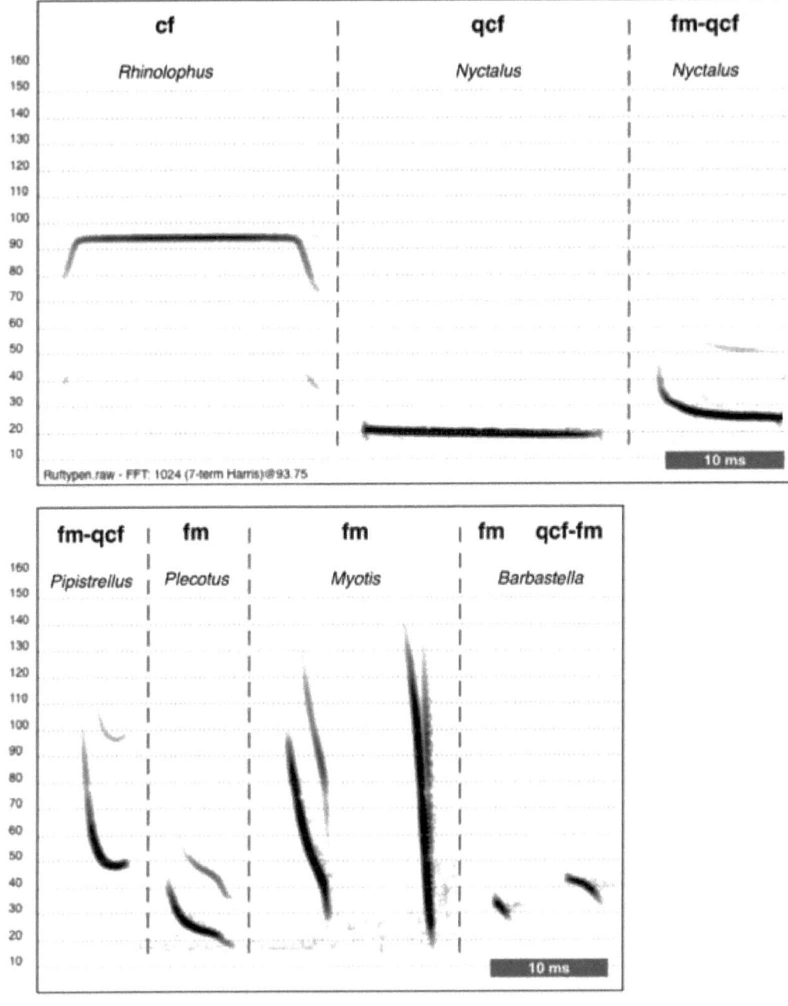

Abbildung 13.2: Beispiele von Ortungsrufen der einzelnen Ruftypen.

In der Abbildung 13.2 sind am Beispiel von Rufen Mitteleuropäischer Arten diese Ruftypen dargestellt. Manche Arten sind dabei aber in der Lage, verschiedene Ruftypen zu nutzen, so dass nicht zwingend immer entsprechend der Einteilung gerufen wird. Insbesondere Arten der

Gattungen *Nyctalus*, *Eptesicus*, *Vespertilio* und *Pipistrellus* können sowohl cf, fm-cf und fm-Rufe nutzen. Diese Rufe werden flexibel an die jeweilige Flugsituation angepasst. Die Bestimmung von Arten kann dadurch sehr stark erschwert werden und ist manchmal unmöglich.

Rufe mit hoher Bandbreite, also fm-Rufe, verbessern deutlich die Entfernungsmessung. Dies ist wichtig bei der Jagd in geschlossenen Strukturen. Bei qcf/cf-Rufen hingegen ist dafür die Energie in einer einzelnen Frequenz höher, was die Detektionsreichweite verbessert. Diese eignen sich gut für die Jagd im offenen Luftraum.

Die folgenden Sonagramme verdeutlichen die Ruftypen und deren flexible Nutzung durch einzelne Fledermausarten. Gezeigt wird der Frequenzbereich von 0 bis 150 kHz, höhere Frequenzen sind ausgelassen. Die Rufpausen sind für eine bessere Darstellung aus den Sequenzen geschnitten.

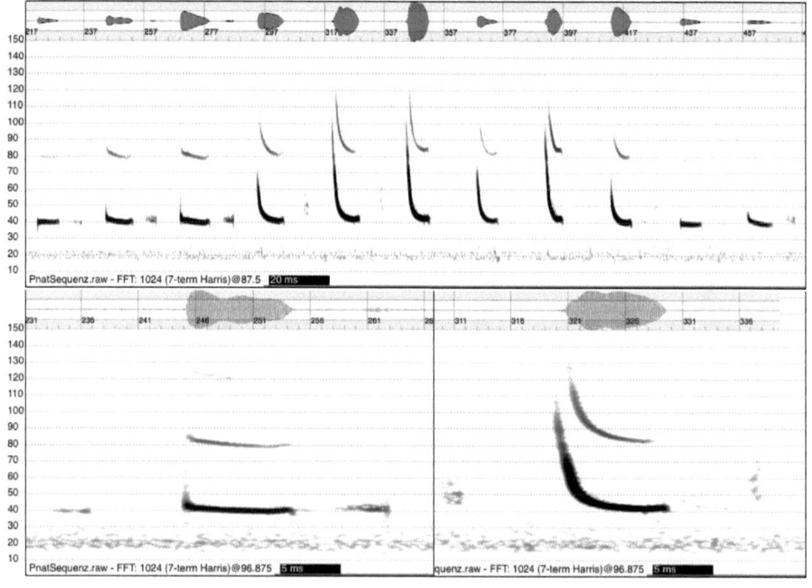

Abbildung 13.3: Beispiel einer Sequenz von Rufen der Rauhhautfledermaus. Der Unterschied zwischen den qcf (unten links) und fm-qcf-Rufen (unten rechts) ist deutlich zu erkennen.

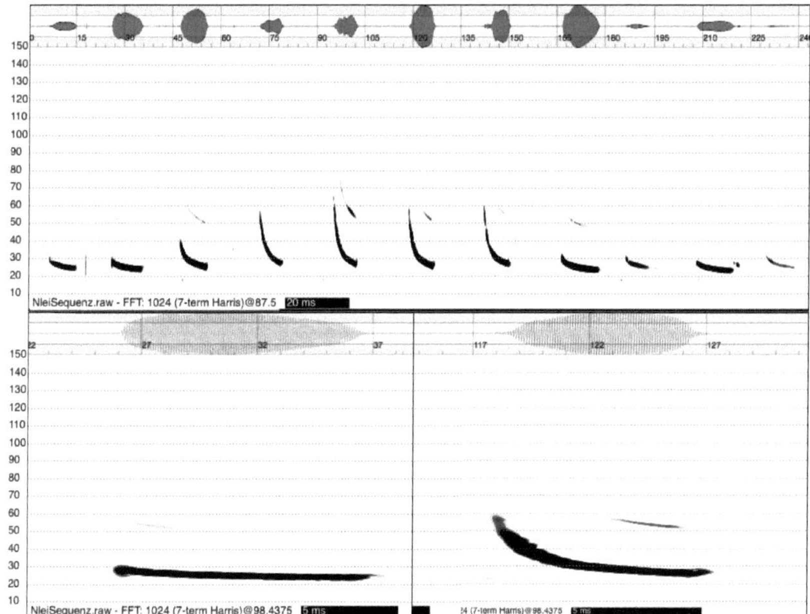

Abbildung 13.4: Beispiel einer Sequenz von Rufen des Kleinabendseglers. Der Unterschied zwischen den qcf (unten links) und fm-qcf-Rufen (unten rechts) ist deutlich zu erkennen.

Die Sonagramme 13.3 und 13.4 stammen von Arten, die bevorzugt im Offenen oder entlang von Randstrukturen jagen. Die obere Darstellung zeigt eine Sequenz von Rufen im Überblick. Außerdem sind im Detail jeweils zwei unterschiedliche Rufe gezeigt, die die verwendeten Ruftypen hervorheben. Deutlich erkennt man eine ausgeprägte Plastizität. In beiden Fällen flog das Tier eine Randstruktur an (Hecke, Waldrand) und wechselte von qcf-Rufen zu qcf-fm Rufen. Diese sind nicht nur stärker moduliert, sondern weisen in der Regel auch eine kürzere Rufdauer auf. Dies ist bei Nyctaloiden-Arten stärker ausgeprägt als bei Pipistrelloiden-Arten.

Während die Variabilität qcf-Arten klar in einzelnen Aufnahmen zu erkennen ist, zeigen Arten mit fm-Rufen dies nicht. Die folgenden Abbildungen 13.5 und 13.6 zeigen Sequenzen an einem Waldrand der Wasserfledermaus und des Braunen Langohrs. Ein Wechsel des Ruftyps ist offensichtlich nicht zu erkennen. Zwar erfolgt eine Veränderung der fm-Rufe, aber nicht in so deutlichem Umfang.

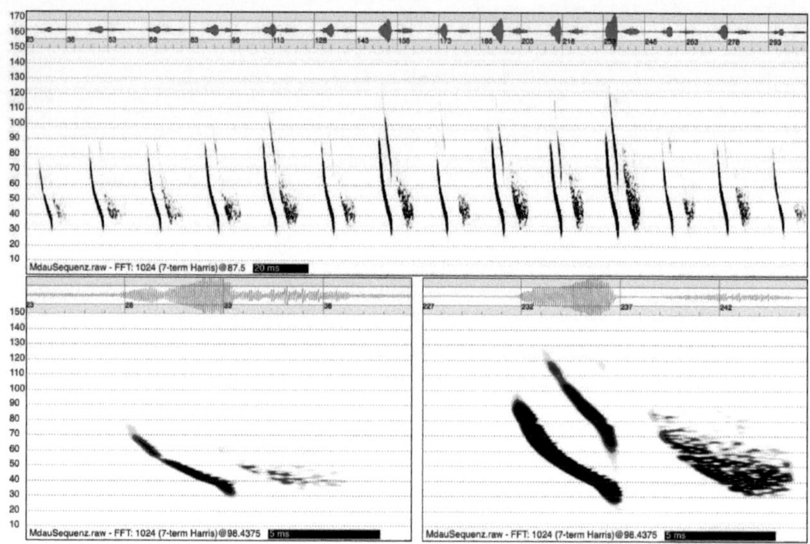

Abbildung 13.5: Beispiel einer Sequenz von Rufen der Wasserfledermaus. Ein Unterschied in den Rufen ist nicht zu erkennen.

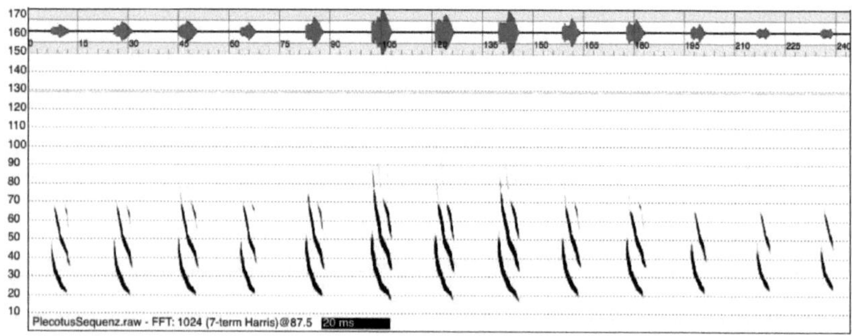

Abbildung 13.6: Beispiel einer Sequenz von Rufen des Braunen Langohrs. Ein Unterschied in den Rufen ist nicht zu erkennen.

Zwar können diese Arten zum Beispiel in sehr offenen Flugsituationen auch deutlich längere und weniger modulierte Rufe verwenden. Doch wechseln sie eben meist nicht innerhalb einer Sequenz den Ruftyp so deutlich, wie die vorhergehend gezeigten Arten.

In Aufnahmen sieht man bei der Sonagramm-Darstellung häufig noch weitere Elemente, die scheinbar zu den Rufen gehören. Dabei kann es sich um Oberschwingungen oder Echos handeln. Oberschwingungen auch als Harmonische bezeichnet, liegen immer mit doppelter Frequenz der Grundschwingung an (Abb. 13.7). Harmonische sind in den Aufnahmen häufig technische Artefakte, jedoch gibt es auch Arten, die gezielt Harmonische nutzen. Dies sind die Langohrarten (siehe auch Abb. 13.6) oder die Hufeisennasen. Bei den Langohren wird die erste Harmonische oder Grundschwingung dominant und die zweite Harmonische mit geringerer Energie ausgesendet. Im Gegensatz dazu betonen die Hufeisennasen-Arten die zweite Harmonische, die erste Harmonische ist häufig fehlend.

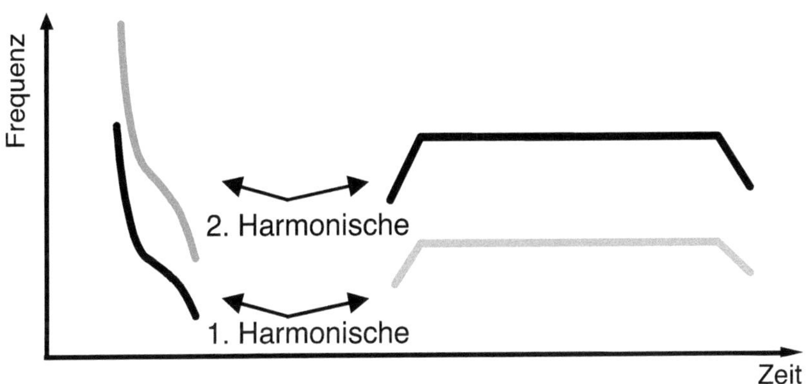

Abbildung 13.7: Im Sonagramm lassen sich teilweise neben der ersten Harmonischen (Grundschwingung) auch weitere Harmonische erkennen.

Neben den Harmonischen, die tatsächlich Bestandteil eines Rufs sein können, finden sich auch Echos (Abb. 13.8). Echos können sehr deutlich ausgeprägt sein und stammen dann von einem festen Objekt. Diffuse Echos nach dem Ruf stammen von größeren, strukturierten Objekten. Häufig ist die Belaubung von Bäumen oder Sträuchern hierfür verantwortlich.

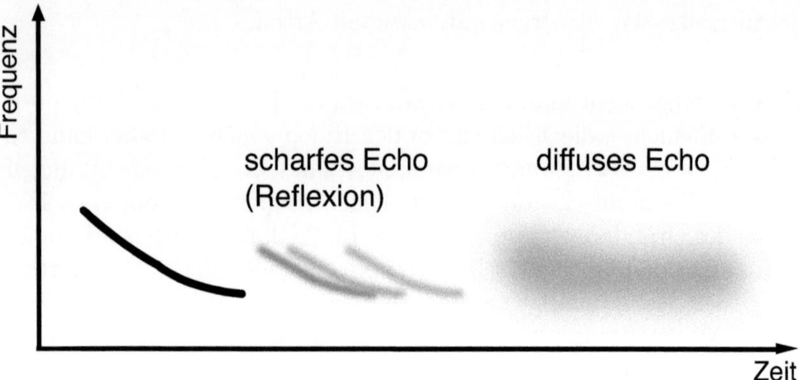

Abbildung 13.8: Im Sonagramm lassen sich teilweise neben dem Fledermausruf auch auf diesen folgende Echos erkennen.

13.2 Gildenstruktur

Verschiedene Fledermausarten haben unterschiedliche Ortungsrufe. Diese sind nicht nur abhängig von der einzelnen Fledermausart, sondern auch an die Flugsituation respektive die aktuelle Aufgabe der Fledermaus angepasst. Es wird angenommen, dass einzelne Arten sich auf bestimmte Jagdweisen spezialisiert haben. Diese Jagdweisen sind dabei primär durch die nutzbaren räumlichen Strukturen definiert. Durch unterschiedlich starke Bindung an Vegetationsstrukturen bei der Jagd werden sogenannte Gilden definiert. Diese sind zum einen die im freien Luftraum jagenden Arten und solche, die in verschiedenen Graden an die Jagd an Strukturen angepasst sind. Letztere sind durch horizontale Heterogenität und vertikale Komplexität des Habitats stark beeinflusst. Hierzu zählen solche Arten, die entlang von Randstrukturen jagen, und damit mit leichten Hintergrund-Echos von Vegetationsstrukturen umgehen müssen. Die schwierigste Aufgabe an die Echoortung stellt sich den Arten, die auch innerhalb geschlossener Vegetationsräume jagen und durchgehend teils starke Echos des Hintergrunds erhalten (siehe auch Abb. 13.9).

Vom offenen Luftraum hinzu geschlossenem ändert sich daher nicht nur der Ruftyp, sondern es verringert sich auch die Rufdauer von

Offener Luftraum   Kontakt zu   Geschlossener Luftraum
                      Vegetation

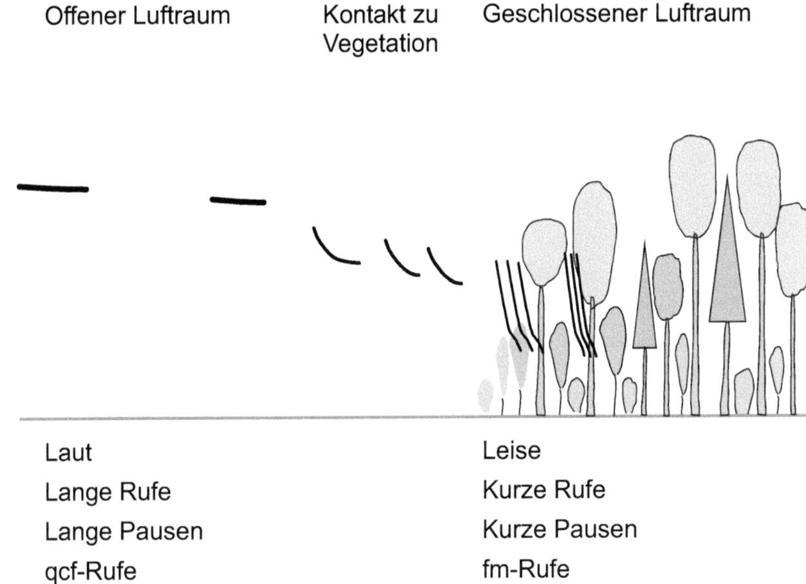

Abbildung 13.9: Die Fledermausfauna wird in der Regel in die Gilden des offenen Luftraum, der Randstrukturen und des geschlossenen Luftraums eingeteilt.

über 20 ms auf bis zu unter 5 ms. Dies sind Anpassungen an die zunehmende Überlappung von Beute-Echos mit Vegetationsechos, wie in der Abbildung 13.10 gezeigt. Auch die Rufabstände nehmen mit zunehmenden Hintergrundechos ab, so dass häufiger je Sekunde gerufen wird. Die Anpassung an die Umgebung geschieht sehr plastisch und beeinflusst die Artbestimmung anhand von Rufaufnahmen in der Regel stark.

Dementsprechend gestalten die Arten auch die Ortungsrufe. Die Jagd im offenen Luftraum, mit den typischen Beispielen Großer Abendsegler (*Nyctalus noctula*), Kleinabendsegler (*Nyctalus leisleri*) oder Zweifarbfledermaus (*Vespertilio murinus*), zeichnet sich durch laute und lange cf- und qcf-Rufe aus. Solche Rufe sind nicht sehr tolerant gegenüber Echos von zum Beispiel Vegetation. Durch die große Rufdauer kann es dann zu Überlappungen des Rufs mit dem Echo kommen. Ebenso werden Echos von Beute leicht durch Echos von Vegetation verdeckt. In solchen Situation müssen diese Arten die Rufe

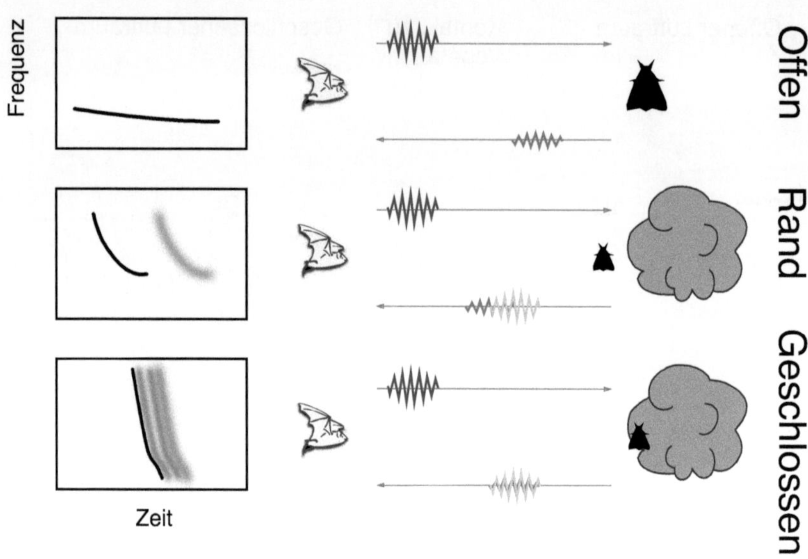

Abbildung 13.10: Mit zunehmender Überlagerung von Beuteechos durch Vegetationsechos nimmt die Rufdauer ab und der fm-Anteil gegenüber einem qcf-Anteil im Ruf zu. Von oben nach unten ist dies für offenen Luftraum, Randstrukturen und geschlossenen Luftraum beispielhaft gezeigt.

dann entsprechend verkürzen, um noch Beute orten zu können (Abb. 13.11).

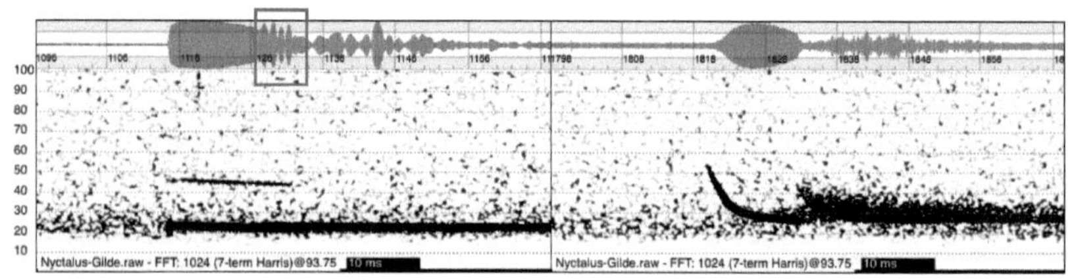

Abbildung 13.11: Am Beispiel von zwei Rufen aus einer Sequenz erkennt man, wie der Kleinabendsegler im Falle von starken Echos und Überlappung mit den Ortungsrufen (linke Abbildung) durch kürzere Rufe das Problem löst. Durch den Rahmen im Oszillogramm ist beim linken Ruf der Überlappungsbereich mit Echos markiert. Der Rechts abgebildete Ruf ist komplett von den Echos getrennt.

Arten wie die Zwergfledermaus (*Pipistrellus pipistrellus*) oder die

Breitflügelfledermaus (*Eptesicus serotinus*) jagen bevorzugt entlang von Randstrukturen und nutzen fm-qcf-Rufe. Die Rufe sind daher generell bereits kürzer und haben zumeist einen fm-Anteil. Auch diese Arten müssen bei zunehmender Überlappung von Echos die Rufe verkürzen (Abb. 13.12).

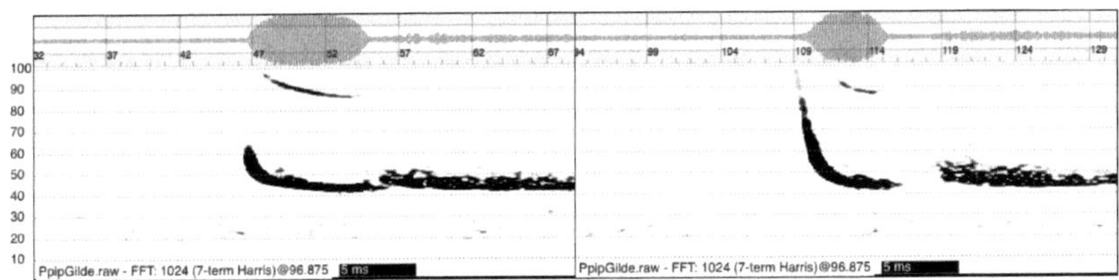

Abbildung 13.12: Anhand zweier Rufe, die aus einer Sequenz stammen, erkennt man, wie die Zwergfledermaus im Falle von starken Echos und Überlappung mit den Ortungsrufen (linke Abbildung) durch kürzere Rufe das Problem löst. Der Rechts abgebildete Ruf ist komplett von den Echos getrennt.

Insbesondere Arten der Gattungen *Myotis* und *Plecotus* jagen in geschlossenen, echoreichen Strukturen, sie nutzen kurze fm-Rufe. Diese sind häufig sehr leise und dadurch nicht zuverlässig detektierbar. Manche Arten nutzen dann zusätzlich noch passive Ortung. Das bedeutet, sie lauschen auf Geräusche, die die Beuteinsekten verursachen und lokalisieren diese ohne Ortungsrufe. Dabei wird jedoch die Ortung nicht abgestellt, da nach wie vor Hindernisse detektiert werden müssen.

13.3 Fangrufe

Fledermäuse weisen besondere Ruffolgen auf, wenn sie Beuteinsekten orten und Fangen wollen. Zwar lässt sich akustisch der Fang von Beute durch die Fledermaus nicht direkt nachweisen, jedoch deuten sogenannte Fangrufsequenzen in der Regel auf Jagd hin. Solche Fangrufsequenzen können von allen Arten aufgezeichnet werden. Typischerweise sind diese jedoch nur selten bei *Myotis*-Arten zu verzeichnen. Dies kann eine Folge er leisen Rufe ebenso wie der teilweisen Fähigkeit zur Passiv-Ortung liegen.

Eine Fangrufsequenz zeichnet sich dadurch aus, dass normale Ortungs-

rufe übergehen in kürzere, stärker modulierte Rufe mit abnehmenden
Rufabstand. Man kann in der Regel eine Annäherungsphase, eine
Verfolgungsphase und die Endphase unterscheiden (Abb. 13.13).

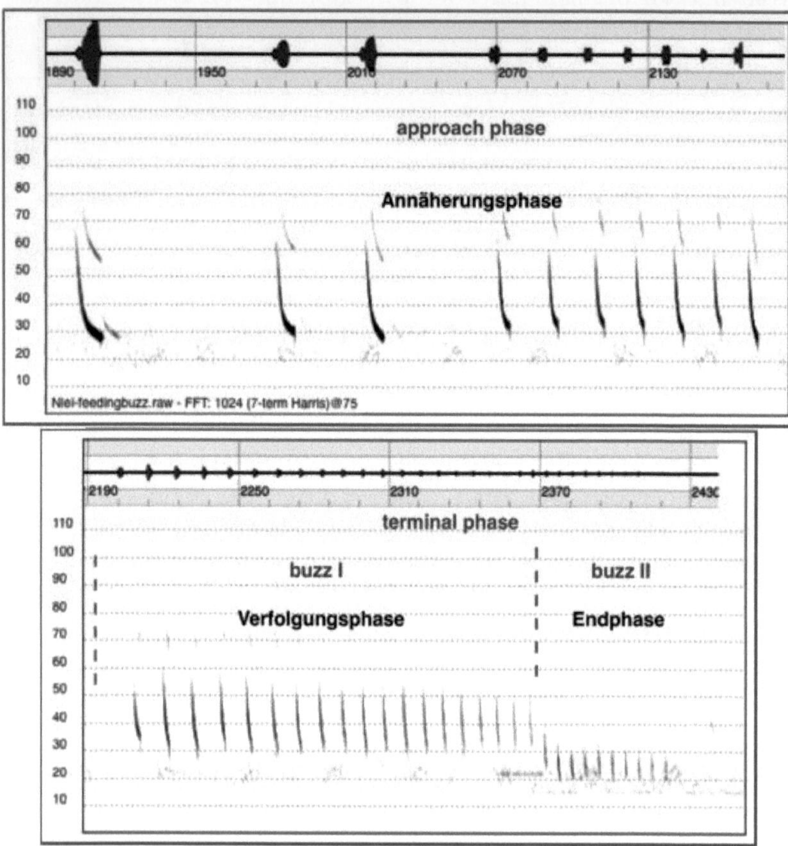

Abbildung 13.13: Am Beispiel einer Aufnahme des Kleinabendsegler sind die
verschiedenen Phasen einer Fangrufsequenz gezeigt.

Fangrufe sind ein Hinweis auf Jagdaktivität von Fledermäusen. Das
Fehlen von Fangrufen ist jedoch nicht gleichbedeutend mit dem Fehlen
von Jagd (siehe auch 10.6.1).

In einer Erfassung über zwei Jahre in Waldstrukturen (Runkel (2008))
wurden von der Zwergfledermaus ein Anteil von 0% bis 31% Sequenzen

mit Fangsequenzen ermittelt, zumeist lag der Anteil zwischen 5%
und 15%. Für die Mückenfledermaus lagen Jagdrufsequenzen anteilig
deutlich niedriger. Für die Mopsfledermaus wurden an zahlreichen
Standorten Anteile von 7% ermittelt, selten auch höhere Anteile von
15% bis 25%. Insgesamt niedriger fielen die Anteile bei den *Myotis*-
Arten aus. Für das Große Mausohr fehlten solche Sequenzen gänzlich.

13.4 Sozialrufe

Fledermäuse weisen ein sehr umfangreiches Spektrum an Soziallau-
ten auf. Diese dienen der Kommunikation und werden insbesondere
an Quartieren und im Herbst zur Balzzeit häufiger aufgezeichnet.
Von manchen Arten, wie zum Beispiel der Zwergfledermaus, werden
manche Sozialrufe sogar beinahe ganzjährig aufgezeichnet.

Die Funktion vieler Sozialrufe ist dabei nicht klar. Manche Ruftypen
können sehr eindeutig der Balz zugerechnet werden, jedoch werden
selbst diese manchmal auch im restlichen Jahr verwendet. Die Vielzahl
der anderen Sozialrufe werden häufig nur selten aufgezeichnet. Vor
allem bei Aufnahmen im Habitat, also nicht direkt am Quartier, ist
dann weder die Funktion klar, noch kann immer auch eine Art diesen
Rufen sicher zugeordnet werden.

Sozialrufe zeichnen sich zumeist dadurch aus, dass sie deutlich länger
oder komplexer als Ortungsrufe gestaltet sind. Das bedeutet zum
Beispiel tiefere Frequenzen, mehrere Ruf-Elemente oder aber aufwendige Rufmodulationen (siehe Abb. 13.15). Jedoch gibt es auch
Übergänge von Ortungsrufen zu Sozialrufen (siehe Abb. 13.16 und
Abb. 13.17), so dass letztere nicht immer deutlich zu erkennen sein
müssen. Erschwerend kommt hinzu, dass die Sozialrufe mancher Arten
den Ortungsrufen anderer Arten stark ähneln können und daher auch
nicht immer eindeutig angesprochen werden können.

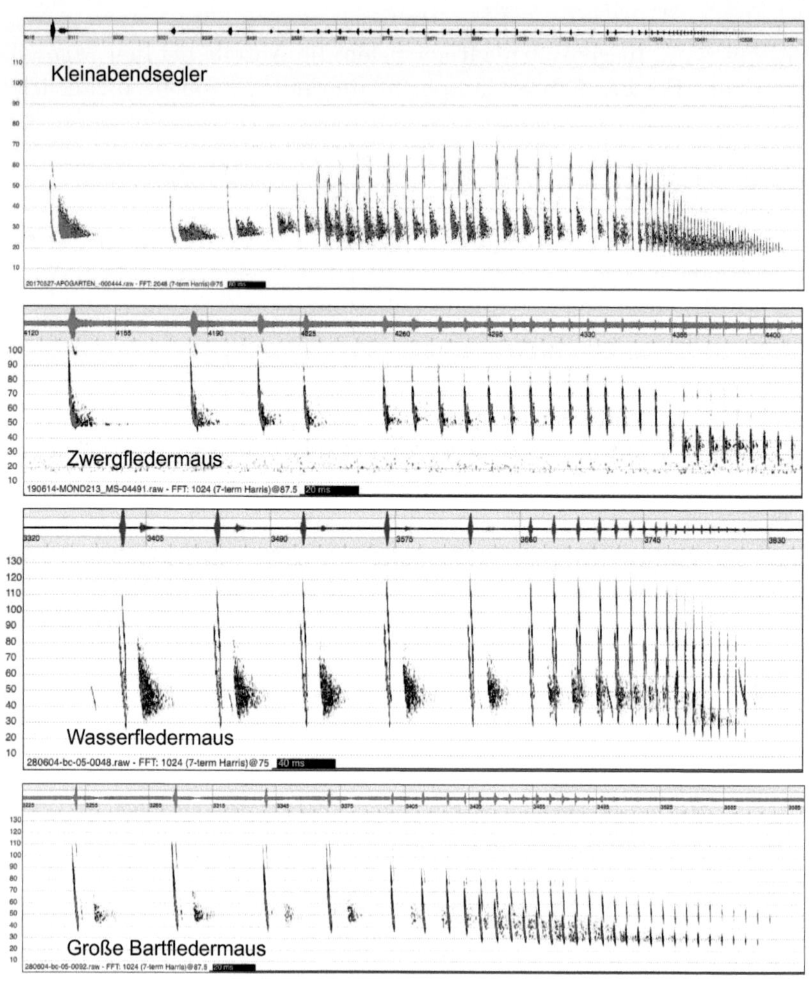

Abbildung 13.14: Die Sonagramme zeigen Beispiele von Fangsequenzen verschiedener Arten.

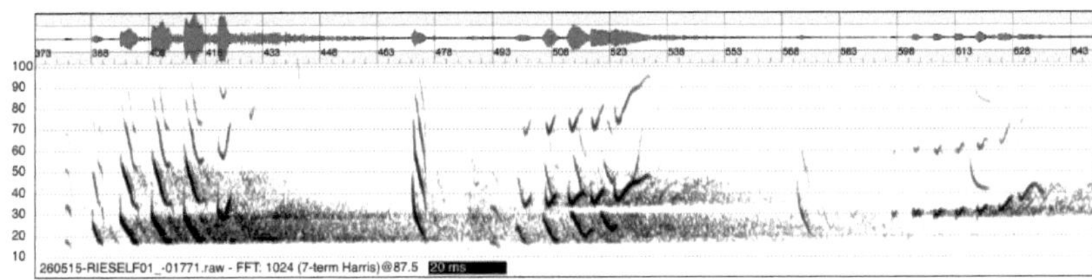

Abbildung 13.15: Das Sonagramm zeigt einen komplexen Balzgesang der Rauhhautfledermaus, der aus mehreren Elementen besteht.

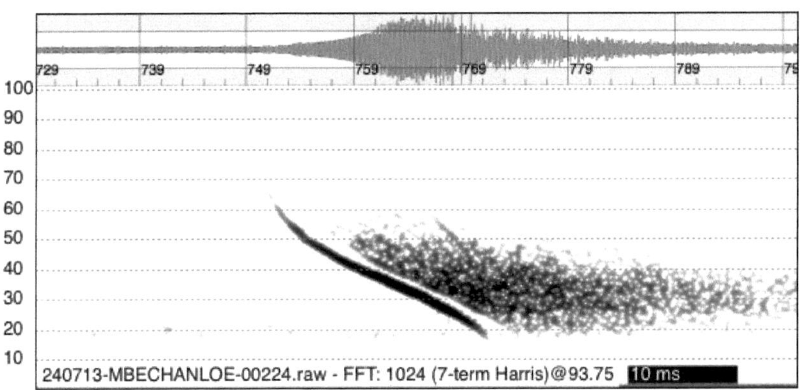

Abbildung 13.16: Das Sonagramm zeigt eine Sozialruf der Bechsteinfledermaus, der Ortungsrufen nicht unähnlich ist, jedoch eine deutlich größere Dauer aufweist.

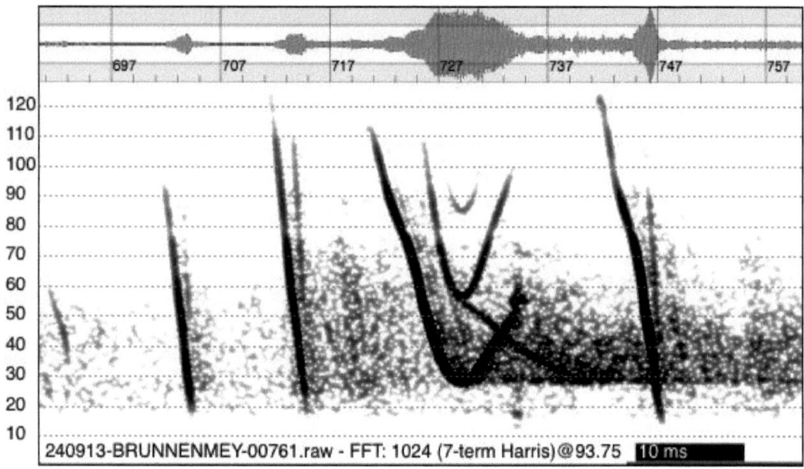

Abbildung 13.17: Das Sonagramm zeigt eine Sozialruf aus der Balzzeit der Fransenfledermaus. Dieser erinnert vage an Ortungsrufe, ist jedoch deutlich komplexer moduliert.

14 Schallphysik, Schallverarbeitung und technische Aspekte

Werden akustische Methoden der Fledermauserfassung eingesetzt, sollte ein gewisses Verständnis für die Eigenschaften, die Ausbreitung und Verarbeitung von Schall vorhanden sein. Ohne diese können grundlegende Begriffe und Zusammenhänge nur bedingt verstanden werden. Auch sollte man sich im Hinblick auf den Aufbau der Geräte etwas mit Schall und seiner Physik auskennen (z. B. wegen Echos). Das folgende Kapitel behandelt darüberhinaus einige grundlegende technische Aspekte der Lautaufnahme und Analyse. Neueinsteiger der Fledermaus-Akustik sollten daher dieses Kapitel als Pflichtanalyse ansehen. Aber auch erfahrene Anwender können das eine oder andere Neue kennenlernen.

14.1 Schall

Bei Schall handelt es sich um eine mechanische Schwingung und Welle in einem elastischen Medium. Schall benötigt also ein elastisches Medium, dieses bestimmt auch die Eigenschaften der Ausbreitung. Bei Luftschall, der für Fledermäuse relevant ist, handelt es sich um eine Longitudinalwelle. Dies sind Druckwellen, die in Ausbreitungsrichtung schwingen. Bereichen mit erhöhter Kompression folgen Bereiche mit erniedrigter Kompression. Diese Druckschwankungen sind dem Standarddruck im Medium überlagert. Um Schall zu beschreiben, können mehrere verschiedene Aspekte betrachtet werden. Diese ermöglichen die genaue Definition von Schallereignissen im Hinblick auf deren genaue Charakterisierung. Diese sind hinreichend zur Beschreibung von Schallereignissen.

14.1.1 Frequenz

Die Frequenz von Schallereignissen, umgangsprachlich auch Tonhöhe, bezeichnet die Anzahl Schwingungen je Zeiteinheit und wird in der Einheit Hertz (Hz) gemessen. Ein Ton mit 20 000 Hz oder 20 kHz hat somit 20 000 Schwingungen je Sekunde. Schallfrequenzen werden unterschieden nach für den Menschen nicht hörbaren Infraschall (<16 Hz), Hörschall (16 Hz bis 20 kHz) und ebenso nicht hörbaren Ultraschall (>20 kHz). Die Frequenz f hängt dabei über die Schallgeschwindigkeit c direkt mit der Wellenlänge λ zusammen:

$$f = \frac{c}{\lambda}$$

Mit zunehmender Frequenz sinkt somit die Wellenlänge. Sie spielt eine wichtige Rolle im Hinblick auf die Reflexion und Beugung von Schall. Je kleiner die Wellenlänge, desto kleiner können die Objekte sein, um noch Echos zu liefern. Größere Wellenlängen werden dafür besser an Objekten gebeugt. Für Fledermäuse hat dies insofern starke Auswirkungen, da Beutetiere und Objekte im Raum in Abhängigkeit der Ruffrequenz nur bis zu einer bestimmten Größen orten lassen. Bei tieffrequent rufenden Fledermäusen reflektieren große Beutetiere gut, kleine Beutetiere unterhalb der Auflösung der Wellenlänge schlecht oder gar nicht. Mit zunehmender Ruffrequenz nimmt die Auflösung zu. Somit können in Abhängigkeit der Wellenlänge nicht immer alle Insekten gut geortet werden.

Bei einer Frequenz von 20 kHz ergibt sich nach obiger Formel eine Auflösung von etwa 1,7 cm, bei 40 kHz von etwa 0,8 cm.

14.1.2 Schalldruck und Schalldruckpegel

Es handelt sich beim Schalldruck (in Luft) um Schwankungen der Luftdichte. Diese entstehen bei der Ausbreitung einer Schallwelle und überlagern den normalen Luftdruck. Der Schalldruck entspricht vereinfacht der Schwingungsamplitude einer Schallwelle. Schalldruck wird in Pascal (Pa) gemessen. In der Regel wird jedoch der Schalldruck als Pegel in dB SPL bezogen auf $p_0 = 20\mu\,Pa = 2*10^{-5}Pa$ verwendet:

$$L_p = 10 * log_{10}(\frac{\tilde{p}^2}{p_0^2})\;dB = 20 * log_{10}(\frac{\tilde{p}}{p_0})\;dB$$

SPL steht hierbei für den englischen Ausdruck *sound pressure level*. Der logarithmische Zusammenhang von Schalldruckpegel und Referenzdruck erleichtert die Darstellung des ansonsten sehr großen Wertebereichs. Das bedeutet aber auch, dass bei der Betrachtung von akustischen Ergebnissen Verhältnisse gegebenenfalls auch logarithmisch ausgedrückt werden müssen.

Der Schalldruck stellt eine technische Größe dar und darf nicht mit der psychoakustischen Lautstärke-Empfindung verwechselt werden. Generell gilt jedoch, dass eine Erhöhung des Schalldruckpegels auch als eine Erhöhung der Lautstärke empfunden wird.

14.1.3 Schallausbreitung

Die Ausbreitung von Schall führt automatisch zu einer Verminderung des Schalldrucks. Es gilt die 1/r - Regel, das bedeutet der Schalldruck nimmt umgekehrt proportional zur Entfernung r ab. Mit einer Verdoppelung der Entfernung verringert sich der Schalldruck um 6 dB. Dies entspricht einer Halbierung des Schalldruckpegels. Diese sogenannte *geometrische Abschwächung* ist unabhängig von Frequenz und Umweltparametern. Es kann theoretisch zu Abweichungen dieser *Halbierungsregel* durch zum Beispiel Reflexionen oder Hall kommen. In der Praxis lassen sich diese Effekte bei Fledermausrufen bisher nicht beobachten oder messen.

Zusätzlich wirkt die *atmosphärische Abschwächung* oder Dissipation, die Frequenz- und insbesondere Umweltabhängig ist. Durch die Zusammensetzung der Atmosphäre, die Temperatur und die Luftfeuchte ändert sich die Stärke der Abschwächung. Je höher die Frequenz, desto stärker fällt die Dämpfung aus und liegt zwischen 0,5 dB/m (20 kHz) bis zu >1 dB/m bei höheren Frequenzen (siehe Abb. 14.1). Man kann diesen Effekt bei Nebel sehr leicht selber erfahren: Tieffrequente Geräusche werden gehört, solche mit höheren Frequenzen scheinbar verschluckt, alles hört sich *dumpf* an.

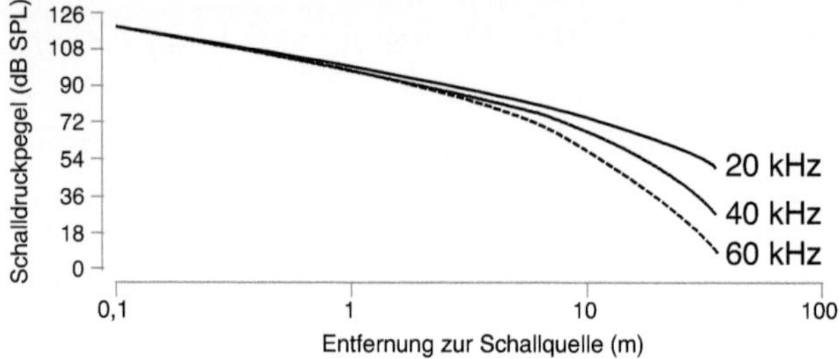

Abbildung 14.1: Beispielhafte Darstellung der Abschwächung von Schall bei der Ausbreitung. Für drei Frequenzen ist der Schalldruckpegel in Abhängigkeit der Entfernung angegeben. Man erkennt neben der geometrischen Abschwächung auch die Dissipation, die sich mit zunehmender Entfernung stärker auswirkt.

14.2 Mikrofon

Das Mikrofon ist der Sensor für den Empfang von Schall. Schalldruck-änderungen werden erfasst und als Spannungsänderungen abgebildet. Diese elektrische Abbildung des Schalls kann dann analog weiterverarbeitet werden. Zum Beispiel können Filterfunktionen ungewünschte Anteile herausfiltern oder Bereiche verstärken. Außerdem dient dieses analoge Signal als Vorlage für die Digitalisierung.

Das optimale Fledermaus-Mikrofon ist für den Frequenzbereich von 10 bis ca. 150 kHz gleich empfindlich. Man spricht auch von einem linearen Frequenzgang. Der Signalrauschabstand (SNR) ist dabei möglichst hoch, so dass auch leise Signale noch aufgezeichnet werden können. Der Schalleinfallswinkel sollte bei der Erfassung keine Rolle spielen (omnidirektional). Auch ist dieses optimale Mikrofon Witterungsunabhängig und Regenfest. Dieses optimale Mikrofon gibt es leider nicht, so dass in der Realität Abstriche bei einer oder mehrerer Eigenschaften gemacht werden müssen.

14.2.1 Mikrofontypen und Eigenschaften

Es gibt diverse Konstruktionsprinzipe für Mikrofone. In Detektoren werden meist Elektret-Kondensator und seltener Folien-Kondensator Mikrofone verwendet. Die erst genannten bilden einen guten Kompromiss. Sie sind verhältnismässig empfindlich für Schall und in der Regel sehr klein gebaut. Somit sind sie auch wenig anfällig für Witterung und weisen konstruktionsbedingt eine gute Omnidirektionalität auf. Der große Nachteil dieses Mikrofontyps ist jedoch der schlechte Frequenzgang, hohe Frequenzen werden schlechter aufgezeichnet.

Folien-Kondensator-Mikrofone mit kleinem Durchmesser (z. B. $1/8''$) sind sehr linear im Frequenzgang, jedoch nicht so Schall-empfindlich wie große (z. B. $1/2''$) Mikrofone. Diese weisen eine sehr hohe Schall-Empfindlichkeit bei recht linearem Frequenzgang auf. Jedoch sind diese Mikrofone bei hohen Frequenzen stark richtungsabhängig und generell auch sehr Feuchte-empfindlich.

Baugleiche Mikrofone haben nicht zwingend identische Eigenschaften. Insbesondere die Empfindlichkeit für Schall kann sich teils deutlich unterscheiden (± 6 dB). Aber auch Unterschiede im Frequenzgang können bestehen. Einfach nachvollziehbar ist dies zum Beispiel bei Folien-Kondensator Mikrofonen. Hier hat die Bespannung durch die Folie ebenso wie die Gleichmässigkeit der Folie einen Einfluss auf die Eigenschaften. Aber auch bei Elektret-Mikrofonen ergibt sich durch Toleranzen der verwendeten Bauteile ein Unterschied je Mikrofonindividuum.

In den meisten Geräten wird zur Zeit eine Elektret-Kapsel aus der FG-Serie von Knowles verwendet, die zuerst im Pettersson D240x und im batcorder eingesetzt wurde. Eine ausführliche Analyse möglicher Verfahren zum Schutz des Mikrofons vor Witterungseinflüssen findet sich in einem gesonderten Kapitel (Kap. 9.6, Seite 126).

14.2.2 Richtcharakteristik

Der ideale akustische Sensor ist gleich empfindlich für jede Frequenz unabhängig von der Schallinzidenz. Jedoch schirmt in der Praxis das

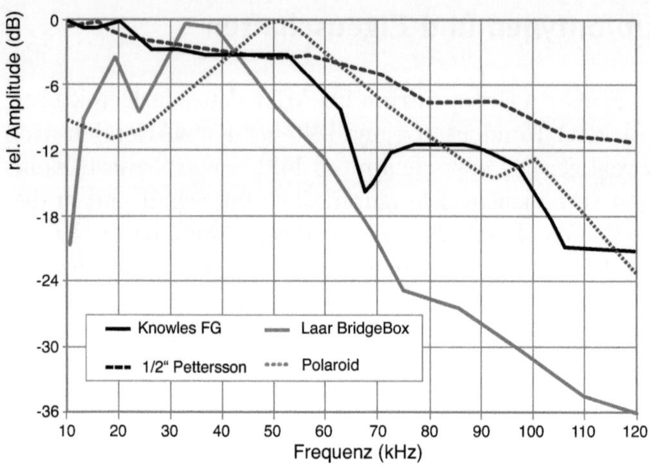

Abbildung 14.2: Beispiele für Frequenzgänge von Mikrofonen bei Beschallung von Vorne.

Mikrofon bedingt durch seine Bauweise manche Richtungen ab. Auf Grund von Beugung ist der Effekt dabei nicht gleichmässig für das gesamte Spektrum. Es gibt eine Frequenzabhängige Änderung der Richtungscharakteristik. Ein Mikrofon weisst somit eine bauartbedingte Richtcharakteristik auf.

Die typischen kleinen Elektret-Kapseln weisen meist eine Kugel- oder breite Nieren-Charakteristik auf. Mit zunehmender Größe ändert sich diese zu einer Nieren- oder sogar einer Keulen-Charakteristik. Das bedeutet Schall-Inzidenzen mit 30° oder mehr erfahren dann bereits starke Abschwächungen von 10 oder mehr dB. Je höher die Frequenz, desto stärker dieser Effekt (Abb. 14.3).

14.2.3 Sensitivität, Empfindlichkeit und Alterung

Die Sensitivität eines Mikrofons ist definiert durch den minimalen Schalldruck, der getrennt vom Eigenrauschen noch aufgezeichnet wird. Die einzelnen Komponenten eines Mikrofons, d.h. Widerstände und Kondensatoren, werden von einer Spannungsquelle mit Strom versorgt. Sie unterliegen gewissen Schwankungen und produzieren ein Rauschen.

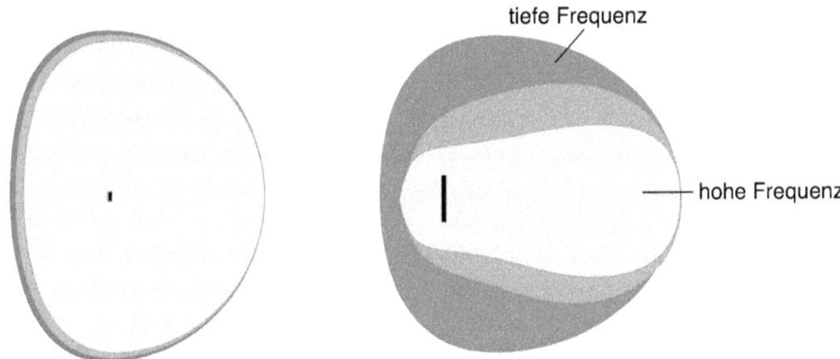

Abbildung 14.3: Beim kleinen Elektret-Mikrofon (z. B. FG) zeigt sich eine eher kugelförmige Richtcharakteristik, die wenig Frequenzabhängig ist (links). Große Folienmikrofone hingegen weisen eine deutlich stärkere Frequenz- und Richtungsabhängige Empfindlichkeit auf (rechts).

Ebenso benötigt der Schalldruckwellenempfänger per se eine gewisse Druckschwelle, ab der die Aufzeichnung funktioniert. Dies zusammen definiert die Sensitivität. Diese liegt bei herkömmlichen Mikrofonen in der Regel zwischen 24 dB SPL (sehr empfindliche Folien-Kondensator-Mikrofone) und 30 dB SPL (Elektret-Kapseln).

Eigenschaften des Mikrofons sind nicht zwingend fix, sie unterliegen Alterungsprozessen. Diese wirken sich in der Regel auf die Sensitivität, also die minimale Schwelle der Schallaufzeichnung aus. Mikrofone können im Laufe der Zeit sozusagen schwerhörig werden. Dieser Effekt kann sich über den gesamten Frequenzbereich aber ebenso in einzelnen Frequenzbänder auswirken. Bei Folien-Kondensator-Mikrofonen können dies Ermüdungen der Membran sein. Diese erschlafft zum Beispiel und wird dadurch für hohe Frequenzen schlechter empfänglich.

Diese Alterungseffekte treten nicht vorhersagbar auf. Manche Mikrofone altern scheinbar niemals, andere innerhalb kurzer Zeit. Dabei sind Witterung (zum Beispiel Regen, Frost oder kurze starke Temperaturschwankungen) ebenso wie mechanische Einflüsse verantwortlich für die Alterungseffekte. Sie führen dazu, dass sich die Eigenschaften des Mikrofons ändern und die erhobenen Daten unter Umständen nicht mehr repräsentativ sind. Ein regelmässiger Test der verwendeten Mikrofone ist daher eigentlich unabdingbar, um die korrekte Erfassung von Fledermäusen sicherzustellen.

Solch eine Messung kann dann zur Kalibrierung des Detektors verwendet werden. Diese Referenzmessung ist jedoch bei weitem nicht so trivial, wie von Laien angenommen. Korrekte Schalldruckpegelmessungen von Ultraschall erfordern einen hohen Aufwand. Die Messumgebung muss kontrolliert werden, Reflexionen und Streuung müssen vermieden werden. Der Lautsprecherfrequenzgang muss sehr gut bekannt sein. Am besten werden solche Messungen mit Ultraschall-Messmikrofonen begleitet. Solch ein Messplatz kostet zumeist 10 000 € oder mehr.

14.3 Mischer-/Heterodyndetektor

Eine der gängigsten Methoden, Fledermausrufe hörbar zu machen, ist die Verwendung eines sogenannten Mischerdetektors, der in der Regel einfach als Fledermausdetektor bezeichnet wird. Geräte, die nach diesem Prinzip arbeiten, sind bereits ab ca. 50 € erhältlich und daher im Vergleich zu anderen Systemen sehr günstig. Gute Mischerdetektoren, die auch für die professionelle Arbeit geeignet sind, kosten jedoch 200 € oder mehr.

Dieser Detektortyp arbeitet nach dem Mischer-Verfahren. Zu einem Signal mit unbekannten Frequenzen wird eine bekannte Frequenz hinzugemischt. Diese kann der Benutzer frei wählen. Durch die „Mischung" des Mikrofonsignals (unbekanntes Signal) mit der gewählten Frequenz ergeben sich Summen- und Differenzfrequenzen. Die Differenzfrequenzen liegen im hörbaren Bereich und werden über den Lautsprecher oder Kopfhörer des Fledermausdetektors wahrgenommen. Ein Beispiel soll dies verdeutlichen:

Als Mischerfrequenz ist 40 kHz gewählt. Am Mikrofon trifft ein Ruf der Zwergfledermaus mit 45 kHz ein. Die Mischung ergibt eine Summe von 85 kHz und eine - hörbare - Differenz von 5 kHz. Steht in diesem Falle die Mischerfrequenz auf 30 kHz, ergibt sich eine Summe von 75 kHz und eine - wiederum hörbare - Differenz von 15 kHz.

Um die Bestimmung zu erleichtern, aber auch um die Klangqualität zu verbessern, wird nicht nur die Mischung durchgeführt, sondern es wird auch noch zusätzlich gefiltert (Super-Heterodyn-Detektor).

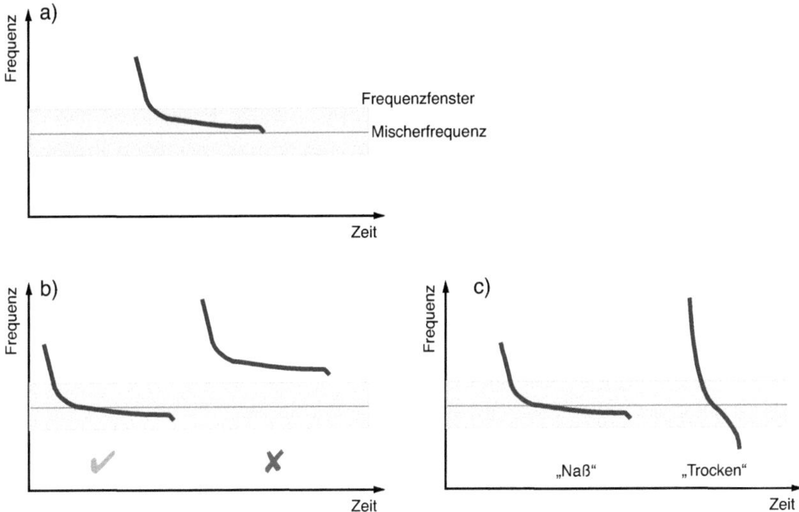

Abbildung 14.4: Im Heterodynverfahren wird das Mikrofonsignal mit einer gewählten Frequenz gemischt. Die resultierende Differenz ist hörbar. In der Abbildung a) wird das Signal noch zusätzlich gefiltert („Fenster"; Heterodynverfahren, s.u.). Fledermausarten können durch das Frequenzfenster besser angesprochen werden (b). Jedoch ist es so durch eine ungeeignete Frequenzwahl auch möglich, einzelne Arten zu überhören. Rufe mit qcf/cf Anteil klingen wie ein Tropfen (naß), fm-Rufe hingegen trocken, wie ein Knackser (c).

Nach erfolgter Mischung wird daher nur ein Teil des gesamten Frequenzbereichs ausgegeben. Es wird nur ein enges Frequenzfenster berücksichtigt. Dieses Fenster hat in der Regel eine Breite von ± 5 kHz bis ± 10 kHz. So kann eine genauere Frequenzansprache durch den Nutzer getroffen werden, was die Bestimmung erleichtert.

Wird eine Frequenz ausgewählt, so dass der Fledermausruf außerhalb des Frequenzfensters liegt, erhält man kein hörbares Signal. So kann durch ungeeignete Frequenzwahl eine Fledermaus überhört werden (siehe Abb. 14.4b).

14.3.1 Bestimmung mittels Höreindruck

Beim Mischerdetektor nutzt man die eingestellte Frequenz, um die lauteste oder Hauptfrequenz eines Rufes zu ermitteln. Durch laufende Veränderung kann man am Klangeindruck erkennen, wie nahe man an diese eingestellt hat. Je geringer der Unterschied zwischen Haupt- und Mischerfrequenz, desto dumpfer ist der Klang. Die Differenzfrequenz ist dann sehr gering. Bei rein konstant-frequenten Rufen hört man Nichts mehr, wenn man exakt die Ruffrequenz einstellt. Die Differenz ist dann Null. In der Regel sind beinahe alle Rufe mit moduliertem Anteil, so dass dieser Fall einzig vielleicht bei Hufeisennasen auftreten kann. Bedingt durch Temperaturschwankungen kann sich die Genauigkeit des verwendeten Oszillators verändern. Damit werden unter Umständen falsche Frequenzen angezeigt. Bei hochwertigeren Geräten tritt dieser Fehler jedoch nicht auf.

Zusätzlich kann man erkennen, ob ein Ruf konstantfrequente Anteile enthält oder frequenzmoduliert ist. Erstere klingen dann „naß", also wie ein Wassertropfen. Dies liegt daran, dass es durch den konstantfrequenten Bereich einen Sinus-Ton-Artigen Klangeindruck gibt. Dagegen hören sich frequenzmodulierte Rufe „trocken" an, wie ein Knackser (siehe Abb. 14.4c).

14.3.2 Panorama-Mischer

Ein Vertreter der Mischerdetektoren ist der Panorama-Mischer. Dieser unterschiedet sich vom herkömmlichen Heterodyndetektor dadurch, dass er keinen Frequenzwähler hat. Dafür werden dem Mikrofonsignal gleichzeitig mehrere Frequenzen zugemischt, so dass quasi wie beim im Folgenden beschriebenen Teilerdetektor das gesamte Spektrum überwacht wird. Jedoch lässt sich somit keine Frequenz manuell wählen um die Bestimmung zu unterstützen. Es gibt nur wenige Geräte auf dem Markt, die auf dieser Technik basieren. Sie hat sich nicht so weit durchgesetzt wie der herkömmliche Mischerdetektor.

14.4 Teilerdetektor

Im englischsprachigen Raum werden neben Mischerdetektoren auch sehr häufig Teilerdetektoren eingesetzt. Manche Anwender bevorzugen diese, da man mit diesen Breitbanddetektoren keine Arten überhört. Das Mikrofonsignal wird - vereinfacht - durch 10 geteilt. Jede 10 Schwingung wird abgegriffen. So wird ein Ruf bei 40 kHz zu 4 kHz und damit hörbar. Der Nachteil des Verfahrens ist, dass die Amplitude des Signals verloren geht. Technisch kann jedoch auch dies kompensiert werden. Der bekannteste, auf diesem Prinzip beruhende Detektor, ist das Anabat, das jedoch zusätzlich eine Nulldurchgangsanalyse und Digitalisierung des geteilten Signals durchführt.

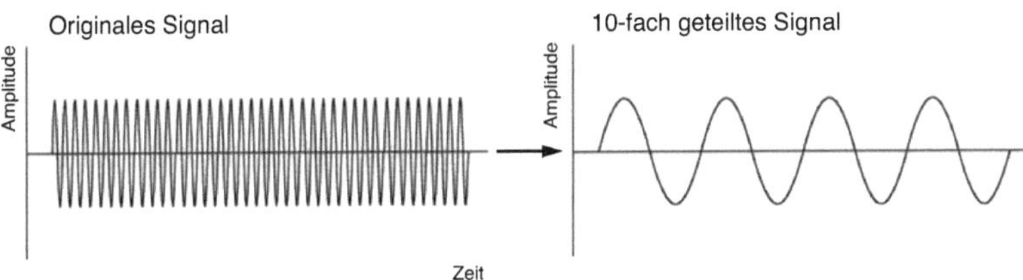

Abbildung 14.5: Einfache Erklärung des Teilerverfahrens zur Wandelung von Ultraschall in den hörbaren Bereich.

14.4.1 Bestimmung mittels Höreindruck

Dem Anwender stehen neben dem Rhythmus auch die Tonhöhen sowie der Frequenzverlauf der Rufe zur Bestimmung zur Verfügung. Jedoch ist die Unterscheidung der Frequenzen nicht immer so einfach. Ein geschultes, musikalisches Gehör ist von großem Vorteil bei der Arbeit mit diesen Systemen. Die gewandelten Signale lassen sich dafür aber direkt auf einem regulärem Audio-Speicher aufzeichnen und können dann am Rechner ausgewertet werden. Jedoch ist die Rufstruktur meist durch die Teilung gestört. Dies ist beim Mischerdetektor nicht möglich.

14.5 Zeitdehner-Detektor

Zeitdehner stellen einen besonderen Fledermausdetektor dar. Im Gegensatz zu Mischer- oder Teilerdetektor kann man Fledermaus-Rufe nicht direkt hören. Erst nachdem man sie gespeichert hat, können sie durch ein verlangsamtes Abspielen hörbar gemacht werden. In der Regel wird der Ton 10-fach verlangsamt. So wird zum Beispiel aus 40 kHz ein Ton mit 4 kHz. Aus einem Ruf mit 10 ms Dauer wird einer mit 100ms Dauer. Zeitdehner-Detektoren sind in der Regel mit Mischer-Detektoren gekoppelt. Im Hintergrund wird permanent eine bestimmte Zeitspanne im Echtzeitspektrum gespeichert. Wenn man im Mischerdetektor eine Fledermaus hört, unterbricht man die Aufnahme, um sie im Dehnermodus wiederzugeben.

Der große Vorteil der Dehnerdetektoren ist, dass man diese Aufnahme für die spätere Analyse auf einem Zwischenspeicher (MD-/WAVE-Rekorder) ablegen kann. Die Qualität der Aufnahmen ist recht hoch, und im Vergleich zum Teilerdetektor zum Beispiel wird die Rufstruktur erhalten. Die Aufnahmen kann man dann zu Hause am Rechner analysieren.

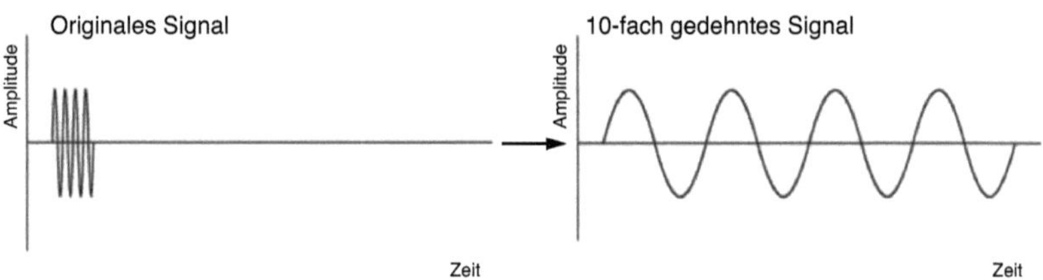

Abbildung 14.6: Einfache Darstellung des Dehner-Verfahrens zum Hörbarmachen von Fledermauslauten.

Die Dehner-Detektoren arbeiten mit einem digitalen Speicher zur Zwischenspeicherung von 0,1 s bis ca. 3 s Echtzeit. Beim gedehnten Abspielen wird das digital gespeicherte Signal erneut analog auf Kopfhörer oder Line-Out ausgegeben. Damit kommt es zu mehrfacher AD/DA Wandelung der Signale, was sich negativ auf die Qualität auswirken kann. Bei jedem Schritt kann es zu einer falschen Aussteuerung des Signals kommen und dadurch den Verlust leiser Signalbestandteile oder die Entstehung von Übersteuerungs-Artefakten bewirken.

224

14.5.1 Bestimmung mittels Höreindruck

Meist werden Aufnahmen des Dehnerdetktors nicht für die direkte Ansprache im Feld verwendet. Zum Einen muss zuerst eine Aufnahme gemacht werden und diese dann verlangsamt angehört werden. Das kostet entsprechend einiges an Zeit in der man keine weitere Aktivität erfassen kann. Zum anderen geht vor allem der Rhythmus-Eindruck durch die Dehnung verloren. Dennoch kann man sehr gut zum Beispiel trockene/nasse Rufe in der Dehnung erkennen.

14.6 Digitalisierung

Damit Schall gespeichert und am Rechner analysiert werden kann, müssen die Schallwellen digitalisiert werden. Dazu werden die Schallwellen mittels eines Mikrofons in analoge elektrische Signale umgewandelt. Diese analogen Signale werden daraufhin in diskrete, digitale Werte umgewandelt. Das bedeutet, dass in einem festen zeitlichen Abstand die Amplitude der Spannung in einem digitalen Werteraum abgebildet wird. Durch den Wandlerbaustein ist vorgegeben, wie viele Wertestufen unterschieden werden und wie häufig ein neuer Wert abgebildet wird. Ersteres ist die Bittiefe des Wandlers, letzteres die Abtast- oder Samplerate. Audio-CDs und normale Wave-Dateien werden mit 16bit und 44,1 kHz geschrieben.

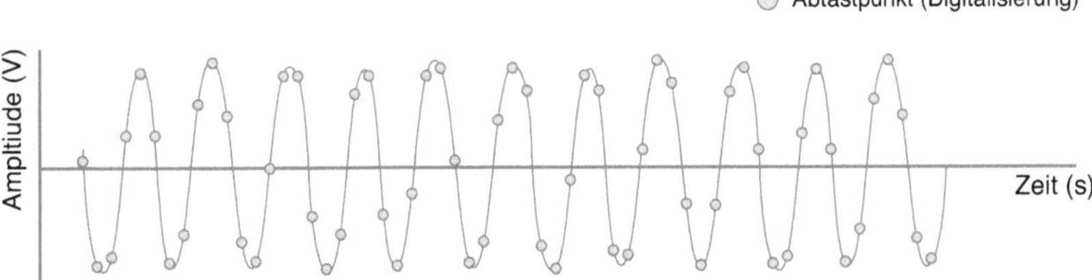

Abbildung 14.7: Wandelung eines analogen Signals in ein digitales Signal durch regelmässige Abtastung.

14.6.1 Bit-Tiefe

Die Bit-Tiefe gibt an, wie viele distinkte Werte gespeichert werden können und damit auch, wie viele Werte der Zahlenraum enthält. Bei einer Bittiefe von 1 können genau $2^1 = 2$ verschiedene Werte gespeichert werden, ein 8 bit Wandler kann dagegen $2^8 = 256$ Werte unterscheiden. Da eine Schallwelle positive und negative Spannungen erzeugt, muss der Wertebereich halbiert werden. Daher kann ein 8 bit Wandler 127 positive, die 0 und 128 negative Spannungsstufen abbilden. Moderne Aufnahmesysteme lösen in der Regel mit 16 bit und damit also gut 65 000 möglichen Werte für Spannungen des Mikrofons auf. Zeitdehnerdetektoren dagegen nutzen häufig einfachere und billigere 8 bit Wandler.

Je höher die Auflösung, desto besser können auch leise Signale aufgezeichnet werden. Es ist ein besserer Signal-Rausch-Abstand möglich. Je weniger genau die Auflösung, desto schneller ergeben sich in den Aufnahmen Artefakte (Harmonische). Eine höhere Auflösung bedeutet aber auch einen größeren Speicherverbrauch. Jedoch erweisen sich 16 oder 24 bit als ausreichend, bereits bei 32 bit werden sehr viele der unteren Bits durch das Systemrauschen belegt sein und kein so deutlicher Vorteil vorhanden sein.

14.6.2 Samplerate

Die zeitliche Abtastrate gibt an, wie häufig die Spannung bei der Digitalisierung ausgelesen wird. Mit zunehmender Samplerate steigt auch die Tonfrequenz, die maximal aufgezeichnet werden kann. Es gilt, dass sich eine Schallwelle durch wenigstens zwei Punkte beschreiben lässt. Für die Digitalisierung müssen daher wenigstens zwei Punkte innerhalb einer Schallwelle gewandelt werden. Somit ergibt sich auch, dass die maximale Frequenz, die theoretisch abgebildet werden kann, der halben Abtastrate entspricht (Nyquist-Shannon-Abtasttheorem).

Echtzeitdektoren müssen daher mit mindestens 300 kHz arbeiten, um Fledermausrufe bis zu 150 kHz aufzuzeichnen. Da dann jedoch nur zwei Abtastungen je Welle erhalten werden, ist die Qualität der Abbildung der Schallwellen eher unbefriedigend. Liegen die Werte

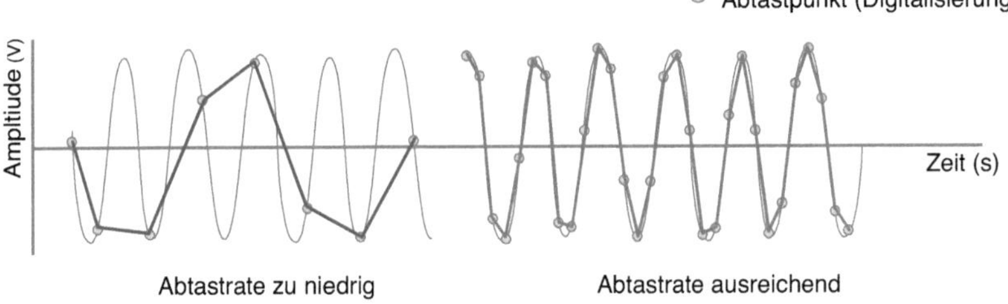

Abbildung 14.8: Bei zu niedriger Abtastrate (links) wird das Signal nicht mehr korrekt abgebildet. Die aufgezeichneten Frequenzen stimmen nicht mehr mit dem Originalsignal überein.

nicht zufälligerweise beim Minimum und Maximum der Schallwelle, sondern zum Beispiel auf der Nulllinie, wird die Welle nicht abgebildet.

Somit werden erst deutlich niedrigere Frequenzen ausreichend gut und sicher aufgezeichnet. Erst nach einer weiteren Halbierung liegen vier Werte für die Abbildung vor. Sinnvolle Messungen erhält man daher erst zwischen diesem Wert und der halben Samplerate. Im Falle von 300 kHz Samplerate damit erst bei ca. 100 kHz. Das ist für viele Fledermausarten der Gattung Myotis unzureichend. Hufeisennasen mit Rufen >100 kHz werden so unzuverlässig aufgezeichnet. Bei einer zeitlichen Auflösung von 500 kHz guter Echtzeitsysteme dagegen erhält man eine gute Abbildung auch noch über 125 kHz. Eine höhere Auflösung bedeutet aber auch einen größeren Speicherverbrauch. Die Tabelle 14.1 gibt eine Übersicht und zeigt technisch maximale sowie für Auswertungen noch gute Frequenzbereiche verschiedener gängiger Sampleraten an.

14.6.3 Speicherung digitaler Audio-Daten

Für die digitale Speicherung von Audio-Daten stehen verschiedene Formate zur Verfügung. Bei vielen dieser Formate wird in der Datei mittels eines Vorspanns (*header*) das gespeicherte Format (Samplerate, Bittiefe, ...) beschrieben, bevor dann in der Datei die eigentlichen Tondaten folgen. Die Audiodaten können dabei identisch zur Digitalisierung oder komprimiert gespeichert werden. Zusätzlich kann

Samplerate	maximale Frequenz	gute Abbildung	Eignung für Fledermausrufe
44,1 kHz	22,05 kHz	15 kHz	Nein
96 kHz	48 kHz	30 kHz	Nein (ggfalls. Abendsegler)
192 kHz	96 kHz	60 kHz	Abendsegler, Pipistrellen
250 kHz	125 kHz	80 kHz	Abendsegler, Pipistrellen
300 kHz	150 kHz	100 kHz	Meiste Arten (Myotis bedingt, manche Hufeisennasen nicht)
500 kHz	250 kHz	150 kHz	Alle Arten

Tabelle 14.1: Übersicht typischer Sampleraten und des abgebildeten Frequenzraums. Gute Abbildung bedeutet, dass es ca. 3 bis 4 Samplepunkte je Welle gibt anstelle von nur 2 Punkten bei der Nyquist-Frequenz. Zusätzlich ist eine grobe Eignung der Samplerate für die Aufnahme von Fledermäusen gegeben.

der Vorspann weitere Informationen wie zum Beispiel Geodaten oder Kommentare enthalten.

Typische unkomprimierte Formate sind WAVE, AIFF oder RAW (batcorder). Bei diesen Formaten werden die Werte in direkter Folge als Datenstrom in der Regel im nativen Format mit 16bit geschrieben. Da die Samplerate bekannt ist, kann der Datenstrom dann wieder in das zeitlich korrekte Format überführt werden, um ausgegeben zu werden. Die Tondaten werden also bei der Speicherung nicht verändert, einzige Ausnahme sind dabei Änderungen der Bittiefe die durch manche Formate nötig sind.

Das bekannteste komprimierte Format ist MP3, das für die Optimierung des Speicherbedarfs von Musik und Sprache erfunden wurde. Daneben gibt es zum Beispiel noch das ATRAC-Format (MiniDisc), FLAC oder WMA. Am meisten findet mittlerweile MP3 Verwendung, dass eine verlustbehaftete Komprimierung darstellt. Vereinfacht werden dabei Frequenzanteile, die vom Hörer durch Maskierung nicht gehört werden können, aus dem Signal entfernt. Für die Rufanalyse sind die komprimierten Formate nicht immer geeignet, da entscheidende Tonanteile verloren gehen können. Da heutzutage Speicherplatz nicht teuer ist, sollte daher auf diese Formate verzichtet werden.

	16bit, 44.1kHz	16bit, 300kHz	16bit, 500kHz
je Sekunde	0,089 MB	0,6 MB	1 MB
je Minute	5,34 MB	36 MB	60 MB
je Stunde	320 MB	2,2 GB	3,6 GB

Tabelle 14.2: Speicherverbrauch typischer Digitalisierungs-Raten.

Betrachtet man den Verbrauch an Speicherplatz bei typischen Digitalisierungsraten, dann ist es verlockend anstelle mit 500 kHz mit 300 kHz abzutasten und so 40 % Speicherplatz zu sparen. Jedoch erkauft man sich das mit einer deutlich schlechteren Frequenzauflösung und daraus resultierend einer schlechteren automatischen und manuellen Bestimmung mancher Arten.

14.7 Darstellung von Schall

Zur Auswertung von Rufen am Rechner werden die Tondaten grafisch dargestellt. Dazu werden sogenannte Wellenform- oder Oszillogramm-Darstellung genutzt. Diese zeigen den zeitlichen Verlauf der Amplitude der Aufnahme. Die Artbestimmung wird in der Regel anhand der spektralen Darstellung - also einem Spektrum oder einem Sonagramm - durchgeführt.

14.7.1 Wellenform-Darstellung

Diese Darstellung basiert auf den diskreten Abtastwerten, die im Rahmen der Analog-Digital-Wandelung erstellt werden (siehe auch **Digitalisierung**, S. 225). Das Oszillogramm eignet sich für einen Überblick der Aufnahme, man kann in der Regel Rufe erkennen. So lassen sich Rhythmus und gegebenenfalls die Anzahl Tiere bestimmen. Darüber hinaus lassen sich aus dem Oszillogramm keine weiteren Informationen zur Artbestimmung herauslesen.

Abbildung 14.9: Typische Wellenformdarstellung einer Aufnahme mit einem Fledermausruf.

14.7.2 FFT und Spektrum

Eine Auswertung der im Ton enthaltenen Frequenzen wird auch als spektrale Analyse bezeichnet. Ein Spektrum wird im Regelfall mit Hilfe einer *Fast Fourier Transformation* (FFT) erstellt. Diese Analyse ermittelt die in transienten (kontinuierlichen) Signalen enthaltenen Frequenzen und deren Energie. Die FFT wird durch Einstellungen wie Fenstergröße, Fenstertyp und Überlappung beeinflusst. Die Fenstergröße ist die Menge an Abtastwerten, über die die FFT berechnet wird. Der Fenstertyp gibt an, wie die Werte des analysierten Tonstücks gewertet werden.

Die Fenstergröße hat direkt Einfluss auf die zeitliche und spektrale Auflösung der FFT. Diese liefert immer nur diskrete Werte beziehungsweise Klassen, deren Breite durch die Fenstergröße vorgegeben ist. Je größer das Fenster, desto höher ist auch die Frequenzauflösung, gleichzeitig wird die zeitliche Auflösung niedriger. Bei einer Aufnahme mit Abtastrate von 500 kHz und einer FFT mit einem Fenster von 1024 Abtastwerten beträgt die Frequenzauflösung 488 Hz, das Fenster umfasst einen Zeitabschnitt von 2,05 ms. Damit liegt die zeitliche Auflösung bereits in einem Bereich kurzer Fledermausrufe.

Durch die Wahl einer Fensterfunktion werden die Tonbereiche am Anfang und am Ende des untersuchten Tonbereichs herab gewertet. Man unterscheidet dabei diverse Fenster-Funktionen wie zum Beispiel Hanning, Hamming oder Blackman. Jede dieser Fenster-Funktionen bewirkt eine andere Unterdrückung der Randbereiche.

Für die Berechnung eines Spektrums sollte eine Fenstergröße gewählt werden, so dass der gesamte Fledermausruf im Fenster liegt. Eine Mittelung über mehrere Fenster sollte vermieden werden. Als Fensterfunktion sollte ein Rechtecksfenster gewählt werden. Im Idealfall werden vor und nach dem Tonstück vom Programm automatisch 0-en

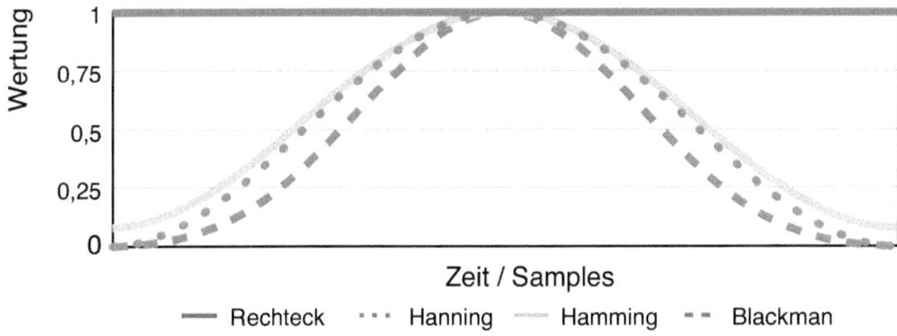

Abbildung 14.10: Beispiele unterschiedlicher Fenstertypen für die Bewertung des Tonsignals im Rahmen einer FFT-Berechnung

eingefügt (*zero-padding*. Mit diesen Einstellungen wird bewirkt, dass es ein hochauflösendes Spektrum gibt, dass die Anteile des Rufs gleich gut bewertet. Durch Verwendung von anderen Fenster-Funktionen kann es zu teils merklichen Unterschieden im Spektrum kommen. Insbesondere bei modulierten Rufen kann das Spektrum andere Maxima aufweisen.

14.7.3 FFT und Sonagramm

Das Spektrum als zwei dimensionale Abbildung zeigt keine zeitlichen Aspekte eines Fledermausrufs. Um aber die Bestimmung über Ruftyp und Rufverlauf durchzuführen, muss die zeitliche Veränderung der aufgezeichneten Laute abgebildet werden. Dazu wird in der Regel ein Sonagramm verwendet. Dieses zeigt auf der Abszisse die Zeit und als Ordinate die Frequenz. Die Lautstärke der Frequenz ist in Form von Grau- oder Farbwerten definiert. Es handelt sich um eine 2D-Projektion einer 3D-Abbildung.

Grundlage der Darstellung ist ebenso die FFT, daher gelten die bereits fürs Spektrum genannten Rahmenbedingungen. Auch hier wird mittels eines Fensters die spektrale Zusammensetzung berechnet. Das Fenster wird aber in kleinen Schritten durch das Tonsignal geschoben, um den zeitlichen Verlauf zu untersuchen. Dabei wird in der Regel mit einem Überlapp gearbeitet: das Fenster wird nicht um seine ganze Breite weitergeschoben, sondern nur um ein Teilstück, in der Regel definiert in Prozent der Fenstergröße. Daher würde ein Überlapp von 0 % bedeuten, dass ohne Überlapp verschoben wird, 50 % bedeutet eine Überlappung entsprechend der halben Fenstergröße. Im Falle des 1024 Werte großen Fensters ergibt sich bei einer Abtastrate von 500 kHz ohne Überlappung eine zeitliche Auflösung von 2,05 ms. Bei kurzen Rufen nicht ausreichend, um diese im zeitlichen Verlauf darzustellen. Bei halber Fenstergröße ergibt sich 1,025 ms Auflösung. Das Fenster wird immer um 512 Werte weitergeschoben. In der Praxis werden häufig Überlappungen von >90 % verwendet. So werden zeitliche Auflösungen von 0,2 ms bis 0,03 ms erreicht (bei 500 kHz Samplerate). Bei niedriger Abtastrate wird automatisch auch die Auflösung der FFT reduziert.

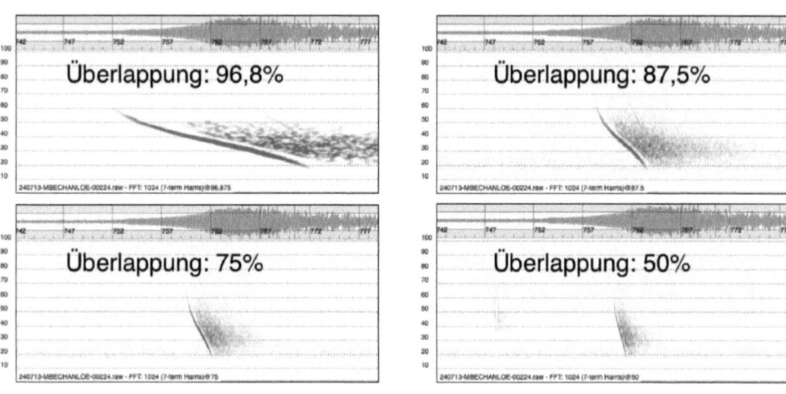

Abbildung 14.11: Auswirkung der Fenster-Überlappung in Bezug auf die zeitliche Auflösung: Das Sonagramm zeigt immer den selben Ruf mit unterschiedlichen zeitlichen Auflösungen.

Durch den Fenstertyp wird auch bestimmt, wie gut modulierte und konstantfrequente Rufanteile abgebildet werden. Manche Fenster verbessern die zeitliche Auflösung (modulierte Rufe), andere erhöhen die Frequenzauflösung (cf-Rufe). Nur wenige Fenstertypen wie das Flattop-Fenster oder das 7th-term Harris Fenster weisen eine hohe zeitliche und spektrale Auflösung auf.

Bei unzureichender zeitlicher oder spektraler Auflösung wird die Bestimmung erschwert oder unmöglich. Man sollte sich angewöhnen, immer die selben Einstellungen zu verwenden. Es ist sinnvoll für kurze

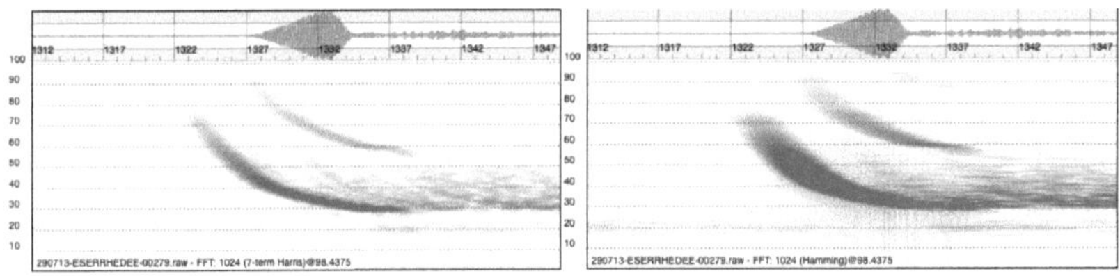

Abbildung 14.12: Auswirkung des Fenster-Typs auf die Auflösung von Rufen: Links das Sonagramm mit einem 7th-term Harris Fenster und rechts mit einem Hamming-Fenster bei ansonsten gleichen Einstellungen.

Rufe (<10 ms Länge) einen höheren Überlapp und für längere Rufe einen niedrigeren Überlapp zu wählen. Man muss sich jedoch immer der Auswirkung des Fensters, der Fenstergröße und der Überlappung auf die bildliche Darstellung bewusst sein. Eine gute Darstellung ergibt sich bei Wahl eines großen Fensters (hohe spektrale Auflösung) und einem großen Überlapp (hohe zeitliche Auflösung).

Literaturverzeichnis

Abbott, I. M. ; Harrison, S. ; Butler, F.: Clutter-adaptation of bat species predicts their use of under-motorway passageways of contrasting sizes - a natural experiment. In: *Journal of Zoology* 287 (2012), Januar, Nr. 2, S. 124–132

Adams, A. M. ; Jantzen, M. K. ; Hamilton, R. M. ; Fenton, M. B.: Do you hear what I hear? Implications of detector selection for acoustic monitoring of bats. In: *Methods in Ecology and Evolution* 3 (2012), September, Nr. 6, S. n/a–n/a

Arnett, E. B. ; Hein, C. D. ; Hein, C. D. ; Schirmacher, M. R. ; Schirmacher, M. R. ; Huso, M. M. P. ; Huso, M. M. P. ; Szewczak, J. M. ; Szewczak, J. M.: Evaluating the Effectiveness of an Ultrasonic Acoustic Deterrent for Reducing Bat Fatalities at Wind Turbines. In: *PLoS ONE* 8 (2013), Juni, Nr. 6, S. e65794–11

Barclay, R. M. R.: Bats are not birds - a cautionary note on using echolocation calls to identify bats: a comment. 80 (1999), Nr. 1, S. 290–296

Behr, O. ; Brinkmann, R. ; Korner-Nievergelt, F. ; Nagy, M. ; Niermann, I. ; Reich, M. ; Simon, R.: Ergebnisbericht des Forschungsvorhabens "Reduktion des Kollisionsrisikos von Fledermäusen an Onshore-Windenergieanlagen (RENEBAT II). (2016), April, S. 1–374

Behr, O. ; Hochradel, K. ; Mages, J. ; Korner-Nievergelt, F. ; Reinhard, H. ; Simon, R. ; Stiller, F. ; Weber, N. ; Nagy, M.: Bestimmung des Kollisionsrisikos von Fledermäusen an Onshore-Windenergieanlagen in der Planungspraxis (RENEBAT III). (2018), Juli, S. 1–415

Berthinussen, A. ; Altringham, J. D.: Do bat gantries and underpasses help bats cross roads safely? In: *PLoS ONE* 7 (2012), Nr. 6, S. e38775

Biscardi, S. ; Orprecio, J. ; Fenton, M. B. ; Tsoar, A.: Data, sample sizes and statistic affect the recognition of species of bats by their echolocation calls. In: *Acta Chiropterologica* 6 (2004), Nr. 2, S. 347–363

Bosch, R. ; Obrist, M. K.: *BatScope - Implementation of a BioAcoustic Taxon Identification Tool.* (2013)

Brinkmann, R. ; Behr, O. ; Niermann, I. ; Reich, M.: *Entwicklung von Methoden zur Untersuchung und Reduktion des Kollisionsrisikos von Fledermäusen an Onshore-Windenergieanlagen.* 2011

Bruckner, A.: Recording at water bodies increases the efficiency of a survey of temperate bats with stationary, automated detectors. In: *Mammalia* 80 (2015), Dezember, Nr. 6, S. 196–9

BUND ; LNV ; NABU: *Zur Qualität von Windenergie-Gutachten.* September 2017

Fritsch, G. ; Bruckner, A.: Operator bias in software-aided bat call identification. In: *Ecology and Evolution* 4 (2014), Mai, Nr. 13, S. 2703–2713

Gebhard, F. ; Kötteritzsch, A. ; Lüttmann, J. ; Kiefer, A. ; Hendler, R. ; Veith, M.: Fördern Arbeitshilfen die Qualität von Fachgutachten? In: *Naturschutz und Landschaftsplanung* 48 (2016), Mai, Nr. 6, S. 177ff

Griffin, D. R.: The Magic Well of bat echolocation. In: *Le Rhinolophe* 11 (1995), S. 11–15

Griffin, D. R. ; Webster, F. A. ; Michael, C. R.: The echolocation of flying insects by bats. In: *Animal Behaviour* VIII (1960), Nr. 3-4, S. 141–154

Hayes, J. P.: Temporal variation in activity of bats and the design of echolocation-monitoring studies. 78 (1997), Nr. 2, S. 514–524

Hayes, J. P.: Assumptions and practical considerations in the design and interpretation of echolocation-monitoring studies. In: *Acta Chiropterologica* 2 (2000), Nr. 2, S. 225–236

Hurst, J. ; Balzer, S. ; Biedermann, M. ; Dietz, C. ; Dietz, M. ; Höhne, E. ; Karst, I. ; Petermann, R. ; Schorcht, W. ; Steck, C. ; Brinkmann, R.: Erfassungsstandards für Fledermäuse bei Windkraftprojekten in Wäldern. In: *Natur und Landschaft* 90 (2015), März, Nr. 4, S. 157–169

Jakobsen, L. ; Olsen, M. N. ; Surlykke, A.: Dynamics of the echolocation beam during prey pursuit in aerial hawking bats. In: *Proceedings of the National Academy of Sciences of the United States of America* 112 (2015), Juni, Nr. 26, S. 8118–8123

Jones, G.: Variation in bat echolocation: implications for resource partioning and communication. In: *Le Rhinolophe* 11 (1995), Nr. 53-59

Jones, G. ; Vaughan, N. ; Parsons, S.: Acoustic identification of bats from directly sampled and time expanded recordings of vocalizations. In: *Acta Chiropterologica* 2 (2000), Nr. 2, S. 155–170

Meschede, A. ; Heller, K.-G.: *Ökologie und Schutz von Fledermäusen in Wäldern.* 1. Bonn-Bad Godesberg : Bundesamt für Naturschutz, 2000

Murray, K. L. ; Britzke, E. R. ; Hadley, B. M. ; Robbins, L. W.: Surveying bat communities: a comparison between mist nets and the Anabat II bat detector system. In: *Acta Chiropterologica* 1 (1999), Nr. 1, S. 105–112

Newson, S. ; Ross-Smith, V. ; Evans, I. ; Harold, R. ; Miller, R.: Bat-monitoring: a novel approach. In: *British* ... (2014)

Obrist, M. K. ; Boesch, R. ; Flückiger, P. F.: Variability in echolocation call design of 26 Swiss bat species: consequences, limits and options for automated field identification with a synergetic pattern recognition approach. In: *Mammalia* 68 (2004), Nr. 4, S. 307–321

O'Donnell, C. F. J. ; Sedgeley, J. A.: An automatic monitoring system for recording bat activity. (1994)

O'Farrell, M. J. ; Gannon, W. L.: A comparison of acoustic versus capture techniques for the inventory of bats. 80 (1999), Nr. 1, S. 24–30

Parsons, S. ; Boonman, A. M. ; Obrist, M. K.: Advantages and disadvantages of techniques for transforming and analyzing chiropteran echolocation calls. 81 (2000), Nr. 4, S. 92–938

Pye, D.: Is fidelity futile? The true signal is illusory, especially with ultrasound. In: *Bioacoustics* 4 (1993), S. 271–286

Runkel, V.: *Mikrohabitatnutzung syntoper Waldfledermaeuse*, Dissertation, 2008

Russo, D. ; Voigt, C. C.: The use of automated identification of bat echolocation calls in acoustic monitoring: A cautionary note for a sound analysis. In: *Ecological Indicators* 66 (2016), Juli, S. 598–602

Rydell, J. ; Nyman, S. ; Eklöf, J. ; Jones, G. ; Russo, D.: Testing the performances of automated identification of bat echolocation calls: A request for prudence. In: *Ecological Indicators* 78 (2017), März, S. 416–420

Schnitzler, H.-U. ; Kalko, E. K. V.: Echolocation by Insect-Eating Bats. In: *BioSience* 51 (2001), Nr. 7, S. 557–569

Waters, D. A. ; Walsh, A. L.: THE INFLUENCE OF BAT DETECTOR BRAND ON THE QUANTITATIVE ESTIMATION OF BAT ACTIVITY. 5 (1994), April, Nr. 3, S. 205–221

Wilkinson, G. S. ; Bradbury, J. W.: Radiotelemetry: Techniques and Analyses. In: Kunz, T. H. (Hrsg.): *Radiotelemetry: Techniques and Analyses.* Smithonian Institution, 1988, S. 105–124

Zingg, P. E.: Akustische Artidentifikation von Fledermäusen (Mammalia: Chiroptera) in der Schweiz. In: *Revue suisse Zool.* 97 (1990), Nr. 2, S. 263–294

Abbildungsverzeichnis

Index